알기 쉽게 풀이한 [illegible]이론

Confectionery Theory

김규수

백산출판사

머리말

우리나라에 제과제빵이 도입된 것은 100여 년 정도로 86년 아시안게임, 88년 서울올림픽으로 이어지는 세계적인 행사가 개최된 이후 고도의 경제성장과 더불어 제과제빵 역시 양적·질적 측면에서 급성장하였고 기술력 또한 세계적인 수준이 되었습니다.

이처럼 항상 부지런하고 성실한 제과인들의 끊임없는 노력으로 기능적인 면에서는 세계적인 수준이 되었으나 이론적인 면에서는 아직도 많은 노력이 필요하다고 생각합니다.

이 책은 제과에 관련된 이론을 중심으로 구성하였으며 대학에서 학생들과 수업했던 자료들을 차곡차곡 모아서 한 권의 책으로 만들었습니다.

제1장은 기본 이론으로 배합표 작성부터 반죽과 믹싱, 재료의 기능, 재료과학 등 각 과목별 이론 전반에 관한 사항과 문제를 알기 쉽게 풀어서 수록하였으며 제2장, 제3장에서는 식품위생학, 포장 및 생산관리부분으로 위생적으로 안전한 제품을 생산하고 취급하는 데 꼭 필요한 미생물, 식품의 변질, 보존, 첨가물, 원가관리, 포장, 생산관리 등의 내용을 요약했습니다. 또한 제4장에서는 제과기능사 기출문제를 수록하여 제과기능사 이론시험에 대비하는 데 어려움이 없도록 했습니다.

이 책이 제과, 제빵을 배우고 익히는 학생들과 현장에서 근무하는 제과인들에게 나만의 제품을 만드는 창의력을 길러주고 훌륭한 기능과 이론이 조화를 이루어 최고의 맛을 내는 데 일조하는 지침서가 되었으면 합니다.

이 책을 펴낼 수 있도록 도와주신 백산출판사 사장님을 비롯한 임직원 여러분께 진심으로 감사드립니다.

2015년 2월

저자 드림

Contents

제1장 기본 이론 11

제1절_ 과자의 기원 [12]

1. 빵의 어원 • 13
2. 우리나라 제과제빵의 변천과정 • 13

제2절_ 제품의 분류 [14]

1. 제과제빵의 구분 • 14
2. 과자 반죽의 분류 • 14
   1) 평창형태에 따른 분류 • 15
   2) 제품에 따른 분류 • 17
   3) 지역적 특성에 따른 분류 • 19
   4) 익히는 방법에 따른 분류 • 20

제3절_ 배합표 작성 [20]

1. 베이커스 퍼센트 • 20
2. 트루 퍼센트 • 21
3. 배합률 계산법 • 22
4. 배합률 조정 • 22
   1) 옐로 레이어케이크 • 23
   2) 화이트 레이어케이크 • 24
   3) 데블스 푸드케이크 • 26
   4) 초콜릿케이크 • 28
5. 기타 케이크 • 29
   1) 파운드케이크 • 29
   2) 스펀지케이크 • 33
   3) 젤리 롤 • 36
   4) 엔젤 푸드케이크 • 38
   5) 퍼프 페이스트리 • 41
   6) 파이 • 44
   7) 쿠키 • 49
   8) 도넛 • 53
   9) 슈크림 • 58
6. 냉과류 • 62
   1) 젤리 • 62
   2) 무스 • 63
   3) 바바루아 • 66
   4) 푸딩 • 67
   5) 아이스크림 • 68
   6) 셔벗 • 70
   7) 특수반죽 • 75
   8) 제과와 산도의 관계 • 76

7. 반죽의 비중과 분할 • 79
1) 비중 • 79
2) 팬의 용적과 반죽양 • 80
3) 반죽온도 • 85
4) 고율배합과 저율배합 • 87

제4절_ 반죽과 믹싱 [89]
1. 과자 반죽의 분류 • 89
1) 반죽형 • 89
2) 거품형 • 89
3) 시폰형 • 90
2. 반죽형의 믹싱법 • 90
1) 반죽형 믹싱하기 • 90
3. 거품형의 믹싱법 • 92
1) 공립법 • 92
2) 별립법 • 94
3) 1단계법 • 96
4) 시폰형 반죽법 • 97
4. 굽기 • 104
1) 굽기 완료 확인하는 방법 • 104
2) 오버 베이킹 • 104
3) 언더 베이킹 • 105

제5절_ 아이싱과 토핑 [107]
1. 단순아이싱 • 107
1) 글라스 로얄 • 107
2) 글라스 아로 • 108
2. 크림아이싱 • 108
1) 버터크림 • 108
3. 콤비네이션 아이싱 • 110
1) 퐁당 • 110
2) 검 페이스트 • 111
4. 기타 크림류 • 112
1) 끓여주는 크림류 • 112

제6절_ 케이크 평가 [114]
1. 평가항목 • 114
1) 외부특성 • 114
2) 내부 특성 • 115

제7절_ 재료의 기능 [116]
1. 밀가루 • 116
1) 밀의 특성 • 116
2) 밀가루의 분류 • 117
3) 밀가루의 성분 • 117
4) 밀가루의 기능 • 119
5) 밀의 제분 • 119
6) 밀가루의 영양 • 121

7) 제빵적성 • 122
8) 반죽의 물리적 실험방법 • 123
9) 밀가루반죽의 물성에 영향을 주는 원재료 • 123

2. 기타 가루 • 124
1) 호밀가루 • 124
2) 대두분 • 124
3) 감자가루 • 124
4) 전분 • 125
5) 땅콩가루 • 125
6) 맥아 • 125

3. 감미료 • 126
1) 설탕 • 126
2) 포도당 • 127
3) 과당 • 127
4) 전화당 • 128
5) 꿀 • 128
6) 물엿 • 128
7) 당밀 • 128
8) 올리고당 • 129

4. 유지 • 130
1) 유지의 종류 및 특성 • 130
2) 계면활성제 • 132
3) 유지의 기능 • 134

5. 계란 • 136
1) 기포성 • 137
2) 응고성 • 138
3) 유화성 • 138
4) 팽창제 기능 • 138
5) 냉동계란 • 138
6) 분말계란 • 139
7) 신선한 계란 판정법 • 139
8) 계란의 보관 • 139

6. 팽창제 • 140
1) 공기 • 140
2) 증기 • 140
3) 이스트 • 140
4) 베이킹파우더 • 141
5) 탄산수소암모늄 • 142
6) 중조 • 142
7) 주석산칼륨 • 143
8) 이스파타 • 143

7. 우유 및 유제품 • 143
1) 우유의 성분과 특성 • 143
2) 우유와 유제품의 종류 • 146

8. 물 • 148
1) 제과에서 물의 기능 • 149

9. 소금 • 149

10. 안정제 • 150
1) 젤라틴 • 150
2) 펙틴 • 151
3) 한천 • 151
4) CMC • 151

11. 향료 및 향신료 • 152
1) 향료 • 152
2) 향신료 • 153

12. 건과류 • 153

13. 견과류 • 153

14. 초콜릿 • 154

1) 초콜릿의 원료 • 154
2) 초콜릿의 종류 • 157
3) 초콜릿 제조공정 • 158
4) 템퍼링의 구체적인 작업방법 • 161
5) 블룸현상 • 165
6) 초콜릿의 온도 • 165
7) 초콜릿 코팅 • 167
8) 숙성 • 167
9) 가나슈 • 168
10) 초콜릿 제조 실습 • 169
11) 초콜릿의 보관 • 173

15. 주류 • 175

1) 종류 • 175
2) 기능 • 176

제8절_ 재료과학 [177]

1. 탄수화물 • 177

1) 정의 • 177
2) 탄수화물의 분류 • 177
3) 전분의 호화와 노화 • 180

2. 단백질 • 181

1) 정의 • 181
2) 아미노산 • 181
3) 단백질의 분류 • 182
4) 밀가루 단백질 • 183

3. 효소 • 185

1) 정의 • 185
2) 효소의 특성 • 185
3) 효소의 종류 • 185

4. 지방질 • 187

1) 지방의 분류 • 187
2) 지방산 • 187
3) 유지의 가수분해 • 188
4) 지방의 산화속도가 빨라지는 요인 • 189
5) 항산화제 • 189
6) 수소 첨가 • 189
7) 제과제빵용 유지의 요구특성 • 190

5. 무기질 • 192

1) 칼슘 • 192
2) 인 • 192
3) 철분 • 192
4) 구리 • 193
5) 마그네슘 • 193
6) 나트륨 • 193
7) 요오드 • 193
8) 불소 • 193
9) 아연 • 194
10) 칼륨 • 194

6. 비타민 • 194

1) 비타민의 분류와 기능 • 194

7. 물 • 196

1) 기능 • 196

8. 영양소의 소화 흡수 • 197
1) 탄수화물의 소화 • 197
2) 단백질의 소화 • 197
3) 지방질의 소화 • 197
4) 칼슘의 흡수 • 198

제2장 식품위생학 199

제1절_ 식품위생의 개요 [200]
1. 식품위생의 정의 • 200
2. 식품위생의 목적 • 200

제2절_ 미생물 [200]
1. 미생물의 종류 • 200
1) 세균의 종류 • 200
2) 진균류 • 201
3) 미생물 살균의 정의 • 201
2. 미생물 발육에 필요한 조건 • 201
1) 영양소 • 201
2) 수분 • 201
3) 온도 • 201
4) pH • 202
5) 산소 • 202
6) 바이러스의 특징 • 202
3. 식품변질의 종류 • 202
1) 부패 • 202
2) 변패 • 202
3) 산패 • 202
4) 발효 • 203
4. 부패방지법 • 203
1) 물리적 보존법 • 203
2) 화학적 보존법 • 204
5. 대장균 • 206
6. 식중독 • 206
1) 세균성 식중독 • 206
2) 독소형 식중독 • 207
3) 화학성 식중독 • 208
4) 자연독에 의한 식중독 • 209
5) 곰팡이 식중독 • 209
7. 기생충과 전염병 • 210
1) 기생충 • 210
2) 전염병 • 211
8. 식품첨가물 • 214
1) 식품첨가물의 종류 • 215
2) 식품첨가물의 사용 목적 • 216

제3장 포장 217

제1절_ 포장 [218]
1. 식품포장의 목적 • 218
2. 포장재료가 갖추어야 할 조건 • 218
3. 식품포장에 사용되는 플라스틱의 종류와 성질 • 219
1) 셀로판 • 219
2) 폴리에틸렌 • 219
3) 폴리프로필렌 • 219
4) 폴리스티렌 • 220
5) 폴리비닐클로라이드 • 220
6) 폴리염화비닐리텐 • 220

제2절_ 생산관리 [220]
1. 기업활동의 5대 기능 • 220
2. 생산활동의 구성요소 • 221
3. 생산관리조직의 편성 • 221
4. 생산계획의 개요 • 221

제3절_ 원가관리 [222]
1. 원가의 종류 • 223
2. 원가계산의 목적 • 223
3. 원가를 절감하는 방법 • 223
4. 손익분기점 • 224
5. 고정비와 변동비 • 224

제4절_ 공장관리 [224]
1. 공장위생 • 224
2. 공장건물의 입지조건 • 225
3. 공장건물의 구조 • 225
4. HACCP: 식품위해요소중점관리기준 • 227
1) HACCP의 정의 • 227
2) HACCP의 12절차와 7원칙 • 227
3) HACCP 도입의 효과 • 228

제4장 제과기능사 필기 기출문제 229

참고문헌 • 284

제과이론

제 1 장
기본 이론

제 1 장 기본 이론

 제1절 과자의 기원

빵과 과자의 기원은 인류 역사와 함께 시작되었다고 해도 과언이 아닐 정도로 인류 역사와 함께 오랜 시간에 걸쳐 진화되어 왔으며 고고학적으로 입증된 가장 오래된 기록에 따르면 기원전 6000년경 스위스 호숫가에 살던 사람들이 모래처럼 굵게 빻은 곡물을 이겨서 구운 납작한 빵이 빵 제조의 효시로 전해지고 있다. 이 시기에 자연발효효모(사워 도우, Sour dough)제법이 시작된 것으로 보인다.

그 후 고대 이집트에서 오늘날과 같은 여러 종류의 발효 빵이 제조되기 시작하였다.

제빵기술은 히브리로 전해졌으며 발효빵을 상한 것으로 여기던 히브리인들은 무발효 빵을 즐겼다. 제빵기술은 히브리인에서 그리스인으로 전래되면서 많은 과학적 지식이 축적되었으며 이로 인해 빵의 원료인 밀가루 제분방법을 발견하게 되었다.

빵의 산업화는 로마시대부터 시작되었다. 빵을 무게 단위로 판매했던 로마인들의 법안은 유럽의 모든 국가에 전파되어 빵의 값어치를 부피가 아닌 무게로 환산하는 기초가 되었다. 중세기를 거치면서 빵은 유럽인의 주식이 되었으며 밀 생산이 적고 라이맥이나 오트밀 생산이 많은 지역에서는 라이맥 빵이나 오트밀 빵을 흰 빵(white bread) 대신에 주식으로 먹게 된다. 밀이 아메리카 신대륙에서 재배되기 전에는 옥수수를 원료로 한 옥수수빵을 제조하였으며 아메리카대륙으로 제빵기술이 이전되어 흰 빵과 더불어 옥수수빵, 비스킷 제조의 성행 등 자유경쟁시대가 도래되었다.

1. 빵의 어원

빵의 어원은 라틴어인 panis에서 유래됐으며 프랑스어(팽; Pain), 포르투갈어(팡; Pao), 이태리어(파네; Pane), 독일어(브로트; Brot), 영어(브레드; Bread) 등으로 표기된다.

우리나라에서 빵이라 불리게 된 것은 포르투갈어(팡; Pao)가 일본식 발음으로 우리에게 전해졌기 때문으로 보인다.

흔히 밀가루를 사용하지만 보리, 옥수수, 메밀, 쌀가루 등을 혼합하여 사용하기도 한다.

2. 우리나라 제과제빵의 변천과정

우리나라의 빵, 과자는 언제, 어디서, 누구에 의해 전래되었는지 정확한 자료는 없지만 구한말 비밀리에 입국한 선교사에 의해 이루어졌으며 선교사들이 숯불을 피운 후 떡시루를 엎고 그 위에 빵 반죽을 올린 뒤 뚜껑을 덮어 빵을 구웠다고 전해진다.

1884년 선교를 목적으로 언더우드와 아펜젤러가 우리나라에 입국하였고 그들이 구운 빵이 공인된 한국 최초의 빵, 과자로 기록된 것으로 보고 있다.

한일병합 이후 일본을 통해 화과자와 양과자가 유입되기 시작했고 1914년 조선호텔이 개관하면서 호텔에서는 빵과 아이스크림, 푸딩, 쿠키 등이 만들어져 식탁에 올랐으며 1925년에 접어들면서 우리나라 기술자와 자영업자가 다소 생겨나기 시작했다. 1965년 조선호텔은 외국인 조리사 및 제과사를 상주시켜 국내 최초로 유럽 전통의 요리와 제과제빵을 도입하였다. 1969년 증축공사를 거쳐 대형호텔로 변모함과 동시에 제과부를 설립하였으며 초창기 이곳에서 근무했던 제과인들이 이후 다른 호텔로 옮겨가면서 호텔 제과기술이 전파되었다. 1970년대 들어 국내 제빵산업은 정부의 적극적인 분식장려시책 등에 의하여 비약적으로 발전하는 듯하였으나 1974년부터 1, 2차 오일쇼크와 공급이 수요를 초과하면서 제빵회사들의 재편성이 이루어졌다. 1980년대 초반에는 제빵업계들이 생산성 향상 및 원가 절감 등을 위한 제반 시설의 현대화와 품질의 고급화, 다양화로 새로운 수요 창출을 위한 노력을 하였다. 연간 1조 6,000억 원에 달하는 규모의 시장을 가진 제빵업계는 IMF 이전 10여 년간은 연평균 13.6% 성장하였으나, IMF 이후 5년간은 4.5%의 미미한 성장을 하고 있다. 양산업계와 베이커리업계로 양분되는 우리나라의 제빵업계는 1970년대까지는 양산업계가 절대 우위를 차지하였으나 1980년대에 들어서는 베이커리업계 즉 프랜차이즈 업체, 윈도우 베이커리, 인스토어 베이커리가 서서히 시장을 잠식하여 1985년을 기점으로 베이커리업계의 시장 점유율이 우위를 차지하게 된다. 2000년 말에는 73%의 시장점유율을 보이며 양산업계에 비해 절대 우위를 보였다. 2009년 우리나라 베이커리시장 규모는 총매출 4조 원에서 2011년 6조 원에 이르는 규모로 성장하고 있다.

제2절 제품의 분류

1. 제과제빵의 구분

과자란 곡식가루에 갖가지 감미료를 섞어 만든 것으로 주식 이외에 먹는 기호식품을 말하며 빵, 과자를 구별하는 기준이 정확하게 설정되어 있지 않으므로 구분이 모호한 제품이 많다. 굳이 구분을 한다면 이스트의 사용여부, 설탕 사용량의 다소, 밀가루의 종류, 반죽의 상태 등이 있는데 일반적으로 이스트의 사용유무와 밀가루의 종류에 따라 구분한다.

| 제과제빵의 구분 |

항목	제빵	제과
팽창제	생물팽창제 : 효모(yeast)	화학팽창제 : 베이킹파우더
설탕 사용량	소량(밀가루 대비 0~30%)	다량(100~180%)
밀가루 종류	강력분	박력분
주원료	밀가루, 물, 소금, 이스트	설탕, 유지, 계란, 밀가루
반죽 제조법	직접법, 중종법, 액종법	반죽형, 거품형
반죽상태	글루텐의 생성, 발전	글루텐의 생성을 가급적 억제
용도	주식	기호식품

2. 과자 반죽의 분류

과자는 팽창형태에 의한 분류, 제품에 의한 분류, 지역적 특성에 따른 분류, 익히는 방법에 따른 분류로 나눌 수 있다.

| 과자반죽의 분류 |

기 준	분 류	내 용
팽창 형태	화학적 팽창	주된 팽창작용이 베이킹파우더와 같이 화학팽창제에 의존하는 제품 (레이어케이크, 반죽형 케이크, 반죽형 쿠키, 와플 등)
	공기팽창	주된 팽창작용이 반죽하는 중 포집된 공기에 의존하는 제품 (스펀지케이크, 시폰케이크, 거품형 쿠키 등)
	무팽창	반죽 자체에 팽창작용을 주지 않는 제품 (파이도우, 타르트의 깔개 반죽)
	유지팽창	유지층 사이의 증기압으로 부풀리는 방법 (퍼프 페이스트리)
	복합형 팽창	화학적 팽창과 공기팽창을 적절히 병용한 제품 (대부분의 반죽형 케이크와 반죽형 쿠키)
	이스트 팽창	주된 팽창이 이스트에 의존하는 발효제품으로 식빵류, 단과자빵류, 특수 빵류, 조리 빵 및 기타 빵류, 도넛류 등이 있다.
익히는 방법	구이	오븐에서 구운 과자(대부분의 과자)
	튀김	기름에 튀긴 과자(케이크도넛, 두부스낵)
	찜	스팀으로 찐 과자(찐 케이크)
	냉각	냉장고나 냉동고에서 굳히는 과자(무스케이크, 바바루아)
지역적 특성	양과자	서양 여러 나라의 과자(각종 케이크, 초콜릿 등)
	한과	우리나라의 전통과자(강정, 다식, 약과 등)
	화과자	일본의 전통과자(만주, 모찌과자, 네리끼리, 요깡 등)
	중화과자	중국의 전통과자(월병 등)
제품	빵류	식빵류, 단과자빵류, 페이스트리, 특수빵, 조리빵, 튀김류 등
	케이크류	양과자, 생과자, 페이스트리, 냉과
	데커레이션 케이크	기본 케이크에 여러 가지 장식을 하여 맛과 시각적 효과를 높인 것
	공예과자	미적 효과를 살린 과자로 먹을 수 없는 재료 사용이 가능함
	초콜릿 과자	초콜릿을 이용한 정형제품과 코팅제품
	건과자	수분이 5% 이하인 과자(비스킷, 쿠키류 등)
	캔디	사탕류
	한과	전통적인 우리나라의 조과

1) 평창형태에 따른 분류

빵, 과자 제품을 분류하는 가장 일반적인 방법으로 반죽 속의 기포를 어떤 방법으로 형성시키느냐(공기를 어떻게 포함시켜 부풀리느냐)에 따라 화학적 팽창, 이스트 팽창, 물리적(공기) 팽창, 무 팽창, 유지에 의한 팽창, 복합형 팽창 등으로 나눈다.

(1) 화학적 팽창(Chemically leavened)

베이킹파우더, 소다 같은 팽창제를 반죽할 때 첨가하여 팽창제가 열에 의하여 화학적 반응을 일으켜 반죽을 팽창시키는 방법으로 레이어케이크, 파운드케이크, 과일케이크 등 유지 함량이 높은 제품에 사용할 수 있으며 부드러운 제품을 만들 수 있다.

베이킹파우더나 그 밖의 화학팽창제를 사용하는 제품에서는 소량이 사용되므로 정확한 계량이 필요하다.

(2) 이스트 팽창(Yeast leavened)

주된 팽창작용이 이스트(효모)를 사용하여 발효과정에서 발생하는 이산화탄소가스에 의존하는 발효제품으로 각종 빵류(식빵류, 단과자빵류, 빵도넛, 데니쉬 페이스트리, 기타 하스브레드, 잉글리쉬 머핀 등)가 여기에 속한다.

(3) 공기 팽창(Air leavened)

계란의 기포력을 이용하여 제품을 부풀리는 방법으로 반죽을 믹싱할 때 포집되는 크고 작은 공기방울을 오븐에서 열을 가해 팽창시키는 방법으로 거품형 반죽이 여기에 속한다. 거품형 반죽에는 계란 노른자와 흰자를 같이 사용하는 공립법과 따로 사용하는 별립법이 있다. 대표적인 제품으로는 스펀지케이크, 엔젤푸드케이크, 시폰케이크, 머랭, 거품형 쿠키 등이 있다.

(4) 무 팽창(Not leavened)

반죽 자체에 아무런 팽창작용을 주지 않는 형태이나 반죽 속의 수증기압에 의해 약간의 팽창이 있다(파이도우, 타르트의 깔개 반죽 등).

(5) 유지 팽창(Fat leavened)

밀가루 반죽 사이에 충전용 유지를 넣고 접어 굽는 동안 유지층 사이의 증기압으로 부풀리는 방법으로 퍼프페이스트리가 있다.

(6) 복합형 팽창(Combination leavened)

두 가지 이상의 기본 팽창형태를 조합한 것을 말한다.

① 이스트 팽창 + 화학적 팽창 = 치즈스틱
② 공기 팽창 + 화학적 팽창 = 스펀지케이크
③ 이스트 팽창 + 공기 팽창 = 머랭 사용 빵류
④ 이스트 팽창 + 유지 팽창 = 데니쉬 페이스트리

2) 제품에 따른 분류

(1) 빵류

① 식빵류 : 식빵이란 빵의 기본재료인 밀가루, 물, 이스트, 소금 이외의 부재료를 넣고 식빵 틀에 구운 제품으로 기본재료 이외에 넣게 되는 특정재료에 따라 건포도식빵, 우유식빵, 옥수수식빵, 버터식빵, 밤식빵, 잡곡식빵 등을 들 수 있다.

② 단과자빵류 : 일반식빵이나 일반 빵보다 설탕이나 유지, 계란 등을 더 많이 넣은 빵으로 충전물이나 모양 등에 따라 제품의 명칭이 달라진다.

③ 페이스트리류 : 데니쉬 페이스트리, 파이 등 반죽 안에 롤인 유지를 넣어 밀어 펴고 접는 방법을 반복하여 굽는 빵으로 유지층 사이의 증기압으로 빵이 부풀려지고 층이 만들어진다. 대표적인 빵으로는 크루아상, 데니쉬 페이스트리가 있다.

④ 특수빵류 : 특수빵류는 일반적으로 저배합, 저칼로리로 기본적인 재료만으로 이루어지며 일정한 모양이나 틀을 사용하지 않고 구운 빵으로 허스 브레드(hearth bread)라고도 한다. 대표적인 빵으로는 불란서빵이 있다.

⑤ 조리빵류 : 조리빵은 빵 반죽에 야채나 여러 가지 가공식품, 특수재료 등을 이용하여 만들어진 제품으로 샌드위치, 햄버거, 피자 등이 있다.

⑥ 튀김류 : 기름에 튀겨내는 제품으로 충전물이나 모양에 따라 이름과 맛이 달라진다.

(2) 케이크류

① 양과자류 : 반죽형, 거품형, 시폰형 케이크 등 서구식 과자를 말한다.

② 생과자류 : 수분함량(30% 이상)이 높은 케이크로 일본식 과자의 상당수가 여기에 속한다. 수분함량이 40% 이상인 나마가시는 수분함량이 가장 많은 과자로, 우리의 떡과 같은 형태이다. 나마가시 가운데 대표적인 것은 네리끼리로 흰 앙금과 찹쌀반죽으로 계절

에 맞추어 아름다운 모양으로 만든다.

③ 페이스트리류 : 퍼프 페이스트리, 각종 파이

④ 냉과류 : 아이스크림과 같이 약간 단단하고 차가운 상태에서 제맛을 내는 제품으로 젤리, 무스, 바바루아, 아이스크림 등이 있다.

(3) 데커레이션 케이크

기본 케이크에 여러 가지 장식을 함으로써 시각적 효과를 높인 케이크로 먹을 수 있는 재료로 만들어져야 한다.

① 기본제품 + 샌드 + 아이싱(코팅) + 장식(맛과 시각적 효과)
② 먹을 수 있는 재료를 사용한다.

(4) 공예과자

미적 효과를 살린 과자로 먹을 수 없는 재료의 사용이 가능한 점이 데커레이션 케이크와 다른 점이다.

① 빵, 케이크, 초콜릿, 설탕 등을 미적 · 예술적으로 표현한 제품
② 먹을 수 없는 재료를 일부 사용할 수도 있음

(5) 초콜릿제품

초콜릿을 이용한 정형제품과 코팅제품을 포함한다.

① 초콜릿이 주재료로 된 제품
② 배합에 초콜릿을 상당량 함유한 제품
③ 초콜릿으로 샌드하거나 코팅한 제품

(6) 건과자류

수분함량(5% 이하)이 비교적 적은 과자류(쿠키, 비스킷)

(7) 캔디류

설탕을 주원료로 만든 제품(각종 사탕류)

(8) 한과류

우리나라의 전통적인 병과류(餠菓類)

3) 지역적 특성에 따른 분류

(1) 한과 = 우리나라의 전통과자

우리나라에서는 전통적으로 내려오는 과자를 한과류(韓果類)라 한다. 본래는 생과(生果)와 비교해서 가공하여 만든 과일의 대용품이란 뜻에서 조(造)과(果)류 또는 과정류(果飣類)라 하고 우리나라 말로는 과줄이라고도 한다. 그러다가 외래과자와 구분하기 위하여 한과로 부르게 되었다.

(2) 화과자(和菓子) = 일본의 전통과자

화과자는 일본식(풍)이라는 뜻을 갖는 화(和)가 붙는 것에서 알 수 있듯이 일본과자 하면 떠오르는 대표적인 것이다. 대부분의 화과자는 중국 당나라에서 건너온 당과자(唐菓子)와 우리나라 전통음식인 떡이 일본에 전해져서 발달한 과자이다.

(3) 중화과자 = 중국의 전통과자(월병)

중국인들이 해마다 즐기는 전통과자인 월병은 중국에서 중추절에 먹는 전통과자로 잘 알려져 있다. 중추절은 가을의 중심이라는 뜻으로 우리나라의 추석과 같은 음력 8월 15일이다. 둥그런 모양의 월병은 모임을 상징하며 온 식구가 한자리에 모이기를 바라는 마음을 담고 있다. 절기마다 명절을 지키기는 하지만 우리의 추석처럼 큰 명절은 아니라고 한다.

(4) 양과자 = 서양 여러 나라의 과자

4) 익히는 방법에 따른 분류

(1) 굽는 과자

밀가루를 주재료로 사용하여 오븐에서 구워낸 과자를 말한다.

(2) 찜과자

스팀을 이용하여 쪄서 만드는 과자를 말한다.

(3) 튀김과자

도넛같이 기름에 튀겨내어 만든 과자이다.

제3절 배합표(Recipe) 작성

1. 베이커스 퍼센트(Baker's %)

반죽에 들어가는 밀가루를 100으로 기준하여 각각의 재료를 밀가루에 대한 백분율로 표시한 것으로 제빵업계에서 배합률을 작성할 때 사용하며 제품 생산량의 계산이 용이하다.

| 베이커스 퍼센트(B%) |

재료명	무게(g)	Baker's %
밀가루	1,000	100
물	630	63
이스트	25	2.5
개량제	5	0.5
소금	20	2
설탕	40	4
유지	40	4
탈지분유	40	4
계	1,800	180

앞의 배합표를 보면 밀가루 1,000g을 기준으로 각각의 재료에 대한 백분율을 표시한 것으로,

물의 Baker's % = 물 무게 / 밀가루 무게 × 100 = 630 / 1,000 ×100 = 63%
이스트 Baker's % = 이스트 무게 / 밀가루 무게 × 100 = 25 / 1,000 × 100 = 2.5%

나머지 재료의 베이커스 퍼센트도 같은 방식으로 계산한다.

✱밀가루 사용량을 기준으로 하기 때문에 밀가루 중량인 1,000으로 나눈다.

2. 트루 퍼센트(True %)

총배합에 들어가는 재료들을 모두 합한 것을 100으로 나타낸 것으로 특정성분 함량 등을 알 때 편리하며 일반적으로 통용되는 전통적인 %로 백분율을 나타낸다.

| 트루 퍼센트(T%) |

재료명	무게(g)	True %
밀가루	1,000	55.5
물	630	35
이스트	25	1.4
개량제	5	0.3
소금	20	1.1
설탕	40	2.2
유지	40	2.2
탈지분유	40	2.2
계	1,800	100

트루 퍼센트는 배합에 들어가는 재료들을 모두 합한 1,800g을 기준으로 각각의 재료에 대한 백분율을 표시한 것으로,

밀가루의 True % = 밀가루 무게 / 총 재료 사용량 × 100 = 1,000 / 1,800 × 100 = 55.5%
물의 True % = 물 무게 / 총 재료 무게 × 100 = 630 / 1,800 × 100 = 35%

나머지 재료의 트루 퍼센트도 같은 방식으로 계산한다.

✱ 전체 사용된 양을 기준으로 하기 때문에 1,800으로 나눈다.

3. 배합률 계산법

베이커스 퍼센트로 표시한 배합률과 밀가루 무게를 알면 나머지 재료의 중량을 구할 수 있다.

밀가루 무게(g) = 밀가루 비율(%) × 총반죽 무게(g) / 총배합률

총반죽 무게(g) = 총배합률(%) × 밀가루 무게(g) / 밀가루 비율(%)

각 재료의 무게(g) = 밀가루 무게(g) × 각 재료의 비율(%)

Q : 다음 버터 스펀지케이크의 배합표를 완성하시오.

반죽을 520g씩 분할하여 4개의 팬에 각각 채워 넣을 수 있는 분량이다. 분할하기까지 반죽이 손실되는 양이 1%, 밀가루는 g 이하에서 올림한다.

| 배합표 |

	재료	비율(%)	무게(g)
1	박력분	100	(500)
2	설탕	120	(600)
3	계란	180	(900)
4	소금	1	(5)
5	바닐라향	0.5	(2.5)
6	버터	20	(100)
계		(421.5)	(2,107.5)

[배합표 작성]

- 분할반죽 총무게 = 520g × 4개 = 2,080g
- 분할하기 전 반죽 총무게(손실분 1% 포함된 무게) = 2,080g ÷ (1 − 0.01) = 2,080 ÷ 0.99 = 2,101g
- 총배합률 = 100 + 120 + 180 + 1 + 0.5 + 20 = 421.5%
- 밀가루무게 = 100% × 2,101g ÷ 421.5% = 498.457 ≒ 500g
- 밀가루 100%가 500g이므로 각 재료비율에 5를 곱한다.

4. 배합률 조정

모든 빵, 과자 제품은 소비자의 기호에 따라 그 제품의 특성을 벗어나지 않는 범위 내에서 배합률 조정이 이루어져야 한다.

배합률 조정은 밀가루(100%)를 기준으로 하는 베이커스 %로 작성한다.

1) 옐로 레이어케이크(Yellow layer cake)

재료	배합률 조정범위(%)	조정된 배합률(%)	배합률 조정공식
박력	100	100	1. 설탕, 쇼트닝 사용량을 먼저 결정 2. 계란 = 쇼트닝 x 1.1 3. 우유 = 설탕 + 25 – 계란 4. 우유 = 분유 10% + 물 90% ☞ 유화제는 쇼트닝이 유화제 처리가 되지 않았거나 부족한 경우 사용(유지의 6% 정도)
설탕	110~140	120	
쇼트닝	30~70	50	
계란	쇼트닝 x 1.1	50 x 1.1=55	
소금	1~3	1	
유화제	3	3	
베이킹파우더	2~6	4	
탈지분유	변화	8	
물	변화	72	
향	0.5~1	0.5	
계		403.5	

[제조공정]

① 믹싱 = 크림법(블렌딩법, 1단계법도 사용할 수 있음)

② 믹싱 볼에 쇼트닝을 넣고 부드럽게 풀어준 후 설탕, 유화제, 소금을 넣고 크림화한다.

③ 계란을 2~3회 나누어 넣으면서 부드러운 크림을 만든다.

④ 물 1/2과 체질한 가루재료를 넣고 반죽에 덩어리가 없게 가볍게 섞는다.

⑤ 나머지 물 1/2을 넣고 가볍게 섞는다.

✸ 반죽온도 = 23℃±1, 비중 = 0.8±0.05

⑥ 패닝 = 팬 용적의 60% 정도

⑦ 굽기 = 윗불 190℃, 아랫불 160℃ 전후, 시간 = 30분 정도

Q : 옐로 레이어케이크의 배합률이 밀가루 100%, 설탕 120%, 쇼트닝 50%일 경우 다음 물음에 답하시오.

문1) 전체 우유 사용량은?

㉠ 60% ㉡ 70% ㉢ 80% ㉣ 90%

☞ **풀이** : 우유 = 설탕 + 25 - 계란
계란 사용량을 먼저 구한다. 계란 = 쇼트닝 × 1.1 = 쇼트닝 50% × 1.1 = 55%(계란 사용량)
우유 = 설탕 + 25 - 계란 = 120 + 25 - 55 = 90%

문2) 분유와 물을 사용할 때 분유 사용량은?

㉠ 6% ㉡ 9% ㉢ 12% ㉣ 18%

☞ 풀이 : 질소

문3) 분유와 물을 사용할 때 물 사용량은?

㉠ 9% ㉡ 27% ㉢ 45% ㉣ 81%

☞ 풀이 : 우유 = 설탕 + 25 - 계란 = 120 + 25 - 55 = 90%
90% 중 10%가 분유이므로 9%를 뺀 81%가 물 사용량이 된다.

문4) 일반적으로 옐로 레이어케이크의 반죽온도는 어느 정도가 가장 적당한가?

㉠ 10℃ ㉡ 16℃ ㉢ 24℃ ㉣ 34℃

☞ 풀이 : 옐로 레이어케이크의 반죽온도는 23±1℃이다.

문5) 옐로 레이어케이크에서 쇼트닝과 계란의 사용량 관계를 바르게 나타낸 것은?

㉠ 쇼트닝 × 0.7 = 계란 ㉡ 쇼트닝 × 0.9 = 계란
㉢ 쇼트닝 × 1.1 = 계란 ㉣ 쇼트닝 × 1.3 = 계란

☞ 풀이 : 배합률 조정공식
1. 설탕, 쇼트닝 사용량을 먼저 결정
2. 계란 = 쇼트닝 × 1.1
3. 우유 = 설탕 + 25 - 계란
4. 우유 = 분유 10% + 물 90%

2) 화이트 레이어케이크(White layer cake)

전란 대신 계란 흰자를 사용하는 케이크이다.

재료	배합률 조정범위(%)	조정된 배합률(%)	배합률 조정공식
박력	100	100	1. 설탕, 쇼트닝 사용량 결정 2. 전란 = 쇼트닝 x 1.1 3. 흰자 = 전란 x 1.3 4. 우유 = 설탕 + 30 − 흰자 5. 우유 = 물 90%, 분유 10%
설탕	110~160	120	
유화쇼트닝	30~70	60	
흰자	전란 x 1.3	85.8	
소금	2~3	2	
베이킹파우더	2~6	4	
주석산크림	0.5	0.5	
물	변화	57.8	

탈지분유	변화	6.42	
바닐라향	0.5~1.0	0.5	
계			

[제조공정]

① 믹싱 = 크림법(블렌딩법, 1단계법도 사용할 수 있음)

② 믹싱 볼에 쇼트닝을 넣고 부드럽게 풀어준 후 설탕, 유화제, 소금을 넣고 크림화한다.

③ 흰자에 주석산크림을 넣고 거품기를 사용하여 부드러운 크림을 만들어 ②에 서서히 투입하여 윤기 있는 반죽을 만든다.

④ 물 1/2과 체질한 가루재료를 넣고 반죽에 덩어리가 없게 가볍게 섞는다.

⑤ 나머지 물 1/2을 넣고 가볍게 섞는다.

✱ 반죽온도 = 23℃±1, 비중 = 0.8±0.05

⑥ 패닝 = 팬 용적의 60% 정도

⑦ 굽기 = 윗불 190℃, 아랫불 160℃ 전후, 시간 = 30분 정도

Q : 화이트 레이어케이크의 배합률이 밀가루 100%, 설탕 120%, 쇼트닝 60%일 경우 다음 물음에 답하시오.

문*1*) 흰자 사용량은?

㉠ 28.6% ㉡ 57.2% ㉢ 85.8% ㉣ 114.4%

☞ 풀이 : 흰자 = 전란×1.3이니까 먼저 전란 사용량을 구한다.
전란 = 쇼트닝×1.1이니까 60×1.1 = 66
흰자 = 쇼트닝×1.3 = 66×1.3 = 85.8%

문*2*) 전체 우유 사용량은?

㉠ 64% ㉡ 72% ㉢ 80% ㉣ 85%

☞ 풀이 : 우유 = 설탕 + 30 - 흰자 = 120 + 30 - 85.8 = 64.2%

문*3*) 우유 대신 분유와 물을 사용할 때 분유 사용량은?

㉠ 3.2% ㉡ 6.4% ㉢ 9.6% ㉣ 12.8%

☞ 풀이 : 분유 = 우유×0.1 = 64×0.1 = 6.4%

문*4*) 우유 대신 분유와 물을 사용할 때 물 사용량은?

㉠ 28.8% ㉡ 57.8% ㉢ 86.4% ㉣ 128%

☞ 풀이 : 물 = 64.2% × 0.9 = 57.78%

문5) 화이트 레이어케이크를 만들 때 밀가루를 기준으로 가장 적합한 설탕의 양은?
㉠ 60~80% ㉡ 80~100% ㉢ 110~160% ㉣ 180~230%

☞ 풀이 : 배합률 조정공식
- 설탕과 쇼트닝의 사용량을 먼저 결정한다. 옐로 레이어케이크와 재료 사용범위는 같으나 설탕 사용범위가 110~160%로 넓다.
- 설탕, 쇼트닝 사용량 결정
- 전란 = 쇼트닝 × 1.1
- 흰자 = 전란 × 1.3
- 우유= 설탕 + 30 - 흰자
- 우유 = 물 90%, 분유 10%

3) 데블스 푸드케이크(Devil's food cake)

재료	배합률 조정범위(%)	조정된 배합률(%)	배합률 조정공식
박력	100	100	1. 설탕, 쇼트닝, 코코아 사용량 결정 2. 계란 = 쇼트닝 × 1.1 3. 우유 = 설탕 + 30 + (코코아 × 1.5) − 계란 4. 중조(소다) = 천연코코아의 7% 사용 5. 베이킹파우더 = 더치코코아 사용 시 원래 사용량
설탕	110~180	120	
유화쇼트닝	30~70	50	
계란	쇼트닝 × 1.1	50×1.1=55	
소금	2~3	2	
코코아	15~30	20	
베이킹파우더	2~6	4	
탈지분유	변화		
물	변화		
향	0.5~1	0.5	
계			

☞ 더치코코아 사용 시 중조 사용하지 않음
☞ 중조 1%는 베이킹파우더 3%의 효과를 낸다.
☞ 유화제는 유화 쇼트닝이 아닐 경우 사용

[제조공정]

① 믹싱 = 블렌딩법

② 믹싱 볼에 쇼트닝과 체질한 밀가루를 넣고 쇼트닝이 밀가루에 피복되어 바슬바슬한 상태가 되도록 만든다.

③ 설탕, 탈지분유, 코코아, 베이킹파우더, 소금, 유화제향을 넣고 섞는다.

④ 전체 배합 분량 중 계란 1/2과 물 2/3 정도를 넣고 잘 섞는다.

⑤ 나머지 계란을 3~4회 나누어 넣으면서 부드러운 크림상태로 만든다.

⑥ 나머지 물 1/3을 넣고 고르게 잘 섞는다.

✱ 반죽온도 = 23℃±1, 비중 = 0.8±0.05

⑦ 패닝 = 팬 용적의 60% 정도

⑧ 굽기 = 윗불 190℃, 아랫불 160℃ 전후, 시간 = 30분 정도

Q : 데블스 푸드케이크의 배합률이 밀가루 100%, 설탕 120%, 쇼트닝 50%, 베이킹파우더 5%, 코코아 20%일 경우 다음 물음에 답하시오.

문*1*) 전란 사용량은?

㉠ 50% ㉡ 55% ㉢ 60% ㉣ 65%

☞ 풀이 : 전란 = 쇼트닝 × 1.1 = 55%

문*2*) 전체 우유 사용량은?

㉠ 105% ㉡ 115% ㉢ 125% ㉣ 135%

☞ 풀이 : 우유 = 설탕 + 30 + (1.5 × 코코아) - 전란 = 120 + 30 + (1.5 × 20) - 55 = 125%

문*3*) 우유 대신 분유를 사용할 경우 분유 사용량은?

㉠ 12.5% ㉡ 14.0% ㉢ 15.5% ㉣ 17.0%

☞ 풀이 : 우유가 125%이므로 분유 = 125 × 0.1 = 12.5%

문*4*) 사용한 코코아가 천연코코아라면 탄산수소나트륨(중조)은 얼마를 사용하는가?

㉠ 0.7% ㉡ 1.4% ㉢ 2.1% ㉣ 2.8%

☞ 풀이 : 탄산수소나트륨 = 천연코코아 × 0.07 = 20 × 0.07 = 1.4%

문*5*) 천연코코아 사용 시 원래의 베이킹파우더는 몇 %로 조정해야 하는가?

㉠ 0.8% ㉡ 2.0% ㉢ 5.0% ㉣ 0%

☞ 풀이 : 중조 1%는 베이킹파우더 3%와 같은 효과이므로 중조 1.4% × 3배 = 4.2%와 같다.
따라서 원래 사용량 5% - 4.2% = 0.8%가 된다.
*중조 × 3의 양이 원래 베이킹파우더보다 많을 경우 베이킹파우더를 사용하지 않는다.

4) 초콜릿케이크(Chocolate cake)

재료	배합률 조정범위(%)	조정된 배합률(%)	배합률 조정공식
박력	100	100	1. 설탕, 쇼트닝 사용량 결정 2. 계란 = 쇼트닝×1.1 3. 초콜릿 = ① 코코아 5/8(62.5%) ② 카카오버터 37.5%(3/8) 4. 우유 = 설탕 + 30 + (코코아×1.5) – 전란 5. 초콜릿 중 천연코코아 = ① 7%의 중조 사용 ② 더취는 중조 사용 안 함 6. 베이킹파우더 = ① 더치코코아 사용 : 원래 사용량 ② 천연코코아 사용 : 중조 사용량의 3배를 줄임 7. 쇼트닝 = 초콜릿 중 유지함량의 1/2을 줄임
설탕	110~180	120	
유화쇼트닝	30~70	50	
계란	쇼트닝×1.1	50×1.1 = 55	
소금	2~3	2	
초콜릿	20~50	20	
베이킹파우더	2~6	4	
탈지분유	변화		
물	변화		
향	0.1	0.1	
계			

[제조공정]

① 믹싱 = 크림법

② 믹싱 볼에 쇼트닝을 넣고 부드럽게 풀어준 후 설탕, 유화제, 소금을 넣고 크림화한다.

③ 중탕으로 녹인 초콜릿을 넣어 부드러운 크림상태로 만든다.

④ 계란을 2~3회 나누어 넣으면서 부드러운 크림을 만든다.

⑤ 충분히 크림화가 되면 물 1/2과 체질한 가루재료를 넣고 반죽에 덩어리가 없게 가볍게 섞는다.

⑥ 나머지 물 1/2을 넣고 가볍게 섞는다.

✱ 반죽온도 = 23℃±1, 비중 = 0.8±0.05

⑦ 패닝 = 팬 용적의 60% 정도

⑧ 굽기 = 윗불 190℃, 아랫불 160℃ 전후, 시간 = 30분 정도

✱ 반죽 색이 진하기 때문에 굽기과정 중 껍질색으로만 판단하지 말고 익은 정도를 잘 확인한다.

Q : 초콜릿케이크의 배합률이 밀가루 100%, 설탕 120%, 유화쇼트닝 60%, 초콜릿 32%일 경우 다음 물음에 답하시오.

문*1*) 초콜릿 32% 중 코코아는 몇 % 정도인가?

㉠ 12% ㉡ 16% ㉢ 20% ㉣ 24%

☞ 풀이 : 초콜릿 중의 코코아 = 초콜릿 × 5 / 8(62.5%) = 32 × 0.625 = 20%

문2) 초콜릿 32% 중 카카오버터는 몇 %인가?

㉠ 6% ㉡ 12% ㉢ 18% ㉣ 24%

☞ 풀이 : 초콜릿 중의 카카오버터 = 초콜릿 × 3 / 8(37.5%) = 32 × 0.375 = 12%

문3) 계란 사용량은?

㉠ 54% ㉡ 60% ㉢ 66% ㉣ 72%

☞ 풀이 : 계란 = 쇼트닝 × 1.1 = 60 × 1.1 = 66%

문4) 전체 우유 사용량은?

㉠ 70% ㉡ 85% ㉢ 90% ㉣ 114%

☞ 풀이 : 우유 = 설탕 + 30 + (1.5 × 코코아) - 계란 = 120 + 30 + (20 × 1.5) - 66 = 114%

문5) 우유 대신 분유를 사용할 때 분유 사용량은?

㉠ 7.9% ㉡ 8.5% ㉢ 9% ㉣ 11.4%

☞ 풀이 : 분유 = 우유 × 0.1 = 114 × 0.1 = 11.4%

문6) 원래 사용하던 유화쇼트닝은 얼마로 변경해야 하는가?

㉠ 54% ㉡ 60% ㉢ 66% ㉣ 72%

☞ 풀이 : 초콜릿 중 카카오버터 = 초콜릿 × 3 / 8(37.5%) = 32 × 0.375 = 12%
카카오버터는 유화쇼트닝의 1/2 기능을 가지고 있으므로 12 × 1/2 = 6%
쇼트닝 = 초콜릿 중 유지함량의 1/2 감소 = 60 - 6 = 54%

5. 기타 케이크

1) 파운드케이크(Pound cake)

크림법의 대표적 제품인 파운드케이크는 유지의 크림성을 이용한 제품으로 계란이 주축이 아닌 부드러운 고체상태인 버터를 기본으로 하여 설탕, 계란, 밀가루를 각각 1파운드(457g)씩 사용해 만들어진 것으로 윗면을 터트리는 제품이 우리나라에서는 일반화되어 있다.

[재료 사용범위]

밀가루 100%, 설탕 75~125%, 쇼트닝 40~100%, 계란 40~100%, 향 0~1.0%, 베이킹파우더 0~3.0%, 유화제 0~4%

(1) 배합률 작성 시 유의사항

① 배합률에서 설탕 사용량이 일정하면 액체재료(계란, 우유)도 일정하다.
② 쇼트닝 증가 시 계란도 같은 양 또는 쇼트닝×1.1을 사용한다.
③ 설탕은 75~125% 범위에서 자유롭게 선택
④ 부드러운 파운드케이크 : 박력분 사용
 ✱ 과일케이크와 같이 조직감이 강한 케이크 : 박력분+강력분 사용
⑤ 유지는 유화쇼트닝, 버터, 마가린을 단독 또는 혼합하여 사용
 ✱ 향미와 유화성이 좋아야 한다.
 과일 파운드케이크에는 설탕량을 줄임
 ✱ 충전물 : 건포도, 오렌지 필, 레몬 필, 체리, 호두, 아몬드 슬라이스

(2) 재료 개량

모든 재료를 배합표에 따라 정확하게 계량하는 것이 매우 중요하다. 재료는 부피로 개량하지 않고 저울을 사용하여 무게로 계량한다.

[믹싱을 하기 위한 원(부)재료 전처리]

① 가루재료 = 밀가루, 분유 등 가루재료는 체 쳐서 사용한다.
 〈체 쳐서 사용하는 이유〉
 ㉠ 가루 속의 이물질이나 덩어리를 거른다.
 ㉡ 이스트가 호흡하는 데 필요한 공기를 넣어 발효를 촉진시키고 흡수율을 증가시킨다.
 ㉢ 2가지 이상의 가루를 골고루 섞기 위해서이다.
② 생이스트 : 밀가루에 잘게 부수어 넣고 혼합하여 사용하거나 물에 녹여 사용한다.
③ 건조이스트는 중량의 4~배 정도의 미지근한 물에 풀어서 사용한다.
④ 개량제 : 가루재료에 혼합하여 사용한다.
⑤ 유지 : 서늘한 곳에 보관하여 사용하며 반죽 속에 넣어야 하므로 유연성이 있는 상태가 좋다.
⑥ 물 : 반죽온도에 맞게 물의 온도를 조절하여 사용한다.
⑦ 소금 : 소금은 이스트의 발효를 억제하거나 파괴한다. 따라서 가능하면 물에 녹여서

사용한다.

> **예) 일반적인 건포도 전처리**
>
> 건포도 양의 12%에 해당하는 물(27℃)에 4시간 이상 버무려둔 뒤에 사용한다. 시간이 없을 경우 건포도가 잠길 만큼 물을 부어 10분 정도 담가뒀다 체에 밭쳐서 사용한다. 믹싱의 마지막 단계에 투입하여 가볍게 섞어준다.

[건포도 전처리하는 목적]

① 씹는 조직감을 개선

② 반죽 내에서 반죽과 건조과일 간의 수분이동 방지

③ 건조과일에 원래 과일의 풍미를 되살아나도록 한다.

✻ 건포도는 향과 맛을 보존하기 위해 오일로 코팅하였기 때문에 4시간 이상 버무려 사용

✻ 전처리하기 전 건포도 수분 : 15% 정도, 전처리 후 건포도 수분 : 25% 정도

④ 믹싱 : 크림법(블렌딩법, 1단계법 모두 가능하나 주로 크림법을 사용)

㉠ 유지, 설탕, 소금을 넣고 믹싱

㉡ 계란을 나누어 넣으면서 부드러운 크림을 만든다.

㉢ 가루재료를 넣고 잘 섞어 균일한 반죽을 만든다.

㉣ 반죽온도 : 23℃±1, 비중 : 0.75~0.8

⑤ 패닝

㉠ 분할 : 팬 용적의 70% 정도

㉡ 이중 팬을 사용하는 목적 : 파운드케이크의 밑면과 옆면의 급격한 껍질 형성을 방지하여 제품의 조직과 맛을 좋게 한다.

⑥ 굽기

㉠ 처음에는 윗불(210℃ 정도)과 아랫불(180℃ 정도)을 세게 굽다가 윗면에 색이 나면 중앙부분을 터트리고 윗불(170℃ 정도)을 줄여준다.

㉡ 오븐 문을 1/3쯤 열어두면 터트린 부분으로 반죽이 올라오기 시작하는데 이때 아랫불(160℃ 정도)을 줄이고 굽는다.

㉢ 구워 나오면 바로 노른자(100)에 설탕(20~40)을 혼합하여 붓으로 발라준다.

파운드케이크 윗면이 터지는 이유

① 반죽에 수분이 부족
② 반죽에 설탕이 다 녹지 않고 남아 있는 경우
③ 패닝 후 바로 오븐에 넣지 않고 방치하여 반죽 껍질이 말랐을 때
④ 오븐 온도가 높아 윗면 껍질의 형성이 빠를 때
⑤ 아랫불이 강하거나 거품을 많이 죽인 경우(비중이 높은 경우)

문*1*) 파운드케이크 제조에 대한 설명으로 맞는 것은?

㉠ 오븐 온도가 너무 높으면 케이크의 표피가 갈라진다.
㉡ 너무 뜨거운 오븐에서는 표피에 비닐 모양이나 점이 형성된다.
㉢ 여름철에는 유지온도가 30℃ 이상이 되어야 크림성이 좋다.
㉣ 윗면이 터지게 하려면 굽기 전 후에 스팀을 분사한다.

☞ **풀이** : - 낮은 오븐 : 표피에 비닐모양이나 점이 형성
- 여름철 유지 온도 : 24℃ 정도가 적당
- 윗면을 안 터지게 : 처음부터 뚜껑을 덮고 굽거나 굽기 전에 윗면에 스팀을 분무

문*2*) 케이크 제조 시 2중팬을 사용하는 목적이 아닌 것은?

㉠ 제품바닥의 두꺼운 껍질 형성을 방지하기 위하여
㉡ 제품 옆면의 두꺼운 껍질 형성을 방지하기 위하여
㉢ 제품의 조직과 맛을 좋게 하기 위하여
㉣ 오븐에서의 열효율을 높이기 위하여

☞ **풀이** : 제품 바닥, 옆면의 두꺼운 껍질형성 방지, 제품의 조작과 맛을 좋게 하기 위하여 2중팬을 사용한다.

문*3*) 파운드케이크 제조에 있어 배합률에 계란 사용량을 증가시킬 때 다른 재료의 변화에 대한 설명으로 맞는 것은?

㉠ 소금은 감소시킨다.
㉡ 베이킹파우더는 증가시킨다.
㉢ 우유는 증가시킨다.
㉣ 쇼트닝은 증가시킨다.

☞ **풀이** : 계란량이 증가하면 쇼트닝 양도 증가시키므로 구조형성 재료와 연화작용 재료 간의 평형과 균형을 맞추어야 한다.

문4) 일반 파운드와 구별되는 마블 파운드의 재료는?

㉠ 버터 ㉡ 밀가루 ㉢ 설탕 ㉣ 코코아

☞ 풀이 : 마블 형태를 나타내기 위하여 코코아를 사용한다.

문5) 다음 중 크림법을 사용하여 만들 수 있는 제품은?

㉠ 슈 ㉡ 마블 파운드케이크
㉢ 버터 스펀지케이크 ㉣ 엔젤 푸드케이크

☞ 풀이 : 크림법 반죽은 파운드케이크, 레이어케이크 등이 있다.

문6) 파운드케이크를 구운 직후 계란 노른자에 설탕을 넣어 칠할 때 설탕의 역할이 아닌 것은?

㉠ 광택제 효과 ㉡ 보존기간 개선 ㉢ 탈색 효과 ㉣ 맛의 개선

☞ 풀이 : 노른자에 설탕을 넣고 칠해주면 광택으로 먹음직스러운 효과를 볼 수 있고 보존기간의 개선 및 맛을 개선하기 위한 것이다.

2) 스펀지케이크(Sponge cake)

계란의 기포성과 응고성을 이용해 부풀린 케이크로 일반적으로 계란이 밀가루보다 많이 사용된다.

(1) 필수재료

밀가루, 설탕, 계란, 소금

① 밀가루
㉠ 연질 소맥으로 제조한 특급 박력분(저단백질 5.5~7.5%) 사용
㉡ 박력분이 없을 때 : 강력이나 중력분 사용 시 12% 이하의 전분 사용 가능

② 설탕
㉠ 설탕의 20~25% 이하를 포도당으로 대체 사용가능
㉡ 설탕의 20~25%를 물엿(고형질 기준)으로 대체할 수 있음

③ 계란 사용량을 줄일 경우
㉠ 필수적으로 물을 추가

㉡ 노른자의 레시틴이 줄어들기 때문에 유화제 증가

㉢ 팽창효과가 감소되므로 베이킹파우더 증가

㉣ 밀가루를 사용량을 줄일 경우 계란 사용량도 줄인다.

✱ 계란 사용량이 15% 감소되면 고형분인 밀가루는 3.75% 증가, 물은 11.25% 증가

✱ 계란은 75%가 수분, 수분 = 15 × 0.75 = 11.25, 밀가루 = 15 × 0.25 = 3.75

(2) 기본배합

밀가루(100%), 설탕(166%), 계란(166%), 소금(2%)

부수재료 : 우유, 물, 분유, 베이킹파우더

(3) 제과기능사 배합표

박력분(100%) 500g, 설탕(120%) 600g, 계란(180%), 소금(1%) 5g, 향(0.5%) 2.5g, 버터(20%) 100g

(4) 믹싱법

① 더운 믹싱법 : 계란, 설탕, 소금을 넣고 중탕하여 40℃ 정도로 가열하고 거품을 올리는 방법으로 유지를 녹여서 첨가할 수 있으며 계란 함량은 밀가루의 50% 이상이 되어야 한다.

② 찬 믹싱법 : 더운 믹싱법에 비해 믹싱 중 공기 함유량이 적기 때문에 베이킹파우더를 사용하거나 증량하기도 한다.

✱ 믹싱 볼과 사용할 용기는 깨끗해야 하고 기름기가 없어야 한다.

✱ 냉동 계란을 사용할 경우에는 해동시켜서 사용해야 거품이 잘 일어나고 부피가 커진다.

✱ 거품 올리기의 최종단계는 2단 속도에서 행한다. 반죽에 최대한의 공기를 함유시킬 수 있기 때문이다.

(5) 반죽 제조

① 믹싱 볼에 계란을 넣고 풀어준 후 설탕, 소금을 넣고 거품을 올린다.

✱ 겨울과 같이 실내온도가 낮을 경우에는 중탕으로 40℃ 정도로 데운 후 거품을 올린다.

② 믹싱 완료 시점에서 저속으로 2~3분 정도 믹싱하여 크게 형성된 기포를 작고 균일하게 한다.

✱ 믹싱 완료시점 : 반죽이 일정한 간격으로 떨어질 때까지, 거품기 자국이 천천히 없어질 정도까지 믹싱

③ 체질한 가루재료를 넣고 가볍게 섞는다.

④ 중탕으로 녹인 버터에 반죽 일부를 넣어 잘 섞어준 후 본 반죽에 넣고 가볍게 잘 섞는다.

✻ 많이 저으면 기포가 빠져나와 비중이 높아지고 딱딱한 제품이 된다.
반죽온도 : 25℃, 비중 : 0.55±0.05

(6) 패닝

팬에 같은 양의 반죽을 넣고 윗면을 평평하게 고른 후 오븐에 넣기 전에 살짝 충격(반죽 속의 큰 기포 제거)을 준 후 오븐에 넣는다.

✻ 제시한 팬에 알맞은 양의 반죽을 분할해 넣는 작업이 능숙하고 반죽 손실을 최소화하고 표면처리를 잘해야 한다.

(7) 굽기

믹싱이 끝난 반죽은 팬에 패닝하여 바로 굽는다. 오븐온도 윗불 180℃ 전후, 밑불 160℃ 전후 오븐에서 25~30분 정도 굽는다.

✻ 스펀지케이크는 계란 함량이 높은 케이크이므로 오븐에서 꺼낸 후 30cm 정도의 높이에서 떨어뜨려 충격을 준 후 틀에서 분리한다.

문*1*) 기본적인 스펀지케이크의 필수재료가 아닌 것은?

㉠ 밀가루 ㉡ 설탕 ㉢ 분유 ㉣ 소금

☞ **풀이** : 스펀지케이크의 필수재료는 밀가루, 설탕, 계란, 소금이다.

문*2*) 스펀지케이크 제조 시 계란 사용량을 줄이려고 한다. 옳지 않은 것은?

㉠ 물을 조금 더 사용한다. ㉡ 유화제를 더 사용한다.
㉢ 밀가루 사용량을 줄인다. ㉣ 베이킹파우더 사용량을 늘린다.

☞ **풀이** : 계란 사용량을 줄일 경우
- 물을 추가 투입한다.
- 노른자(레시틴)양이 감소하므로 유화제 증가
- 팽창효과가 감소하므로 베이킹파우더 사용량 증가

문*3*) 스펀지케이크의 부피가 줄어든 경우 그 원인에 해당되지 않는 것은?

㉠ 낮은 온도의 오븐에 넣고 구운 경우
㉡ 계란을 기포할 때 기구에 기름기가 많은 경우
㉢ 급속한 냉각으로 수축이 일어난 경우
㉣ 최종믹싱속도가 너무 빠른 경우

☞ 풀이 : - 기구에 기름기가 있는 경우 스펀지케이크의 기포가 형성되지 않아 부피가 작아진다.
- 급속한 냉각으로 수축이 일어난 경우 부피가 작아진다.
- 초기단계에서는 고속믹싱을 하지만 최종단계에서 고속으로 할 경우 부피가 작아진다.

문4) 스펀지케이크의 굽기 공정 중에 나타나는 현상이 아닌 것은?

㉠ 공기의 팽창 ㉡ 전분의 호화 ㉢ 밀가루의 혼합 ㉣ 단백질의 응고

☞ 풀이 : 밀가루 혼합은 반죽을 제조할 때 한다.

문5) 스펀지케이크에서 계란 사용량을 15% 감소시킬 때 고형분과 수분량을 고려한 밀가루와 물의 사용량은?

㉠ 밀가루 3.75% 증가, 물 11.25% 감소 ㉡ 밀가루 3.75% 감소, 물 11.25% 증가

㉢ 밀가루 3.75% 감소, 물 11.25% 감소 ㉣ 밀가루 3.75% 증가, 물 11.25% 증가

☞ 풀이 : 계란은 수분 75%, 고형분 25%이다. 흰자는 수분 88%, 고형분 12%, 노른자 수분 50%, 고형분 50%이다. 계란 사용량을 15% 감소하면 15%만큼 고형분과 수분이 증가해야 한다. 그러므로 고형분인 밀가루는 3.75%, 물은 11.25% 증가한다.

3) 젤리 롤(Jelly roll)

[기능사 배합표]

박력분 400g(100%), 설탕 520g(130%), 계란 680g(170%), 소금 8g(2%), 물엿 32g(8), 베이킹파우더 2g(0.5%), 우유 80g(20%), 향 4g(1%), 잼 200g(50%)

(1) 반죽 제조(공립법)

① 믹싱 볼에 계란을 넣고 풀어준 후 설탕, 소금, 물엿을 넣고 거품을 올린다.

✱ 반죽을 찍어 떨어뜨리면 간격을 유지하면서 천천히 떨어지는 상태가 적당하다.

② 체 질한 가루재료를 넣고 가볍게 섞는다.

③ 마지막으로 우유를 넣고 잘 섞는다.

✱ 반죽온도 : 23℃±1℃, 비중 : 0.50±0.05

✱ 공립법에 의한 순서대로 계란+설탕+소금+물엿의 믹싱상태가 알맞고 밀가루 등 나머지 재료를 혼합하는 순서가 정확해야 한다.

(2) 패닝

① 위생지를 깔아 미리 준비해 둔 평철판에 반죽을 넣는다.
② 윗면을 L자형 스패출러나 고무주걱으로 평평하게 만든다.

(3) 무늬내기

① 노른자 또는 반죽 일부에 캐러멜 색소를 이용하여 진한 갈색으로 만든다.
② 위생지로 짤주머니를 만들어 무늬내기용 반죽을 넣고 반죽표면에 1.5~2cm 간격의 갈지자(之)로 짜준다.
③ 나무젓가락 등을 이용하여 좌, 우로 무늬를 내준다.
④ 큰 기포를 제거하기 위해 살짝 충격을 준다.

(4) 굽기

오븐온도 윗불 190℃, 밑불 170℃에서 20~25분간 굽는다.

* 오븐 위치에 따라 온도차이가 생기므로 일정시간 경과 후 팬의 위치를 바꾼다.
* 오븐에서 구워 나오면 30cm 정도의 높이에서 떨어뜨려 충격을 준다.

(5) 말기

① 작업대 위에 물에 적셔 꽉 짠 면포를 깔고 구워낸 롤케이크를 무늬 있는 부분이 위를 향하게 뒤집어 놓는다.
② 붓으로 물을 묻혀가며 바닥에 붙어 있는 위생지를 제거한다.
③ 스패출러를 이용해 잼을 얇게 골고루 바른다.
④ 긴 밀대를 이용해 원통형으로 말아준다.
  * 말기 중 터짐을 막기 위해 뜨거울 때 말아준다.

(6) 롤케이크 제조 시 표면이 터지지 않게 하기 위한 조치사항

① 설탕의 일부를 고형질 기준으로 물엿으로 대체한다.
② 덱스트린이나 글리세린 사용으로 점착성이 증가하여 터짐을 방지한다.
③ 팽창이 과도한 경우 팽창제 사용을 줄인다.
④ 노른자 사용량을 줄이고 전란 사용을 증가시킨다.

(7) 충전물 또는 젤리가 축축하게 스며들거나 찐득거리지 않게 하기 위한 조치사항

① 액체재료(물, 우유, 계란) 사용량을 줄이고 반죽시간 증가, 적정한 굽기 등으로 예방한다.

문1) 충전물 또는 젤리가 케이크에 축축하게 스며드는 것을 막기 위해 조치해야 할 사항으로 틀린 것은?

㉠ 굽기 조정 ㉡ 물 사용량 감소 ㉢ 반죽시간 증가 ㉣ 물엿 사용

☞ 풀이 : 물엿을 사용하면 더 축축해진다.

문2) 젤리 롤케이크를 말 때 터짐을 방지하기 위한 조치가 아닌 것은?

㉠ 계란에 노른자를 추가하여 사용한다.
㉡ 설탕의 일부를 물엿으로 대체한다.
㉢ 덱스트린을 사용하여 점착성을 증가시킨다.
㉣ 팽창제의 사용을 감소시킨다.

☞ 풀이 : 노른자가 증가하면 더욱더 터지는 원인이 된다.

문3) 롤케이크를 말 때 표면이 터지는 결점에 대한 조치사항으로 틀린 것은?

㉠ 설탕의 일부를 물엿으로 대치하여 사용한다.
㉡ 배합에 덱스트린을 사용하여 점착성을 증가시킨다.
㉢ 팽창제나 믹싱을 줄여 과도한 팽창을 방지한다.
㉣ 낮은 온도의 오븐에서 서서히 굽는다.

☞ 풀이 : 낮은 온도로 굽게 되면 껍질이 두꺼워져 말 때 터진다.

4) 엔젤 푸드케이크(Angel food cake)

흰자만을 사용하는 케이크로 비중이 가장 낮은 케이크이다.

(1) 배합률 작성

<table>
<tr><th>재료</th><th>사용범위(%)</th><th>배합률 작성</th></tr>
<tr><td>흰자</td><td>40~50</td><td rowspan="5">1. 흰자 사용량 결정(고수분제품은 흰자 사용량 증가)
2. 밀가루 사용량 결정(고수분제품은 적게 사용)
3. 주석산 사용량 결정(흰자가 많으면 사용량 증가)
4. 주석산크림 + 소금 = 1%
5. 설탕 사용량 = 100% − (흰자 + 밀가루 + 소금 + 주석산크림)
*설탕 사용량 2/3는 입상형, 나머지 1/3은 분당으로 사용</td></tr>
<tr><td>설탕</td><td>30~42</td></tr>
<tr><td>주석산크림</td><td>0.5~0.625</td></tr>
<tr><td>소금</td><td>0.375~0.5</td></tr>
<tr><td>박력분</td><td>15~18</td></tr>
</table>

(2) 재료

① 밀가루

㉠ 연질소맥으로 제조한 표백이 잘된 특급 박력분(저단백질 5.5~7.5%) 사용

㉡ 박력분이 없을 때 : 강력이나 중력분 사용 시 전분은 30% 이하 사용 가능

② 흰자

㉠ 구성 재료인 흰자는 신선한 것을 사용한다.

㉡ 기름기 또는 노른자가 섞이지 않아야 한다.

③ 주석산크림(산 작용제)

㉠ 알칼리성인 흰자의 pH를 낮춰 머랭의 색을 희게 하며 튼튼한 머랭을 만든다.

④ 설탕

㉠ 1단계 : 머랭 제조 시 전체 설탕의 2/3를 입상형으로 넣는다.

㉡ 2단계 : 전체 설탕의 1/3을 분당으로 밀가루와 함께 넣는다.

⑤ 소금

㉠ 다른 재료와 어울려 맛과 향이 나게 한다.

㉡ 계란 흰자를 강하게 만든다.

(3) 산전처리법 & 산후처리법

엔젤 푸드케이크 또는 시폰케이크를 만들 때, 흰자의 머랭 올릴 때, 함께 사용하는 주석산의 산전처리방법과 산후처리방법이 있다. 그 과정에서의 차이점은 구체적으로 무엇이며 케이크의 구조력과 맛에는 어떤 차이가 있는지 알아보면

① 산전처리법(머랭 제조 시 주석산을 섞는 방법)

㉠ 계란 흰자 + 주석산크림 + 소금을 넣어 젖은 피크 머랭으로 만든다.

㉡ 여기에 전체 설탕 2/3를 넣으면서 중간 피크 머랭으로 만든다.

㉢ 마지막으로 밀가루와 분당(나머지 설탕의 1/3)을 체질하여 머랭과 가볍게 혼합한다.

㉣ 기름기가 없는 엔젤 푸드 팬에 물을 분무하고 60~70% 패닝한다.

✹ 튼튼한 제품, 탄력성이 큰 제품을 만들 때 사용된다.

② 산후처리법(밀가루와 함께 주석산을 섞는 방법)

㉠ 계란 흰자를 젖은 피크 머랭으로 만든다.

㉡ 전체 설탕의 2/3를 넣으면서 중간 피크 머랭으로 만든다.

㉢ 밀가루 + 분당 + 주석산크림을 체질하여 머랭과 가볍게 혼합한다.

㉣ 기름기가 없는 엔젤 푸드 팬에 물을 분무하고 60~70% 패닝한다.

* 부드러운 기공과 조직을 가진 제품을 만들 때 사용된다.
* 위 방법 중에서 머랭을 튼튼하게 하여 cake 구조를 강하게 하려면 산전처리법을 사용하고 부드러운 조직과 기공을 만들려면 산후처리법을 사용한다.
  주석산은 흰자의 알칼리성에 대한 중화 역할을 하여(이것을 등전점이라고 한다) 산도를 높이는데 즉 pH를 낮추어 흰자를 강하게 하고 색도 더 희게 한다.
* 주석산 = 설탕을 끓일 때 결정화를 막기 위해 첨가하는 산의 하나로 청량음료, 과즙, 젤리 등에 산미료로써 이용하고 베이킹파우더의 원재료로도 이용된다.
* 주석영 = 주석산 수소칼륨이라고도 한다. 포도과즙을 발효시켜 축출한 주석산의 하나로 흰자를 거품 낼 때 설탕을 끓일 때 결정을 막기 위해 사용한다. 주석영 대신 식초, 레몬즙을 넣어도 같은 효과를 본다.

(4) 굽기

① 오븐온도 : 204~219℃(작은 팬 기준)

② 굽기가 끝나면 뒤집어 놓은 채로 냉각

③ 언더 베이킹이나 오버 베이킹이 되지 않도록 한다.

(5) 온도의 영향

① 정상보다 낮은 온도(18℃ 이하) : 기공과 조직이 조밀하고 부피가 작다.

② 정상보다 높은 온도(27℃ 이상) : 기공이 열리고 조직이 거칠어진다.

문**1**) 엔젤 푸드케이크의 배합률이 밀가루 15%, 주석산크림 0.5%, 소금 0.5%, 흰자 45%일 경우 머랭 제조 시 넣는 1단계의 설탕 사용량은?

㉠ 6%　　㉡ 13%　　㉢ 19%　　㉣ 26%

☞ **풀이** : 설탕 사용량 = 100 - (흰자 + 밀가루 + 소금 + 주석산크림 = 100 - (45 + 15 + 0.5 + 0.5) = 39%
1단계설탕 = 총 설탕 사용량 × 2 / 3 = 39 × 2 / 3 = 26%

문**2**) 밀가루와 함께 넣는 2단계의 분당 사용량은?

㉠ 6%　　㉡ 13%　　㉢ 19%　　㉣ 26%

☞ **풀이** : 2단계 분당 = 총 설탕 × 1 / 3 = 39 × 1 / 3 = 13%

문3) 다음 중 산전처리법에 의한 엔젤 푸드케이크 제조공정에 대한 설명으로 틀린 것은?

㉠ 흰자에 산을 넣어 머랭을 만든다.

㉡ 설탕 일부를 머랭에 투입하여 튼튼한 머랭을 만든다.

㉢ 밀가루와 분당을 넣어 믹싱을 완료한다.

㉣ 기름칠이 균일하게 된 팬에 넣어 굽는다.

☞ **풀이** : 기름기가 없는 엔젤 푸드 팬에 물을 분무하고 60~70% 패닝한다.

문4) 다음 제품 중 반죽의 pH가 가장 낮을 때 좋은 제품이 나오는 것은?

㉠ 엔젤 푸드케이크 ㉡ 데블스 푸드케이크

㉢ 초콜릿케이크 ㉣ 옐로 레이어케이크

☞ **풀이** : 엔젤 푸드케이크는 제품의 속 색을 하얗게 만들기 위해 주석산크림을 넣어 반죽의 pH를 5.2~6.0까지 낮춘다.

5) 퍼프 페이스트리(Puff pastry)

영국에서는 접는 반죽을 퍼프 페이스트리(Puff pastry), 프랑스어로는 푀이타주(Feuilletage)라고 한다. 페이스트리의 특징은 밀가루와 버터를 주원료로 하여 반죽층과 버터층이 되도록 만들어 이것을 구웠을 때 반죽 안에 포함되어 있는 수분이 수증기가 되어 반죽층을 들어 올려 버터를 녹이고 층과 층 사이에 공간이 생겨 부푼다.

(1) 반죽 제조법

① **스코틀랜드식** : 밀가루에 유지를 넣고 유지를 호두 크기로 자른 뒤 물을 넣어 반죽을 만들어 밀어 펴는 빠른 방법으로 작업이 간편한 대신 많은 덧가루를 사용하며 반죽이 단단해지며 결이 불균일하다.

② **일반법** : 밀가루에 반죽용 유지와 물을 넣고 빵 반죽의 발전단계수준까지 믹싱하여 반죽을 휴지시킨 후 충전용 유지를 반죽으로 감싸서 밀어 펴기와 접기를 반복하는데 덧가루를 적게 사용하고 결이 균일하고 부피가 양호하다. 불란서식 또는 롤-인(Roll-in)법이라고도 한다.

(2) 재료

① **밀가루** : 강력분(같은 양의 유지를 지탱하는 재료) 사용

② 유지 : 가소성(유연성), 신장성이 크고 융점(37℃ 이상)이 높은 것을 사용한다.

③ 소금 : 다른 재료의 맛과 향을 내는 데 사용

④ 반죽에 설탕 or 포도당 5% 첨가 : 구운 색 향상

반죽의 부드러움으로 밀어 펴기 용이 → 단맛을 부여하기 위해서는 아니다.

(3) 제조공정(일반법)

재료	비율(%)	
강력	100	1. 믹싱 볼에 충전용 마가린을 제외한 전 재료를 넣고 발전단계까지 믹싱 2. 반죽온도 : 20℃ 3. 휴지 : 마르지 않게 조치 후 냉장 휴지
마가린	10	
계란	15	
소금	1	
냉수	50	
충전용 마가린	90	

(4) 밀어 펴기와 접기

① 휴지가 끝난 반죽을 정사각형으로 밀어 편다.

② 충전용 마가린을 반죽에 올려서 반죽으로 감싼다.

③ 반죽을 일정한 두께로 밀어 펴서(0.5~0.6cm) 3겹 접기를 4회 실시한다.

☞ 매회 접기를 할 때마다 붓으로 덧가루를 털어내며 마르지 않게 조치 후 20~30분간 냉장 휴지를 실시한다.

휴지의 목적

① 반죽의 글루텐이 느슨해져 밀어 펴기가 수월하다.

② 반죽의 수축을 방지한다.

③ 유지의 결 형성에 도움을 준다.

④ 밀가루 등의 가루재료를 수화시킨다.

⑤ 끈적거림을 방지하여 작업이 용이하다.

(5) 정형 및 패닝

① 정형기 또는 예리한 칼로 파지가 적게 나도록 자른다.

② 평철판에 같은 크기와 같은 모양을 패닝한다.

③ 마르지 않게 조치 후 10분 정도 최종휴지

(6) 굽기

다른 제품에 비하여 높은 온도(220℃ 정도)로 굽는다.

굽는 온도가 너무 높으면

① 바깥 껍질이 먼저 형성된다.
② 글루텐의 신장성이 결여된 상태에서 팽창이 일어난다.
③ 제품이 갈라지고 부피가 작고 기름기가 많아진다.

굽는 온도가 낮으면

① 글루텐이 건조되어 신장성이 감소될 때 증기압 발생
② 부피가 적고 무거운 제품이 된다.

수축원인

① 과도한 믹싱　② 밀어 펴기 과다　③ 굽기 전 휴지 부족
④ 과도한 접기　⑤ 굽기 온도가 높을 때

문1) 퍼프 페이스트리 제조 시 과다하게 덧가루를 사용할 때 문제점이 아닌 것은?
㉠ 결을 단단하게 한다.　㉡ 산패취가 난다.
㉢ 표피가 건조된다.　㉣ 결의 형성이 잘 안된다.

☞ **풀이** : 산패취란 지방이 상하여 이상한 냄새가 나는 것을 의미한다.

문2) 퍼프 페이스트리 제조 시 팽창이 부족하여 빈약해지는 결점의 원인에 해당하지 않은 것은?
㉠ 반죽의 휴지가 길었다.　㉡ 밀어 펴기가 부적절했다.

㉢ 부적합한 유지를 사용하였다. ㉣ 오븐의 오도가 너무 높았다.

☞ **풀이** : 반죽의 휴지가 충분하면 결과 팽창이 잘 일어난다.

문***3***) 퍼프 페이스트리의 휴지가 종료되었음을 알 수 있는 상태는?

㉠ 누른 자국이 남아 있어야 한다.

㉡ 누른 자국이 원상태로 올라와야 한다.

㉢ 누른 자국에 유동이 있어야 한다.

㉣ 눌렀을 때 내부의 유지가 흘러나오지 않아야 한다.

☞ **풀이** : 손가락으로 눌렀을 때 누른 자국이 있어야 한다.
휴지의 목적 = 반죽의 글루텐이 느슨해져 수축을 방지한다. 유지의 결 형성에 도움을 준다. 밀가루 등의 가루재료를 수화한다. 끈적거림을 방지하여 밀어 펴기 및 작업이 용이하다.

문***4***) 퍼프 페이스트리 반죽에 혼합하는 유지와 물의 적당한 비율은?

㉠ 유지 100 : 물 50 ㉡ 유지 100 : 물 100 ㉢ 유지 100 : 물 150 ㉣ 유지 100 : 물 200

☞ **풀이** : 밀가루 100, 유지 100, 냉수 50, 소금 1

문***5***) 퍼프 페이스트리를 정형하는 방법으로 바람직하지 않은 것은?

㉠ 정형 후 제품의 표면을 건조시킨다.

㉡ 유지를 배합한 반죽을 30분 이상 냉장고에서 휴지시킨다.

㉢ 전체적으로 균일한 두께로 밀어 편다.

㉣ 굽기 전에 30~60분 동안 휴시를 시킨다.

☞ **풀이** : - 유지를 배합한 반죽을 30분 이상 냉장에서 휴지시킨다.
- 전체적으로 두께를 일정하게 밀어 편다.
- 예리한 도구를 이용해 자른다.
- 수축되는 것을 방지하기 위하여 굽기 전에 휴지를 시킨다.

6) 파이(Pie)

유지와 밀가루가 층상을 이루도록 만든 반죽을 접시모양의 용기 위에 밀어 펴 그 안에 각종 충전물을 넣어 구워낸 제품이다.

(1) 재료

① 밀가루 : 중력분 사용

✱ 강력분을 사용하면 물을 빨리 흡수하여 글루텐 발달로 단단한 제품이 된다.
✱ 박력분을 사용하면 수분 흡수량과 보유력 약화로 죽처럼 끈적거리는 반죽이 된다.

② **유지** : 가소성 범위가 넓고 풍미가 온화하며 안정성이 높은 제품으로 이 용도에 맞는 파이용 마가린을 많이 사용한다.

③ **물** : 유지 입자를 단단한 상태로 만들어 유지가 녹아 반죽이 질게 되는 것을 방지하기 위해 찬물을 사용한다.

④ **소금** : 다른 재료의 맛과 향이 나게 하는 기능이 있으며 밀가루 100에 대하여 1.5~3.0%를 사용한다.

(2) 믹싱(껍질 제조)

파이 반죽은 대개 2단계로 믹싱한다. 제1단계는 체질한 밀가루와 유지를 넣고 유지가 콩알 크기가 되도록 하면 중간 결이 생기고 유지입자가 미세한 상태일 때는 가루모양의 껍질이 된다.

2단계로 소금, 설탕 등을 녹인 냉수를 넣어 밀가루가 수분을 흡수하는 정도에서 반죽을 끝낸다. 믹싱이 끝난 파이껍질 반죽은 15℃ 이하에서 휴지시킨 후에 사용한다.

휴지를 거치는 동안 반죽의 글루텐이 부드러워지고 밀가루에 의한 수화가 진행된다. 또한 반죽이 수축되고 단단하게 되는 것을 막을 수 있으며 충전물에 의해 껍질이 축축하게 젖는 것을 지연시킨다.

① **파이껍질** : 반죽온도 ; 20℃

✱ 파이반죽에 구멍자국 주된 이유 : 제품에 기포나 수포 형성방지

㉠ 유지 입자 클수록 껍질의 결은 길어진다.
㉡ 부재료 : 설탕, 우유, 계란 사용
㉢ 착색제 :
설탕 = 밀가루의 2~4% 사용, 파이 껍질색을 진하게 한다.
분유 = 밀가루의 2~3% 사용, 유당에 의한 껍질색 개선
중조 = 0.1% 이하를 물에 풀어 사용, pH를 높여 진한 껍질색을 얻는다.

(3) 정형 및 충전물 넣기

① 밀어 편 반죽의 두께는 일정해야 한다.
② 굽기 중 팽창을 감안하여 충전물을 일정하게 적당량을 넣는다.
③ 윗껍질은 바닥보다 얇게 밀어 펴서 잘 봉합한다.
④ 윗껍질에는 작은 구멍을 뚫어 굽기 중 수증기가 빠져 나가도록 한다.

(4) 마무리

파이의 윗껍질을 마무리하는 방법에는 여러 가지가 있으나 가장 많이 사용하는 방법은 계란물칠인데 굽기 전에 칠한다. 윗껍질을 격자로 하는 경우 격자용 반죽 띠에 먼저 계란물칠한 뒤 파이 위에 얹고 가장자리를 붙인다.

(5) 굽기

파이는 높은 온도에서 굽는데 낮은 온도에서는 껍질색이 나는 데 시간이 오래 걸리고 충전물이 끓어서 흘러내리기 때문이다. 또한 아랫불이 약하면 제품의 바닥이 익지 않고 충전물의 수분을 흡수해 축축해진다.

① 충전물이 끓어 넘치는 이유

충전물 온도가 높다(빨리 끓는다), 충전물 배합 부적당, 봉합 불량, 낮은 오븐온도, 반죽에 수분이 많다(익는 데 많은 시간 소요), 과일에 신맛이 많다(다량의 유기산), 윗면 두께 두껍고 바닥껍질이 얇다(충전물이 빨리 끓음), 설탕 사용이 적다(끓는 온도 하강)

② 파이 충전물에 쓰이는 농후화제

㉠ 농후화제 : 제품을 굽는 동안 수분을 흡수하고 서로 결합할 수 있도록 하는 재료로 물 사용량에 대해 8~11%의 전분 사용, 시럽 또는 주스에 대해서는 6~10% 정도 전분을 사용한다.
㉡ 커스터드 파이 농후화제 필수 재료 : 계란
㉢ 크림파이 농후화제 : 전분(계란, 우유는 부수재료)

③ 충전물 농후화제 사용목적
 ㉠ 호화속도를 촉진한다.
 ㉡ 제품에 광택을 제공한다.
 ㉢ 과일의 색과 향을 유지
 ㉣ 과일의 산작용을 없애기 위해
 ㉤ 충전물이 식었을 때 적당한 결합이 되도록

사과파이(Apple pie)

| 껍질 재료 |

재료	비율(%)	무게(g)
중력분	100	400
설탕	3	12
소금	1.5	6
쇼트닝	55	220
탈지분유	2	8
냉수	35	140
계	196.5	786

| 충전물 재료 |

재료	비율(%)	무게(g)
사과	100	900
설탕	18	162
소금	0.5	4.5
계핏가루	1	9
옥수수전분	8	72
물	50	450
버터	2	18
계	179.5	1,615.5

① 껍질 제조
 ㉠ 밀가루, 탈지분유를 작업대 위에서 가볍게 체질한다.
 ㉡ 쇼트닝을 넣고 쇼트닝이 콩알 크기가 되도록 다진다.
 ㉢ 가운데를 우물처럼 움푹하게 만든 후 설탕과 소금을 용해한 물을 넣고 한 덩어리가 되도록 혼합한다.

② 휴지
 ✱ 반죽이 마르지 않게 비닐에 싸서 냉장에서 20~30분간 휴지시킨다.

③ 충전물 제조
 ㉠ 사과의 껍질과 씨를 제거하고 알맞은 크기로 자른 후 설탕물에 담가 색이 변하지 않도록 한다. (체에 받쳐서 물기를 제거한다.)

㉡ 설탕, 소금, 계핏가루, 옥수수전분, 물을 넣고 잘 혼합한 후 불에 올려 전분을 호화시킨다.

㉢ 적당히 되직해지면 불을 끄고 버터를 넣은 뒤 녹으면 물기를 제거한 사과를 넣고 섞어준다.

㉣ 넓은 용기에 옮겨서 냉각시킨다.

④ 정형 및 충전물 넣기

㉠ 휴지시킨 반죽을 바닥용과 덮개용으로 분할한다.

㉡ 바닥용 반죽을 0.3mm로 밀어 펴 파이 팬에 깔고 남은 반죽은 잘라낸다.

㉢ 충전물을 적당량 넣고 가장자리를 붓으로 물칠을 한 후 덮개용 반죽을 0.2mm로 밀어 펴서 반죽을 떨어지지 않게 잘 봉합한다.

㉣ 가장자리의 자투리부분을 잘라내고 모양을 내준다.

㉤ 윗면 전체에 노른자를 발라주고 포크를 이용하여 무늬내기를 한 후 중간부분을 칼로 2cm 정도로 잘라준다.

✱ 충전물이 끓으면 수증기가 빠져 나갈 수 있도록 중간부분을 잘라준다.

⑤ 굽기

㉠ 오븐온도 윗불 200℃ 전후, 밑불 180℃ 전후로 맞추고 35~40분 정도 굽는다.

㉡ 껍질색이 나고 잘 익었을 때 오븐에서 꺼내 냉각시킨다.

✱ 오븐 위치에 따라 온도차이가 생기므로 일정시간 경과 후 팬의 위치를 바꾼다.

✱ 오븐에서 꺼내서 파이 팬으로 윗면을 살짝 눌러주면 윗면을 편평하게 할 수 있다.

⑥ 냉각

✱ 완료된 제품은 충분히 냉각시킨 후 틀에서 분리한다.

문*1*) 파이를 제조할 때 설명으로 틀린 것은?

㉠ 아래 껍질을 위 껍질보다 얇게 한다.

㉡ 껍질 가장자리에 물칠을 한 뒤 충전물을 얹는다.

㉢ 위, 아래의 껍질을 잘 붙인 뒤 남은 반죽을 잘라낸다.

㉣ 덧가루를 뿌린 면포 위에서 반죽을 밀어 편 뒤 크기에 맞게 자른다.

☞ **풀이** : 아래 껍질이 얇으면 부서지기 쉽다.

문*2*) 다음의 향신료 중 대부분의 피자소스에 필수적으로 들어가는 향신료는?

㉠ 오레가노 ㉡ 계피 ㉢ 정향 ㉣ 넛메그

☞ **풀이** : - 피자소스(오레가노, 바질) - 정향(육류) - 넛메그(생선 및 육류, 도넛)
- 계피(호두파이, 사과파이, 호박파이, 쿠키, 수정과)

문*3*) 파이 정형 시 유의점 설명으로 틀린 것은?

㉠ 반죽은 품온이 낮아야 한다.
㉡ 반죽 후 냉장고에 넣어 휴지시킨 후 사용한다.
㉢ 충전물 충전 시 적온은 38℃이며 충전물 온도가 낮으면 굽기 중 끓어 넘친다.
㉣ 성형 시 윗껍질에 구멍을 뚫어주는 것은 수증기가 빠져 나오게 하기 위함이다.

☞ **풀이** : 충전물의 적당한 온도는 20℃이며 충전물 온도가 높으면 굽기 중 끓어 넘친다.

7) 쿠키(Cookies)

수분이 5% 이하인 소형과자로 버터가 많을수록 풍미가 좋고 바삭바삭한 씹힘이 있다.

보통 쿠키의 기본배합은 밀가루 100%, 유지 50%, 설탕 50%이다. 일반적으로 설탕보다 유지비율이 높은 반죽은 구운 후에도 모래와 같이 푸석푸석하고 부스러지기 쉽다. 그와 반대로 유지보다 설탕비율이 높은 반죽은 구운 후에도 약간 딱딱하다.

① 기본재료

㉠ 밀가루 : 계란과 함께 쿠키의 형태를 유지시켜 주는 구성재료로 사용 전 체질하여 이물질을 제거하고 공기를 함유시켜 쉽게 섞이도록 한다.

㉡ 설탕 : 제품에 감미를 주며 밀가루 단백질을 연하게 한다. 쿠키 반죽 중에 녹지 않고 남아 있는 설탕은 굽기 중 열에 녹아 쿠키의 퍼짐을 크게 한다.

㉢ 유지 : 쿠키에 들어 있는 유지는 맛과 향, 부드러움, 저장성에 중요한 역할을 한다. 쿠키는 유통기간이 길기 때문에 사용하는 유지는 안정성이 커야 한다.

㉣ 계란 : 밀가루와 함께 형태를 유지시키고 구조를 형성하여 천연의 향과 맛을 내게 하며 저장성을 높이는 역할을 한다.

㉤ 팽창제 : 사용목적은 쿠키의 퍼짐과 크기조절, 부피와 부드러움의 조절, 반죽의 알칼리도와 산도를 조절하여 색과 향을 조정한다. 가장 널리 쓰이는 팽창제로는 베이킹파우더로 오븐에서 구워내면 중성이 되지만 중조(탄산수소나트륨)를 많이 사용하면 색

상이 어두워지고 비누맛, 소다맛을 남기는 결점이 있다.
탄산암모늄 계열은 물만 있으면 단독으로 작용하여 쿠키의 퍼짐을 좋게 하고 구운 후 잔유물이 남지 않는 장점이 있다.

② 제조공정상 유의사항

㉠ 밀가루를 섞을 때는 가볍게 혼합하여 글루텐 발전을 최소화한다.
㉡ 패닝은 일정한 크기와 모양, 간격을 균일하게 하여 굽기를 고르게 한다.
㉢ 토핑물은 굽기 전에 올려주고 오래 방치하지 않는다.
㉣ 쿠키는 크기가 작은 과자이기 때문에 190~210℃ 정도에서 단시간에 구워낸다.

③ 반죽의 특성에 따른 분류

㉠ 반죽형 쿠키

ⓐ 드롭쿠키(drop cookies) : 최대의 수분을 함유하고 부드러운 쿠키로 소프트쿠키라고도 한다. 쿠키류 중에서 작업성이 가장 빠르며 크기에 관계없이 즉석제조가 가능한 제품이다. 그러나 일정한 틀(모양깍지)을 이용하여 짜기 때문에 반드시 반죽 속 충전물로 분말상태의 재료를 사용해야 하며 이런 특성 때문에 아몬드나 호두 등의 재료를 패닝한 후 반죽 위에 하나씩 얹기 때문에 시간도 많이 소요된다. 밀가루는 보통 버터의 1.5~2배의 양이 투입된다.
→ 짜는 형태의 쿠키로 오렌지쿠키, 버터쿠키 등이 있다.

ⓑ 스냅쿠키(슈거쿠키) : 설탕 사용량이 많다. 바삭바삭하고 부서지기 쉽다.
→ 밀어 펴기 성형

ⓒ 쇼트브레드쿠키 : 스냅쿠키와 비슷하지만 유지 함량이 설탕보다 많다.
→ 밀어 펴기 성형 대표 : 샤브레쿠키

ⓓ 냉동쿠키 : 냉동쿠키는 반드시 냉동을 필요로 하는 제품으로 버터의 굳는 성질을 충분히 활용한 제품이다. 다른 쿠키보다 계란 노른자가 많이 들어가고 설탕, 박력분은 적게 들어간다. 충전물 역시 크기에 관계없이 넣어주는데 너트류를 통째로 넣어도 무방하다. 밀가루양은 버터 대비 1.3~1.5배까지 넣는다.

㉡ 거품형 쿠키

ⓐ 머랭쿠키 : 흰자 + 설탕을 믹싱하여 얻은 머랭을 구성체로 하여 만든 쿠키

→ 낮은 온도에서 건조시키듯 굽는다. (마카롱쿠키도 머랭쿠키의 일종)

ⓑ 스펀지쿠키 : 스펀지케이크보다 밀가루 사용량이 많고 수분 함유량이 적다.

* 짤주머니 성형으로 대표적인 제품 = 핑거쿠키가 있다.

ⓒ 쿠키 반죽 산도 : 약산성~중성

④ 쿠키의 퍼짐률(Spread ratio)

㉠ 퍼짐률이 높은 이유

ⓐ 쇼트닝, 설탕(입상형) 사용량이 많다. ⓑ 묽은 반죽

ⓒ 알칼리성 반죽 ⓓ 과도한 팬 기름칠 ⓔ 낮은 오븐온도

㉡ 퍼짐률이 낮은 이유

ⓐ 고운 입자의 설탕(분당) 사용 ⓑ 믹싱 과다

ⓒ 높은 오븐온도에서 굽기를 한 경우 ⓓ 산성반죽일 경우

ⓔ 된 반죽일 때

㉢ 철판에 붙는 현상

ⓐ 계란 사용량이 많은 경우 ⓑ 묽은 반죽을 사용할 경우

ⓒ 깨끗하지 못한 팬 사용

ⓓ 반죽 내의 설탕이 열에 녹으면서 팬 바닥에 달라붙은 경우

버터쿠키

| 배합표 |

재료명	비율(%)	무게(g)
박력분	100	400
버터	70	280
설탕	50	200
계란	30	120
소금	1	4
바닐라향	0.5	2
계	251.5	1,006

(1) 반죽 제조(크림법)

① 스테인리스 볼에 버터를 넣고 거품기를 이용하여 부드럽게 풀어준다.

② 설탕, 소금을 넣고 거품기로 저으면서 부드러운 크림상태로 만든다.

③ 계란을 2~3회에 나누어 넣으면서 분리되지 않은 안정된 부드러운 크림상태의 반죽을 만든다.

④ 체질한 가루재료를 넣고 고루 섞는다.

✱ 크림법(유지 + 설탕, 소금 + 계란 + 가루재료)으로 정확하게 반죽을 제조한다.
✱ 반죽상태는 짤주머니에 짜기 좋은 상태로 공기혼입, 되기 등이 적정해야 한다.

(2) 반죽온도 : 22℃±1

(3) 패닝

✱ 짤주머니에 별 모양깍지를 끼우고(S자형, 장미형, 8자 짜기) 모양 짜기를 한다.

① 크기와 모양을 균일하게

② 간격을 일정하게 짜고 굽기 중 퍼지는 정도를 감안하여 짠다.

③ 너무 두껍거나 얇게 짜지 않고 가능한 같은 두께로 능숙하게 모양 짜기를 실시한다.

(4) 굽기

① 오븐온도 : 윗불 ; 200℃ 전후, 밑불 ; 150℃ 전후에서 10~15분 정도 굽는다.

✱ 오븐 위치에 따라 온도차이가 생기므로 일정시간 경과 후 팬의 위치를 바꾸어 전체적으로 균일한 색이 나도록 한다. 특히 아랫부분에 색이 많이 나지 않도록 주의한다.

문1) 쇼트브레드쿠키 제조 시 휴지시킬 때 성형을 용이하게 하기 위한 조치는?

㉠ 반죽을 뜨겁게 한다. ㉡ 반죽을 차게 한다.
㉢ 휴지 전 단계에서 오랫동안 믹싱한다.
㉣ 휴지 전 단계에서 짧게 믹싱한다.

☞ 풀이 : 쇼트브레드쿠키는 밀어서 찍는 쿠키로 반죽이 틀에서 잘 떨어지게 하기 위해서는 반죽을 냉장고에서 휴지시키는 것이 좋다.

문2) 반죽형 쿠키 중 수분을 가장 많이 함유하는 쿠키는?

㉠ 쇼트브레드쿠키 ㉡ 드롭쿠키 ㉢ 스냅쿠키 ㉣ 스펀지쿠키

☞ 풀이 : 반죽형 쿠키 중에서 수분이 가장 많이 함유되어 있는 쿠키는 드롭쿠키이다. 스펀지쿠키는 거품형 쿠키이다

문3) 다음 쿠키 중에서 상대적으로 수분이 적어서 밀어 펴는 형태로 만드는 제품은?

㉠ 드롭쿠키 ㉡ 스냅쿠키 ㉢ 스펀지쿠키 ㉣ 머랭쿠키

☞ 풀이 : 밀어 펴는 쿠키 : 스냅쿠키
짜는 쿠키 : 머랭쿠키, 스펀지쿠키, 드롭쿠키

문4) 쿠키에서 구조형성 역할을 하는 재료는?

㉠ 밀가루 ㉡ 설탕 ㉢ 쇼트닝 ㉣ 중조

☞ 풀이 : 구조형성을 하는 재료는 밀가루와 계란이다.

문5) 쿠키가 잘 퍼지지 않는 이유가 아닌 것은?

㉠ 고운 입자의 설탕 사용 ㉡ 과도한 믹싱
㉢ 알칼리 반죽 사용 ㉣ 너무 높은 굽기 온도

☞ 풀이 : 알칼리 반죽을 사용하면 제품의 모양과 형태를 유지시키는 단백질이 용해되어 쿠키가 잘 퍼지게 된다.

8) 도넛(Doughnut)

도넛은 크게 빵도넛과 케이크도넛으로 분류하고 있으나 모양, 충전물, 아이싱 등을 다르게 하여 많은 종류의 제품들이 생산되고 있다.

(1) 사용재료

① 밀가루 : 중력분 사용
② 설탕 : 반죽 믹싱시간이 짧기 때문에 용해성이 좋은 입자가 고운 입상형 설탕을 사용
③ 유지 : 가소성 경화쇼트닝을 많이 사용하고 대두유 등 식용유가 일부 사용된다.
④ 계란 : 영양 강화, 풍미, 식욕을 돋우는 색상, 유연성 등의 효과를 얻기 위해 사용된다. 노른자의 레시틴은 지방을 고르게 분배하는 역할을 하며 제품의 구조를 튼튼하게 하지만 흰자의 알부민은 도넛을 단단하게 한다.
⑤ 분유 : 흡수율을 증대시키며 구조를 튼튼하게 하며 유당에 의한 껍질색 개선 효과가 있다.

⑥ 팽창제 : 사용량은 배합률, 밀가루 특성, 설탕 사용량, 도넛 자체의 중량과 크기 등에 따라 달라지며 주로 베이킹파우더를 사용한다. 중조를 사용할 경우 미세한 입자여야 완전히 반응을 하고 노란 반점 등이 발생하지 않는다.

⑦ 향 및 향신료 : 도넛에 가장 많이 쓰이는 향신료는 넛메그(Nutmeg)로 빵도넛과 케이크 도넛에 모두 사용한다.

(2) 튀김

① 양질의 도넛을 만드는 튀김유의 적정산가 : 0.5%

② 튀김유의 조건은 융점이 낮고 발연점이 높은 기름 사용

③ 튀김온도 : 180~190℃

④ 주입기와 표면과의 거리는 3cm

⑤ 기름높이, 튀김솥 깊이 13cm 정도이나 실제 범위는 7cm 정도

⑥ 튀김유의 4대 적 : 열, 수분, 공기(산소), 이물질

⑦ 휴지 : CO_2 발생, 재료 수화, 껍질 형성 지연, 글루텐 완화

(3) 도넛의 주요 문제점

도넛의 지방이 도넛의 설탕을 적셔서 설탕을 지저분하게 하는 문제로

① 황화현상 : 신선한 기름이 설탕을 적셔서 노란색으로 설탕을 적시는 현상

② 회화현상 : 오래된 기름이 설탕을 적셔서 회색으로 설탕을 적시는 현상

✸ 대처방안 : 튀김기름에 경화제인 스테아르산을 3~6% 첨가하면 융점을 높여 기름 침투를 막아준다.

③ 발한현상 : 수분에 의해 도넛에 입힌 설탕이나 글레이즈가 녹는 현상

✸ 대처방안 : 설탕 사용량 증가, 충분히 냉각, 튀김시간 증가, 점착력이 높은 튀김기름 사용

(4) 도넛의 특징

① 껍질부분 : 표면이 바삭하고 튀기기름 흡수가 가장 많은 부분으로 수분은 거의 없고 황갈색이다.

② 껍질 안쪽 : 팽창작용 좋고 속결이 일반 케이크와 같은 곳으로 유지가 조금 흡수된다.

③ 속부분 : 열이 전달되지 않아 수분이 많다. 저장하는 동안 껍질 쪽으로 수분이 옮겨간다.

④ 두 번째 반죽 면이 첫 번째 반죽 면보다 5%의 기름 흡수가 증가한다.

⑤ 글레이즈 품온 : 45~49℃ 정도

⑥ 안정제 : CMC, 한천, 펙틴, 젤라틴, 알긴산, 로커스트빈 껌

⑦ 도넛에 설탕 아이싱과 퐁당의 품온 : 43℃ 전후

⑧ 포장온도 : 25℃, 수분 : 21~25%

(5) 과도한 흡유의 원인

① 반죽의 수분이 많다.
② 믹싱시간이 짧다.
③ 많은 팽창제 사용
④ 글루텐 부족
⑤ 설탕량이 너무 많다.
⑥ 낮은 튀김온도로 튀김시간이 길다.
⑦ 반죽중량 적을 때

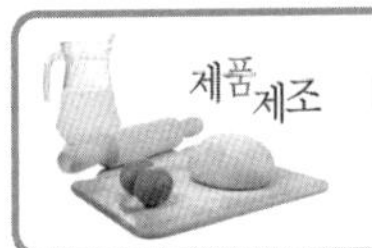

케이크도넛

| 배합표 |

재료명	비율(%)	무게(g)
중력	100	900
계란	40	360
설탕	45	405
소금	1	9
버터	15	135
탈지분유	4	36
베이킹파우더	3	27
바닐라향	0.2	1.8
넛메그	0.4	3.6

(1) 반죽 제조(공립법)

① 믹싱 볼에 계란을 넣고 잘 풀어준 다음 설탕, 소금을 넣고 점성이 생길 때까지 믹싱한다.

② 중탕으로 녹인 버터를 넣고 잘 섞는다.

③ 체질한 가루재료를 넣고 나무주걱으로 가볍게 섞어 한 덩어리로 만든다.

(2) 휴지

반죽이 마르지 않도록 조치 후 실온에서 10분 정도 휴지시킨다.

(3) 밀어 펴기

① 일정량을 분할하여 덧가루를 뿌린 작업대 위에서 1cm 두께로 밀어 펴기를 한다.
② 10분 정도 휴지 후 정형기로 찍어낸다.
③ 과도한 덧가루는 털어내고 팬에 옮겨 마르지 않도록 조치 후 10분 정도 휴지를 시킨다.

(4) 튀기기

튀김온도 180~190℃에서 2~3분간 튀겨낸다.

(5) 마무리

냉각시킨 후 계피설탕을 묻혀낸다.

찹쌀도넛

| 배합표 |

재료명	비율(%)	무게(g)
찹쌀가루	85	680
중력분	15	120
설탕	15	120
소금	1	8
베이킹파우더	2	16
베이킹소다	0.5	4
쇼트닝	6	48
물	22~25	176~200
계	146.5~149.5	1172~1196

팥앙금	110	880
설탕	20	160

(1) 반죽 제조(1단계법, 익반죽)

① 그릇에 물을 넣고 불에 올려 끓인다.

② 모든 재료(찹쌀가루, 중력분, 설탕, 소금, 베이킹파우더, 베이킹소다, 쇼트닝)와 뜨거운 물을 믹싱 볼에 넣고 훅을 이용하여 반죽이 균일하게 될 때까지 익반죽을 한다.

✱ 물은 80℃가 적당하나 찹쌀가루가 차가우면 좀 더 높인다.
✱ 반죽의 되기에 따라서 물의 양을 조절한다.

③ 반죽온도 : 35℃±1

(2) 중간 휴지 = 10분 정도

① 비닐에 싸서(건조되지 않게) 실온에서 휴지시킨다.

② 휴지시간을 이용하여 앙금을 30g씩 분할해서 마르지 않게 준비한다.

(3) 성형(모양 만들기)

① 반죽을 작업대 위에서 매끄럽게 뭉치기를 한다.

✱ 덧가루는 가능하면 적게 사용한다.

② 적당한 크기로 길게 늘여 40g씩 정확하게 분할한다.

③ 팥앙금 30g을 반죽 중앙에 놓고 반죽 두께가 일정하도록 감싼다.

✱ 팥앙금이 한쪽으로 치우치지 않아야 한다.
✱ 봉합 시 반죽이 터지지 않도록 주의한다.

(4) 튀기기

① 튀김용 기름을 그릇에 넣고 불에 올려 180~190℃까지 가열한다.

② 적정온도가 되면 불을 끄고 찹쌀도넛을 기름에 넣는다.

③ 도넛이 떠오르면 다시 불을 켜고 튀김망으로 도넛을 굴리면서 튀긴다.

④ 황금갈색이 나도록 튀겨낸다.

문*1*) 도넛과 케이크의 글레이즈(glaze) 사용 온도로 가장 적당한 것은?

㉠ 23℃ ㉡ 34℃ ㉢ 50℃ ㉣ 68℃

☞ **풀이** : 글레이즈 품온 : 45~49℃ 정도

문2) 도넛 튀김기름의 깊이로 알맞은 것은?

㉠ 3cm ㉡ 4cm ㉢ 6cm ㉣ 10cm

☞ 풀이 : 기름높이, 튀김솥 깊이 13cm 정도이나 실제 범위는 7cm 정도

문3) 케이크도넛의 끈적임을 방지하는 방법 중 옳은 것은?

㉠ 중력분을 사용한다. ㉡ 휴지를 충분히 시킨다.
㉢ 너무 오래 치대지 않는다. ㉣ 강력분을 사용한다.

☞ 풀이 : 가루재료가 충분히 수화되도록 휴지를 충분히 시킨다.

문4) 도넛에서 팽창작용이 가장 좋고 속감이 보통 케이크와 같은 부분은?

㉠ 껍질 ㉡ 껍질 안쪽 부분
㉢ 속부분 ㉣ 모두 같다.

☞ 풀이 : 도넛의 특징
- 껍질부분 : 표면이 바삭하고 튀기기름 흡수가 가장 많은 부분으로 수분은 거의 없고 황갈색이다.
- 껍질 안쪽 : 팽창작용 좋고 속결이 일반 케이크와 같은 곳으로 유지가 조금 흡수된다.
- 속부분 : 열이 전달되지 않아 수분이 많다. 저장하는 동안 껍질 쪽으로 수분이 옮겨간다.

문5) 고온으로 튀긴 제품의 특징이 아닌 것은?

㉠ 설탕을 묻혔을 때 쉽게 발한하지 않는다.
㉡ 껍질색이 짙다.
㉢ 흡유량이 줄어든다.
㉣ 속이 익지 않는다.

☞ 풀이 : 고온으로 튀긴 제품이라도 충분히 식힌 후에 설탕을 묻히면 발한을 막을 수 있으며 너무 식으면 오히려 설탕이 잘 붙지 않는다.

9) 슈(Choux)크림

슈는 콜리플라워(cauliflower)라는 뜻의 프랑스어로 부푼 모양이 비슷한 데서 붙은 이름으로 영어로는 크림퍼프(cream puff)라고 한다. 원료는 물과 버터, 밀가루와 계란을 버무려 구워 만든 부드럽고 엷은 껍질 속에 커스터드(custard)크림을 넣은 과자로 길쭉한 모양의 에클레어(Eclair), 작게 구운 프티 푸르(petits four), 백조모양으로 짠 시뉴(cygne), 작은 슈를 이

용한 피에스몽테인 크로캉부슈(Croquembouche), 가늘게 모양을 짜서 구워 데커레이션용으로 사용하는 등 다양하게 응용할 수 있다. 커스터드크림 대신 생크림, 커피크림을 넣기도 하고 껍질 위에 초콜릿을 찍거나 과일을 올리기도 한다.

(1) 제조공정상의 유의사항

슈 껍질을 제조하는 방법은 2단계로 나눌 수 있는데 1단계는 용기에 물과 유지, 소금을 넣고 끓인 다음 밀가루를 넣고 밀가루를 호화시키는 과정이고, 2단계는 호화시킨 1단계 반죽을 믹싱 볼에 넣고 계란을 여러 차례 나누어 넣으면서 믹싱하여 반죽을 완성하는 과정이다.

✱ 완성된 반죽의 기준은 반죽 표면이 매끄러워지고 광택이 나고 나무주걱으로 반죽을 퍼 올렸을 때 반죽이 천천히 떨어지며 떨어지지 않고 남은 반죽이 역삼각형이 되는 상태를 말한다.

① 반죽이 완성되면 짤주머니에 넣어 적정한 간격을 유지하며 팬에 짜준다.

✱ 반죽을 오랫동안 방치하면 껍질이 형성되어 구울 때 터지는 결점이 생긴다.

② 팬에 기름기가 많으면 짜기도 힘이 들고 반죽이 퍼져서 구운 후 제품이 평평해진다.

③ 슈 반죽은 다른 반죽에 비해 따뜻하기 때문에 껍질 형성을 막기 위해 반죽 표면에 충분한 물을 분무한다.

④ 굽기 초기에는 밑불을 강하게 하여 팽창이 잘되고 밝은 갈색으로 색이 나기 시작하면 불을 줄여서 굽는다.

✱ 굽기 초기(210/190℃ 정도) → 밝은 갈색(190/150℃)

✱ 색이 나기 전에 오븐 문을 열면 증기압에 의해 팽창하던 반죽에 찬 공기가 들어가 부풀어 오른 반죽이 주저앉을 수 있으니 문을 열지 않는다.

(2) 굽기 후 슈 공간이 형성되지 않는 이유

밀가루가 호화되지 않아서

(3) 굽기 후 밑면이 들어간 원인

① 밑불이 너무 강할 때 ② 팬 기름칠을 할 경우 ③ 믹싱 과다

④ 진 반죽 또는 수분을 많이 잃게 된 경우

✱ 슈 반죽은 팽창제를 밀가루와 혼합하면 안되는 제품이다.

✱ 팽창제는 마지막 계란을 투입할 때 넣는다.

✱ 슈 반죽은 설탕을 사용하지 않는다.

슈

| 배합표 |

재료명	비율(%)	무게(g)
물	125	325
버터	100	260
소금	1	2
중력	100	260
계란	200	520
계	526	1,367
충전용 크림	500	1,300

(1) 반죽 제조

① 용기에 물, 버터, 소금을 넣고 끓인다.

② 불에서 내려 체질한 중력분을 넣고 거품기로 잘 섞는다.

③ 다시 불에 올려 거품기로 잘 섞어 수분을 없애주고 반죽이 매끄럽게 보이면서 한 덩어리로 뭉쳐질 때까지 충분히 호화시킨다.

✱ 슈 반죽이 충분히 부풀기 위해서는 물과 버터를 끓인 후 밀가루를 넣고 밀가루전분을 충분히 호화시켜야 한다.

④ 불에서 내려 계란을 1/3 정도 넣고 혼합한다.

⑤ 계란이 반죽에 전부 흡수되면 남은 계란을 나누어 넣으면서 반죽의 되기를 조절하고 끈기가 생기게 한다.

✱ 반죽상태 : 평철판에 짤 때 퍼지지 않을 정도가 적당하다.

(2) 패닝

① 짤주머니에 둥근 원형깍지(직경 1cm)를 끼우고 직경 3cm 크기로 균일하게 간격(4cm 정도)을 맞춰서 짠다.

② 반죽표면이 완전히 젖도록 물을 분무한다.

✱ 슈 반죽은 미지근하기 때문에 짜는 순간부터 건조가 된다. 때문에 바로 물을 분무해서 건조되는 것을 방지하고 표면이 양배추처럼 자연스럽게 터지도록 한다.

(3) 굽기

오븐온도 : 윗불 210℃ 전후, 아랫불 180℃ 전후의 오븐에서 15~20분 정도 굽고, 윗불 190℃ 전후, 아랫불 150℃ 전후로 온도를 낮춰서 10분 정도 더 굽는다.

* 굽는 과정은 초기에는 오븐온도를 높여서 굽고 색이 나면 오븐온도를 낮춰서 굽는다.
* 색이 나기 전에 오븐 문을 열면 부푼 반죽이 주저앉게 되므로 오븐 문을 열지 않는다.

(4) 크림충전

① 제품이 냉각되면 슈 껍질 밑면에 구멍을 내거나 2/3 높이 지점을 칼로 자른다.

② 짤주머니에 둥근 모양깍지(직경 0.5~0.7cm 정도)를 끼우고 충전용 크림을 담아서 슈 껍질에 충전한다.

* 충전용 크림은 흘러나오지 않을 정도로 충분히 넣는다.
* 당장 사용하지 않는 슈 껍질은 밀봉하여 냉동에 보관한다.

문**1**) 다음 제품 중 굽기 전 침지 또는 분무하여 굽는 제품은?

㉠ 슈 ㉡ 오믈렛 ㉢ 핑거쿠키 ㉣ 다쿠와즈

☞ 풀이 : 슈는 윗면의 색이 빨리 나지 않도록 굽기 전에 물을 분무하여 굽는다.

문**2**) 다음 제품 중 정형하여 패닝할 경우 제품의 간격을 가장 충분히 유지하여야 하는 제품은?

㉠ 슈 ㉡ 오믈렛 ㉢ 애플파이 ㉣ 쇼트브레드쿠키

☞ 풀이 : 패닝할 때 간격을 충분히 유지해야 하는 제품은 슈이다.

문**3**) 당분이 있는 슈 껍질을 구울 때의 영향으로 가장 적합하지 않은 것은?

㉠ 껍질의 팽창이 좋아진다. ㉡ 상부가 둥글게 된다.
㉢ 내부에 구멍형성이 좋지 않다. ㉣ 표면에 균열이 생기지 않는다.

☞ 풀이 : 슈 반죽에 당분이 있으면 단백질 구조가 약해져 껍질의 팽창이 나빠진다.

문**4**) 슈 제조 시 팽창제 투입시기로 알맞은 것은?

㉠ 밀가루와 함께 투입한다. ㉡ 호화 직전에 투입한다.
㉢ 호화 후 투입한다. ㉣ 마지막 계란 투입 시 투입한다.

☞ 풀이 : 팽창제는 마지막 계란을 투입할 때 넣는다.

문5) 슈 제조 시 굽기 중간에 오븐 문을 자주 열어주면 완제품은 어떻게 되는가?
㉠ 껍질색이 유백색이 된다. ㉡ 부피 팽창이 적게 된다.
㉢ 제품 내부에 공간이 크게 된다. ㉣ 울퉁불퉁하고 벌어진다.

☞ 풀이 : 굽는 중간에 오븐 문을 자주 열면 부피 팽창이 작아진다.

6. 냉과류

냉동이나 냉장에서 마무리하는 모든 과자류를 총칭하며 무스, 바바루아, 젤리, 아이스크림, 셔벗 등이 있으며 차가운 상태에서 제맛을 내는 제품이다.

1) 젤리(Jelly)

프랑스어로는 쥬레(Gelle), 영어로는 젤리라 불리는 투명하고 아름다운 특징이 있는 젤리는 수분에 대해 3% 정도의 젤라틴을 혼합하여 만든 것이 맛있다. 계절에 관계없이 각종 양주나 신선한 과일을 이용하여 갖가지 모양으로 제조되고 있는데 최근에는 커피숍의 구색상품으로 즐겨 접목되고 있다.

| 젤리의 기본배합 |

재료	무게
물	1,000g
설탕	200~300g
판 젤라틴	30~35g
계란 흰자	30g

① 제조공정

㉠ 물과 설탕을 용기에 넣고 끓인다.

㉡ 찬물에 불려둔 젤라틴을 넣는다.

㉢ 젤라틴이 다 녹으면 계란 흰자를 거품 내서 넣고 약한 불로 끓여준다.

* 계란 흰자를 넣는 이유는 불순물을 제거하여 맑은 젤리를 만들 수 있기 때문이다.

㉣ 광목이나 깨끗한 천으로 걸러낸다.

㉤ 식으면 각종 양주 등을 넣는다.

* 양주나 과일류를 첨가할 때는 젤라틴의 양을 늘려준다.
* 최근에는 저칼로리 제품을 선호하므로 젤라틴 대신 한천을 사용하기도 한다.

② 젤리를 만들기 위해서는 젤라틴을 사용할 때 간단한 이치와 사용방법을 잘 익혀두면 매우 유용하게 사용할 수 있다.

㉠ 판 젤라틴의 경우 먼저 찬물에 넣어 부드러워질 때까지 불린다.

㉡ 젤라틴을 녹이기 위해서는 중탕으로 녹인다.

㉢ 녹인 젤라틴은 온도가 20℃ 아래로 내려가면 굳기 시작한다. 따라서 젤라틴을 넣을 재료는 지나치게 차가우면 안된다.

㉣ 젤리를 만들 용기는 깨끗하게 말려서 사용하고 지나치게 큰 몰드는 피한다. 깊이가 낮은 몰드는 과일이 밖으로 빠져 나올 수 있으므로 고려해서 몰드를 선택한다.

㉤ 과일을 내용물로 넣을 때는 몰드에 과일을 먼저 넣어주고 젤리를 1/2 정도 넣고 살짝 굳으면 나머지 젤리를 틀에 채운다.

㉥ 마지막으로 몰드에서 젤리를 뺄 때는 젖은 손가락으로 감싸듯 움켜쥐고 흔들어준다. 그래도 빠지지 않을 경우는 따뜻한 물에 적신 타월로 몇 초 동안 감싼 다음 곧바로 꺼낸다.

2) 무스(Mousse)

무스는 거품처럼 부드럽고 차가운 크림상태의 과자를 말하는데 과즙이나 녹인 초콜릿에 계란의 흰자를 이용하여 거품을 낸 머랭, 생크림과 함께 안정제(젤라틴)를 이용해 차게 굳힌 크림케이크이다. 무스는 여러 가지 과일의 천연 과즙과 혼합하여 취향에 맞게 만드는 것이 가능하며 틀에 넣거나 굳히거나 플라스틱 용기에 무스 반죽을 넣어 판매하기도 한다.

파타 봉브(Pate a Bombe)

파타 봉브는 Pate(반죽)와 Bombe(폭탄)의 합성어로 처음에는 폭탄처럼 생긴 봉브 글라세라는 아이스크림의 기본 반죽으로 만들어졌다. 음절로 읽으면 파트 아 봉브지만 이를 자연스럽게 발음하면 파타 봉브가 된다. 파타 봉브는 휘핑한 계란 노른자에 설탕시럽을 부어 거품을 낸 반죽으로 요즘에는 아이스크림, 앙트르메의 기본크림으로 주로 사용된다. 전통적인 파타 봉브는 휘핑한 노른자에 121℃로 조린 시럽을 부어 식을 때까지 휘핑해 만든다. 또 다른 방법은 30보메(˚Be)시럽을 사용하는 파타 봉브로 노른자와 30보메(˚Be)시럽을 85℃까지 거품기로 섞어주면서 살균한 다음 식을 때까지 휘핑하여 만드는 것이다.

요즘에는 전통적인 파타 봉브보다 30보메(˚Be)시럽을 사용하는 파타 봉브가 자주 사용되는데 노른자를 확실하게 살균하면서 거품이 훨씬 조밀하면서도 단단하게 안정된 크림이라서 초콜릿무스를 만들었을 때 전통적인 파타 봉브보다 한층 더 부드럽고 가벼운 맛을 낼 수 있기 때문이다. 파타 봉브로 만든 무스케이크는 일반적인 무스케이크에 비해 식감은 훨씬 가볍고 부드러움은 배가 된다. 파타 봉브는 만든 다음 냉동고에서 보관이 가능하며 적은 양이 필요할 경우 한꺼번에 만들어 얼린 파타 봉브를 조금씩 꺼내 사용한다.

(1) 전통적인 파타 봉브

① 물 40g, 설탕 150g, 노른자 105g

㉠ 물과 설탕을 121℃까지 끓인다.

㉡ 거품 올린 노른자에 121℃까지 끓인 시럽을 넣고 믹싱한다.

㉢ 식을 때까지 믹싱한다.

(2) 시럽을 사용한 파타 봉브

② 30보메(°Be)시럽 200g, 노른자 128g

㉠ 시럽을 노른자에 섞어서 85℃까지 중탕으로 가열한 후 믹싱한다.

㉡ 식을 때까지 믹싱한다.

30보메 시럽을 이용한 무스케이크 쇼콜라 프랑부아즈 (Chocolat framboise)

1. 제누아즈 쇼콜라

〈재료〉 전란 3개, 설탕 100g, 박력분 70g, 코코아 10g, 버터 20g

〈공정〉 ① 전란을 풀어주고 설탕을 넣고 40℃ 정도로 중탕 후 휘핑(100%)

② 가루재료를 체질해서 ①에 넣고 가볍게 섞는다.

③ 60℃ 정도로 녹인 버터를 넣고 잘 섞는다.

④ 패닝 후 190/160℃에서 20~25분간 굽는다.

2. 비스퀴 조콩드(Jocarde spong)(수량=평철판 1판)

〈재료A〉 버터 25g, 슈거 파우더 25g, 흰자 25g, 박력분 18g, 코코아 7g

〈재료B〉 아몬드분말 70g, 박력분 32g, 계란 2.5개, 흰자 3.5개, 설탕 77.5g, 버터(용해) 17.5g

〈A공정〉 ① 버터를 부드럽게 풀어준 후 슈거 파우더를 넣고 잘 섞는다.
② 흰자를 넣고 거품이 나지 않게 살짝 섞는다.
③ 가루재료를 체질해서 넣고 잘 섞는다.
④ 실리콘 페이퍼에 얇게 펼쳐서 무늬내기를 한다..

〈B공정〉 ① 아몬드분말, 박력을 체질해서 용기에 담는다.
② 계란을 넣고 거품기로 잘 섞어준다.
③ 버터를 녹여서 ②번 공정에 넣고 잘 섞는다.
④ 흰자와 설탕으로 머랭을 만들어서 흰자가 보일 정도로 살짝 섞는다.

〈조콩드 만들기〉 실리콘 페이퍼에 무늬내기해 둔 A공정에 B공정 반죽을 얇게 덮어 굽는다.

〈굽는 온도〉 230/150℃, 10분 정도

3. 무스 쇼콜라

〈재료〉 노른자 3개, 30보메 시럽 72g(물 1,000g + 설탕 1230g), 산딸기 퓨레 20g, 젤라틴 2g, 생크림 167g, 다크초콜릿 157g

〈공정〉 ① 노른자와 시럽을 넣고 거품기로 저어주면서 중탕에서 83℃까지 살균
② 물에 불린 젤라틴을 넣고 잘 섞은 다음 산딸기 퓨레를 넣고 섞는다.
③ 50~55℃로 녹인 초콜릿을 넣고 잘 섞는다.
④ 거품 올린 생크림을 넣고 잘 섞는다.

4. 무스 프랑부아즈

〈재료〉 노른자 3개, 30보메 시럽 83g, 산딸기 퓨레 147g, 젤라틴 7g, 산딸기술 12g, 생크림 167g

〈공정〉 ① 노른자와 시럽을 넣고 거품기로 저어주면서 83℃까지 살균

② 젤라틴을 넣고 잘 섞은 다음 산딸기 퓨레를 넣고 섞는다.
③ 거품 올린 생크림과 술을 넣고 잘 섞는다.

5. 마무리 쇼콜라 프랑부아즈 만들기

① 철판에 비닐을 깐다.
② 준비한 틀에 무스용 필름을 깔고 그 안쪽에 비스퀴 조콩드를 두른다.
③ 제누아즈 쇼콜라를 밑에 깔아준다.
④ 무스 쇼콜라를 채운다.
⑤ 제누아즈 쇼콜라를 중간에 올려서 급랭시킨다.
⑥ 무스 프랑부아즈를 만들어서 틀 높이까지 채운 다음 냉동시킨다.
⑦ 무스가 굳으면 나빠주를 바르고 틀에서 분리한다.
⑧ 각종 장식물로 데커레이션한다.

6. 나빠주 만들기

〈재료〉 산딸기 퓨레 100g, 물엿 14g, 설탕 20g, 펙틴 3g
〈공정〉 ① 그릇에 산딸기 퓨레와 물엿을 넣고 40℃ 정도로 데운다.
② 설탕과 펙틴을 섞어서 ①번 공정에 넣고 거품기로 저으면서 끓인다.

3) 바바루아(Bavarois)

바바루아는 무스와 달리 계란의 노른자를 이용하여 젤라틴과 과일 퓨레, 크림, 생크림 등을 섞어 차게 굳힌 디저트 케이크의 일종이다. 기본적인 바바루아는 앙글레즈 소스(우유, 계란, 설탕을 섞어 가열한 크림)에 80% 정도 휘핑한 생크림을 더하고 젤라틴을 넣어 굳히는데 여러 가지 과일, 리큐르, 초콜릿, 커피 등을 넣어 맛과 향에 변화를 주기도 한다. 모양과 크기를 색다르게 만들거나 케이크시트와 세팅하기도 한다.

복숭아 바바루아(Peach Bavarois)

〈재료〉 계란 노른자 3개, 우유 250g, 설탕 50g, 젤라틴 10g, 복숭아 캔 250g, 레몬주스 10g, 생크림 350g, 브랜디 30g

〈제조공정〉

✱ 생크림은 90% 정도 거품을 올려서 냉장보관한다.
✱ 젤라틴은 찬물에 미리 불려둔다.
✱ 복숭아 캔 2/3는 믹서기로 갈아두고 1/3은 잘게 다져서 준비한다.

① 계란 노른자와 설탕을 믹싱 볼에 넣고 휘핑해 준다.
② 우유를 95℃로 가열하여 ①번 공정에 넣고 믹싱하여 40℃ 정도까지 식힌다.
③ 중탕으로 녹인 젤라틴을 넣고 잘 섞는다.
④ 복숭아 즙과 잘게 자른 복숭아를 넣는다.
⑤ 레몬주스와 브랜디를 넣고 잘 섞은 다음 생크림을 넣고 잘 섞어서 반죽을 마무리한다.
⑥ 틀에 넣어 냉장에서 굳힌다.

4) 푸딩(Pudding)

쪄서 먹는 과자의 일종인 푸딩은 대항해시대에 영국 선원들에 의해 전해졌다. 장기간의 바다 항해로 인한 과중한 식량을 적재할 수 없게 되자 한 요리사가 빵이나 밀가루, 계란 등의 재료들을 혼합해 미리 맛을 내두었다가 그때마다 쪄먹게 된 데서 유래한 것이다.

캐러멜 커스터드 푸딩

| 배합표 |

재료	기본배합(1)	기본배합(2)	기능사 배합
우유	1,000ml	1,000g	1,000g
설탕	250~300g	225g	250g

계란	8개	10개	9개
바닐라향	소량	소량	1g

| 캐러멜 소스 |

재료	비율(%)	무게(g)
설탕	100	400
물A	30	60
물B	25	50

〈제조공정〉

① 설탕 400g과 물A를 자루냄비에 넣고 끓인다.

② 설탕이 갈색으로 색이 나면 불에서 내려 물B를 넣고 농도를 맞춘다.

✻ 한두 방울 정도를 찬물에 떨어뜨려 말랑말랑한 상태로 만든다.

③ 준비해 둔 푸딩 틀에 캐러멜 소스를 얇게 깔아둔다.

④ 우유와 설탕 2/3 정도를 용기에 넣고 불에 올려서 60℃ 정도로 데운다.

⑤ 다른 용기에 계란과 남은 설탕 1/3을 넣고 거품이 나지 않게 잘 풀어준다.

⑥ 60℃ 정도로 데운 우유를 거품이 나지 않게 잘 풀어둔 계란에 넣고 잘 섞는다.

⑦ 바닐라향을 넣고 고운체로 거른 다음 거품을 제거한다.

⑧ 캐러멜을 깔아둔 푸딩 틀에 적당량을 채운 다음 더운물(60℃ 정도)을 받쳐서 오븐(170/160℃ 정도)에서 중탕으로 구워낸다.

✻ 푸딩은 계란과 설탕의 비율이 2:1로 계란이 경도 조절
✻ 가열이 지나친 경우 푸딩 표면에 기포자국이 생긴다.

5) 아이스크림(Ice cream)

우리나라 식품별 기준 및 규격에 명시된 바에 의하면 "우유 또는 유제품을 주원료로 하여 당류, 기타 식품 또는 첨가물을 가하여 동결한 것으로 유지방 6% 이상 및 무지 고형분 10% 이상을 함유한 것을 말한다"로 정의되었다.

이처럼 아이스크림은 우유를 주원료로 하여 여기에 각종 유제품, 설탕, 향료, 안정제, 유화제, 색소 등 원료를 첨가하여 동결한 제품으로 미주지역은 높은 지방(8~16%)과 높은 증량률(80~120%)을 가진 부드러운 아이스크림을 선호하는 반면 유럽지역은 낮은 지방(6~12%)과 낮은 증량률(35~50%)의 제품을 선호한다.

증량률(over run)

아이스크림을 믹싱할 때 공기가 혼입되어 부피가 늘어난 것을 %로 나타낸 것으로 오버런이 낮으면 입자가 곱고 부드러우며 고급품이다. 반대로 오버런이 높으면 입자가 거칠어 하급품으로 취급하게 된다.

$$증량률 = \frac{믹스\ 단위\ 용량당\ 무게 - 아이스크림\ 단위\ 용량당\ 무게}{아이스크림\ 단위\ 용량당\ 무게} \times 100$$

(1) 아이스크림의 분류

① 소프트 아이스크림(Soft Ice cream)

증량률이 50~60%인 상태의 아이스크림으로 반유동체의 형태를 갖는 부드러운 아이스크림을 말한다.

② 하드 아이스크림(Hard Ice cream)

증량률이 80~100%인 상태의 아이스크림을 말한다.

(2) 아이스크림 제조

〈재료〉 우유 2700g, 설탕 850g, 황란 33개, 생크림 800g, 물엿 50g, 바닐라향 12g

〈제조공정〉

① 우유와 생크림을 80℃까지 살균한다.

② 설탕과 물엿을 넣고 5분 정도 잘 섞어서 녹인다.

③ 황란을 거품기로 저어 풀어지면 ②번 공정에 적당량을 부어서 잘 섞어준 다음 살균기에 넣는다.

④ 75℃를 유지하면서 25~30분간 살균한다.

⑤ 냉각수로 냉각시킨 후 바닐라향을 넣고 잘 저어준다.

⑥ 결빙기에서 얼린 후 -20℃ 이하의 냉동고에 보관한다.

✱ 아이스크림은 바닐라가 기본이며 기타 커피나 초콜릿 등의 각종 재료를 첨가하여 여러 종류의 아이스크림을 만들 수 있다.

6) 셔벗(Sorbet)

셔벗은 아이스크림과 함께 빙과류로 설탕시럽에 포도주, 리큐르 등을 넣어 동결시키거나 설탕시럽에 각종 과일 퓨레나 과즙, 과실 등을 넣어 혼합 동결시킨 것이다. 아이스크림과 다른 점은 계란과 유지방을 사용하지 않고 아이스크림에 비해 많이 달지 않고 뒷맛이 깨끗하고 상쾌한 것이다.

디저트로 쓰이는 셔벗은 풀코스의 생선요리와 육류요리 사이에 제공되는 단맛이 적은 것이고 알코올성분이 있는 셔벗은 기름기가 많아진 입안을 산뜻하게 하고 미각을 새롭게 하기 위한 것이었다. 대개 다리가 긴 글라스에 나오므로 글라스의 다리부분을 왼손으로 잡고 디저트용 스푼으로 떠먹는다.

(1) 레몬 셔벗(Sorbet)

〈재료〉 물 1,000g, 설탕 250g, 레몬주스 75g, 화이트와인 40g

〈제조공정〉

① 그릇에 물과 설탕을 넣고 끓인 후 식힌다.

② 레몬주스와 화이트와인을 넣고 섞는다.

③ 결빙기에 얼린 후 -20℃ 이하의 냉동고에 보관한다.

✱ 재료에 따라 그 명칭이 달라지는데 보통 과일즙이나 술 등을 설탕시럽과 혼합하여 결빙한다.

문*1*) 엔젤 푸드케이크의 배합률이 밀가루 15%, 주석산크림 0.5%, 소금 0.5%, 흰자 45%일 경우 머랭 제조 시 넣는 1단계의 설탕 사용량은?

㉠ 6% ㉡ 13% ㉢ 19% ㉣ 26%

☞ **풀이** : 설탕 사용량 = 100 - (흰자 + 밀가루 + 소금 + 주석산크림 = 100 - (45 + 15 + 0.5 + 0.5) = 39%
1단계 설탕 = 총 설탕 사용량 × 2/3 = 39 × 2/3 = 26%

문*2*) 밀가루와 함께 넣는 2단계의 분당 사용량은?

㉠ 6% ㉡ 13% ㉢ 19% ㉣ 26%

☞ **풀이** : 2단계 분당 = 총설탕 × 1/3 = 39 × 1/3 = 13%

문*3*) 다음 중 산전처리법에 의한 엔젤 푸드케이크 제조공정에 대한 설명으로 틀린 것은?

㉠ 흰자에 산을 넣어 머랭을 만든다.

㉡ 설탕 일부를 머랭에 투입하여 튼튼한 머랭을 만든다.
㉢ 밀가루와 분당을 넣어 믹싱을 완료한다.
㉣ 기름칠이 균일하게 된 팬에 넣어 굽는다.

☞ **풀이** : 기름기가 없는 엔젤 푸드 팬에 물을 분무하고 60~70% 패닝한다.

문**4**) 파운드케이크를 구운 직후 계란 노른자에 설탕을 넣어 칠할 때 설탕의 역할이 아닌 것은?
㉠ 광택제 효과 ㉡ 보존기간 개선 ㉢ 탈색효과 ㉣ 맛의 개선

☞ **풀이** : 노른자에 설탕을 넣고 칠해 주면 광택으로 먹음직스러운 효과, 보존기간의 개선, 맛을 개선하기 위한 것이다.

문**5**) 케이크 제조 시 2중 팬을 사용하는 목적이 아닌 것은?
㉠ 제품 바닥의 두꺼운 껍질 형성을 방지하기 위하여
㉡ 제품 옆면의 두꺼운 껍질 형성을 방지하기 위하여
㉢ 제품의 조직과 맛을 좋게 하기 위하여
㉣ 오븐에서 열효율을 높이기 위하여

☞ **풀이** : 제품 바닥, 옆면의 두꺼운 껍질형성 방지, 제품의 조직과 맛을 좋게 하기 위해 사용

문**6**) 파운드케이크 제조에 대한 설명으로 맞는 것은?
㉠ 오븐온도가 너무 높으면 케이크의 표면이 갈라진다.
㉡ 너무 뜨거운 오븐에서는 표피에 비늘 모양이나 점이 형성된다.
㉢ 여름철에는 유지온도가 30℃ 이상이 되어야 크림성이 좋다.
㉣ 윗면이 터지게 하려면 굽기 전후에 스팀을 분사한다.

☞ **풀이** : 너무 낮은 온도에서 구우면 비닐모양이나 점이 형성되며 여름철 유지온도는 24℃가 적당하다. 윗면을 안 터지게 하려면 굽기 전에 윗면에 스팀을 분사하거나 처음부터 뚜껑을 덮고 구우면 윗면에 껍질형성이 늦어지기 때문에 터지지 않는다.

문**7**) 기본적인 스펀지케이크의 필수재료가 아닌 것은?
㉠ 밀가루 ㉡ 설탕 ㉢ 분유 ㉣ 소금

☞ **풀이** : 스펀지케이크의 필수재료는 밀가루, 설탕, 계란, 소금

문**8**) 스펀지케이크 제조 시 계란 사용을 줄이려고 한다. 옳지 않은 것은?
㉠ 물을 조금 더 사용한다. ㉡ 유화제를 더 사용한다.

㉢ 밀가루 사용량을 줄인다. ㉣ 베이킹파우더 사용량을 늘린다.

☞ 풀이 : 계란 사용량을 줄일 경우=물을 추가 투입, 노른자(레시틴)양이 감소하므로 유화제 증가, 팽창효과 감소로 베이킹파우더 사용을 증가해야 한다.

문9) 스펀지케이크에서 계란 사용량을 15% 감소시킬 때 고형분과 수분량을 고려한 밀가루와 물의 사용량은?

㉠ 밀가루 3.75% 증가, 물 11.25% 감소 ㉡ 밀가루 3.75% 감소, 물 11.25% 증가
㉢ 밀가루 3.75% 감소, 물 11.25% 감소 ㉣ 밀가루 3.75% 증가, 물 11.25% 증가

☞ 풀이 : 계란은 수분 75%, 고형분 25%이다. 흰자는 수분이 88%이고 고형분 12%이며 노른자는 수분이 50%이고 고형분이 50%이다.
계란 사용량 15% 감소는 수분(15% × 0.75 = 11.25%) 11.25%가 감소한 것이다.
계란 사용량 15% 감소는 고형분(15% × 0.25 = 3.75%) 3.75%가 감소한 것이다.
따라서 물 11.25%와 밀가루 3.75%를 증가시켜야 한다.

문10) 충전물 또는 젤리가 케이크에 축축하게 스며드는 것을 막기 위해 조치해야 할 사항으로 틀린 것은?

㉠ 굽기 조정 ㉡ 물 사용량 감소 ㉢ 반죽시간 증가 ㉣ 물엿 사용

☞ 풀이 : 물엿을 사용하면 더 축축해진다.

문11) 젤리 롤케이크를 말 때 터짐을 방지하기 위한 조치가 아닌 것은?

㉠ 계란에 노른자를 추가하여 사용한다.
㉡ 설탕의 일부를 물엿으로 대체한다.
㉢ 덱스트린을 사용하여 점착성을 증가시킨다.
㉣ 팽창제의 사용을 감소시킨다.

☞ 풀이 : 롤케이크 제조 시 표면이 터지지 않도록 조치사항
- 설탕의 일부를 고형질 기준으로 하여 물엿으로 대체한다.
- 덱스트린이나 글리세린 사용으로 점착성이 증가하여 터짐을 방지한다.
- 팽창이 과도한 경우 팽창제 사용을 줄인다.
- 노른자 사용량을 줄이고 전란 사용을 증가시킨다.

문12) 다음 제품 중 굽기 전 침지 또는 분무하여 굽는 제품은?

㉠ 슈 ㉡ 오믈렛 ㉢ 핑거쿠키 ㉣ 다쿠와즈

☞ 풀이 : 슈는 윗면의 색이 빨리 나지 않게 굽기 전에 물을 분무하여 굽는다.

문13) 다음 제품 중 정형하여 패닝할 경우 제품의 간격을 가장 충분히 유지하여야 하는 제품은?

㉠ 슈 ㉡ 오믈렛 ㉢ 애플파이 ㉣ 쇼트브레드쿠키

☞ 풀이 : 패닝할 때 간격을 충분히 유지해야 하는 제품은 슈이다.

문14) 당분이 있는 슈 껍질을 구울 때의 영향으로 가장 적합하지 않은 것은?

㉠ 껍질의 팽창이 좋아진다. ㉡ 상부가 둥글게 된다.
㉢ 내부에 구멍형성이 좋지 않다. ㉣ 표면에 균열이 생기지 않는다.

☞ 풀이 : 슈 반죽에 당분이 있으면 단백질 구조가 약해져 껍질의 팽창이 나빠진다.

문15) 슈 제조 시 팽창제 투입시기로 알맞은 것은?

㉠ 밀가루와 함께 투입한다. ㉡ 호화 직전에 투입한다.
㉢ 호화 후 투입한다. ㉣ 마지막 계란 투입 시 투입한다.

☞ 풀이 : 팽창제는 마지막 계란을 투입할 때 넣는다.

문16) 슈 제조 시 굽기 중간에 오븐 문을 자주 열어주면 완제품은 어떻게 되는가?

㉠ 껍질색이 유백색이 된다. ㉡ 부피 팽창이 적게 된다.
㉢ 제품 내부에 공간이 크게 된다. ㉣ 울퉁불퉁하고 벌어진다.

☞ 풀이 : 굽는 중간에 오븐 문을 자주 열면 부피 팽창이 작아진다.

문17) 제과에서 머랭이라고 하는 것은 어떤 것을 의미하는가?

㉠ 계란 흰자를 건조시킨 것이다.
㉡ 계란 흰자를 중탕한 것
㉢ 계란 흰자에 설탕을 넣어 믹싱한 것
㉣ 계란 흰자에 식초를 넣어 믹싱한 것

☞ 풀이 : 계란 흰자에 설탕을 넣어 믹싱한 것이다.

문18) 머랭의 최적 pH는?

㉠ 5.5~6.0 ㉡ 6.5~7.0 ㉢ 7.5~8.0 ㉣ 8.5~9.0

☞ 풀이 : 머랭의 최적 pH는 5.5~6.0이다.

문19) 흰자를 거품 내면서 뜨겁게 끓인 시럽을 부어 만드는 머랭은?

㉠ 냉제 머랭 ㉡ 온제 머랭 ㉢ 스위스 머랭 ㉣ 이탈리안 머랭

☞ 풀이 : 설탕시럽을 끓이기 위해서는 설탕량의 30% 정도의 물과 설탕을 용기에 넣고 불에 올려서 120~125℃로 끓인 시럽으로 흰자에 열을 가하면서 살균작용을 해 무스나 크림의 보존성이 향상되고 기포가 안정돼 볼륨감도 좋아진다. 열처리가 되었으므로 버터크림이나 무스, 바바루아 등의 차가운 디저트류에 쓰이는 머랭으로 무거운 초콜릿류의 크림과 혼합하여 사용하기도 한다. 또한 무스케이크 위에 데커레이션용으로 모양을 내서 토치램프로 색을 내거나 오븐에서 높은 온도에 구워 모양을 내기도 한다.

문20) 스펀지케이크를 부풀리는 방법은?

㉠ 계란의 기포성에 의한 법 ㉡ 이스트에 의한 법

㉢ 화학팽창제에 의한 법 ㉣ 수증기 팽창에 의한 것

☞ 풀이 : 계란의 기포성을 이용한 대표적인 제품이다.

문21) 스펀지케이크 제조 시 강력분이나 중력분을 사용할 경우 전분으로 몇 %까지 대체 가능한가?

㉠ 12% ㉡ 19% ㉢ 29% ㉣ 30%

☞ 풀이 : 강력이나 중력분을 사용할 경우 전분을 12% 이하까지 대체 가능하다.

문22) 과일케이크를 구울 때 오븐에 증기를 넣고 굽기를 했다. 다음 설명 중 틀린 것은?

㉠ 껍질을 두껍게 만든다. ㉡ 향의 손실을 방지한다.

㉢ 수분 손실을 방지한다. ㉣ 제품 표면의 번짐을 방지한다.

☞ 풀이 : 오븐에 증기를 넣고 굽기를 하면 껍질을 얇게 만든다.

문23) 젤리를 만드는 데 사용되는 재료가 아닌 것은?

㉠ 젤라틴 ㉡ 한천 ㉢ 레시틴 ㉣ 알긴산

☞ 풀이 : 레시틴은 노른자 속에 들어 있는 천연 유화제이다.

문24) 다음 제품 중 반죽의 pH가 가장 낮을 때 좋은 제품이 나오는 것은?

㉠ 엔젤 푸드케이크 ㉡ 데블스 푸드케이크

㉢ 초콜릿케이크 ㉣ 옐로 레이어케이크

☞ 풀이 : 엔젤 푸드케이크는 제품의 속 색을 하얗게 만들기 위하여 주석산크림을 넣어 반죽의 pH를 5.2~6.0까지 낮춘다.

문25) 다음 제품 중 이형제로 팬에 물을 분무하여 사용하는 제품은?

㉠ 슈 ㉡ 시폰케이크 ㉢ 오렌지케이크 ㉣ 마블파운드케이크

문26) 아이스크림 제조에 있어서 믹스 10리터의 무게가 8kg이고 만들어진 아이스크림 10리터의 무게가 5kg일 때의 증량률은?

☞ 풀이 : (믹스단위 용량무게 - 아이스크림단위 용량무게 ÷ 아이스크림단위 용량무게) × 100 = (8 - 5/5) × 100 = 60%

문27) 아이스크림의 기준 및 규격에 관한 내용 중 아닌 것은?

㉠ 고유의 향미를 가지고 이미, 이취가 없어야 한다,
㉡ 조지방 함량이 6.0% 이상(단 저지방 아이스크림은 2.0%이다)
㉢ 대장균군은 1㎖당 100 이하여야 한다.
㉣ 세균수는 검체를 녹인 액체 1㎖당 100,000 이하여야 한다.

☞ 풀이 : 대장균군은 1㎖당 10 이하여야 한다.

7) 특수반죽

(1) 액상반죽

반죽상태가 묽은 액상형태인 반죽으로 대표적인 것이 프랑스의 크레이프이다. 일반적으로 프라이팬에 반죽을 얇게 펼쳐서 굽는데 철판의 열이 반죽에 접촉돼 구워지는 원리를 이용한다. 프랑스의 크레이프와 비슷한 제품으로 우리나라의 밀전병, 일본의 도라야끼, 팬케이크, 와플 등이 있다.

(2) 견과반죽

① 마카롱

일반적으로 계란 흰자를 이용하고 너트류를 혼합해 굽는 제품으로 설탕이 대중적으로 보급되기 전부터 벌꿀, 아몬드 등에 계란 흰자를 넣어 만들었다. 좋은 마카롱을 만들기 위해서는 무엇보다 굽는 기술이 중요하다.

② 플로렌틴

이탈리아에서 만들어진 아몬드 풍미의 과자인데 이 제품의 이름은 이탈리아 도시 피

렌체(플로렌스)라는 뜻으로 피렌체의 명가인 메디치가의 딸 카트린이 프랑스의 왕 앙리 2세와 결혼하면서 이바지음식으로 가져와 프랑스에 전해졌다. 플로렌틴 샤블레쿠키가 가장 많이 만들어지고 있다. 이 제품은 쿠키반죽을 적당한 두께로 얇게 밀어서 패닝한 후 윗면에 플로렌틴 반죽을 얹어 굽는다.

㉠ 쿠키 반죽(슈거 도우)

〈재료〉 설탕 250g, 버터 500g, 중력분 750g, 계란 1개

㉡ 플로렌틴 반죽

〈재료〉 버터 45g, 설탕 200g, 물엿 200g, 호두 120g, 아몬드슬라이스 120g, 건포도 105g, 체리 적당량(10개 정도)

(3) 마지팬

설탕과 아몬드를 섞어 잘게 부순 다음 대리석 롤러로 밀어 만든 페이스트 상태의 반죽을 말한다. 마지팬 제조방법은 독일식과 프랑스식이 있다. 독일식 배합은 아몬드와 설탕을 2:1로 배합해 대리석 롤러로 갈아 페이스트 상태로 만든 후 부재료로 사용하기도 하고 분당을 혼합해 쓰기도 한다.

프랑스식 마지팬은 아몬드와 설탕을 1 : 2로 혼합해 페이스트 상태로 만든 것으로 독일식에 비해 설탕의 결합이 치밀하고 결이 고우며 색상이 희고 향을 첨가하거나 착색을 시키기에 좋다.

8) 제과와 산도의 관계

pH란 물에 녹아 있는 용액의 산성, 중성, 염기성(알칼리성) 정도를 수치로 표현해 놓은 것으로 예를 들어 섭씨 27도에서 수소이온과 수산화이온이 동일한 양으로 존재하는 순수한 물은 중성(pH 7)이며 순수한 물의 pH를 기준으로 물보다 수치가 작으면 산성, 물보다 수치가 크면 염기성이고 아무리 강한 염기성이라도 14가 최고치이다.

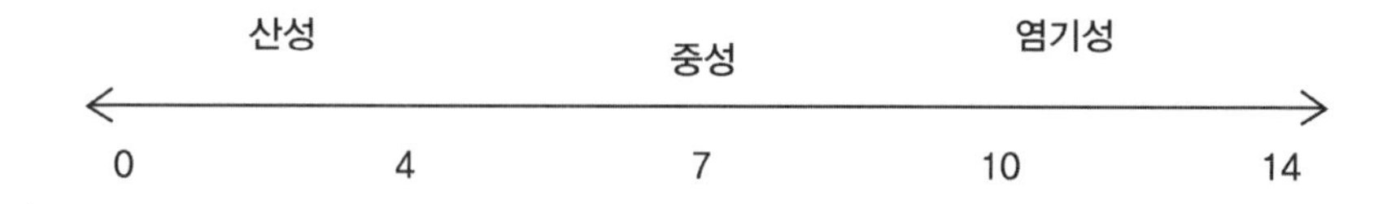

(1) 재료와 제품의 pH

재료 및 제품	pH	재료 및 제품	pH
사과	3.4	라임주스	2.3~2.4
사과주스	3.3	우유(분유)	6.5~6.8
베이킹파우더	6.5~7.5	맥아시럽	4.7~5.0
베이킹소다	8.4~8.8	당밀	5.0~5.5
치즈	4.0~4.5	오렌지주스	3.4~4.0
체리	3.2~4.0	복숭아	3.5~4.0
천연코코아, 초콜릿	5.3~6.0	파인애플	3.2~4.0
더치코코아, 초콜릿	6.8~7.8	자당	6.5~7.0
초콜릿케이크	7.8~8.8	포도당	4.8~6.0
데블스 푸드케이크	8.5~9.2	전화당시럽	2.5~4.5
파운드케이크	6.6~7.1	흰자(신선할 때)	9.0
과일케이크	4.4~5.0	흰자(변질)	5.5
스펀지케이크	7.3~7.6	노른자	6.3~6.7
화이트 레이어케이크	7.2~7.8	전란	6.4~8.2
옐로 레이어케이크	7.2~7.8	식초	2.4~3.4
쿠키	6.5~8.0	이스트	5.0~6.0
크래커	6.8~8.5	밀가루, 쿠키, 파이용	4.9~5.8
밀가루, 제과용	4.9~5.8	젤라틴	4.0~4.2

(2) pH 조절

pH를 조절하는 방법은 재료에 의한 변화를 조절하는 것인데 pH는 초콜릿과 코코아케이크의 향과 색에 영향을 준다. 향과 색을 진하게 하려면 중조를 사용하여 pH를 높여 알칼리 쪽으로, 향과 색을 여리게 하려면 주석산크림 등을 사용하여 pH를 낮춰 산성 쪽으로 조절할 필요가 있다.

pH는 빵에 있어서도 상당히 중요한 의미를 가지고 있다. 글루텐 조질이 pH 5 근처에서 가장 잘 되며 발효 속도도 최대가 되는 것은 알파 아밀라아제는 4.8, 베타 아밀라아제는 5.2, 밀 단백질 분해 효소는 4.1에서 작용속도가 최대가 되기 때문이다.

pH 4.5~5.5의 산성에서는 로우프(rope)균이 불활성화한다. 스펀지도우법에서 스펀지를 믹싱하고 나면 pH가 5.3~5.4였다가 발효말기에 가면 pH 4.6~4.7이 되어 발효 최적기가 된다.

다시 본 반죽을 치면 5.3~5.4가 되었다가 오븐에 들어가는 시점에는 4.9~5.0으로 내려간다. 구운 후에는 다시 5.3 이상이 되지만 정상적인 공정에서 반죽의 pH는 발효 정도를 표현하는 지시수치로 쓰인다.

pH	5.0~6.0	6.0~7.0	7.0~7.5	7.5~8.0	8.0 이상
색	밝은 계피색	갈색	마호가니색, 적갈색	진한 마호가니색	소다 맛

(3) 제품의 적정 pH

① 좋은 제품을 만들기 위한 제품별 적정 pH

㉠ 화이트 레이어케이크 : 7.4~7.8
㉡ 옐로 레이어케이크 : 7.2~7.6
㉢ 스펀지케이크 : 7.3~7.6
㉣ 파운드케이크 : 6.6~7.1
㉤ 데블스 푸드케이크 : 8.5~9.2
㉥ 초콜릿케이크 : 7.8~8.8
㉦ 엔젤 푸드케이크 : 5.2~6.0

② 산성에 가까우면

㉠ 기공이 치밀하다.
㉡ 제품의 색상이 밝아진다.
㉢ 약한 향과 톡 쏘는 신맛이 난다.
㉣ 제품의 부피가 작아진다.

③ 알칼리에 가까우면

㉠ 기공이 거칠다.
㉡ 어두운 껍질색과 속 색
㉢ 강한 향과 소다 맛
㉣ 정상보다 제품의 부피가 크다.

문**1**) 다음 제품 중 일반적으로 반죽의 pH가 가장 높은 것은?

㉠ 엔젤 푸드케이크 ㉡ 스펀지케이크 ㉢ 초콜릿케이크 ㉣ 파운드케이크

☞ **풀이** : 제품별 적정 pH
엔젤 푸드케이크 : 5.2~6.0, 파운드케이크 : 6.6~7.1, 스펀지케이크 : 7.3~7.6,
초콜릿케이크 : 7.8~8.8, 데블스 푸드케이크 : 8.5~9.2

문**2**) pH가 3인 물을 증류수로 100배 희석했다. pH는 얼마가 되는가?

㉠ 1 ㉡ 3 ㉢ 4 ㉣ 5

☞ **풀이** : pH 1 차이로 10배, 100배 희석은 pH 2가 상승)

문**3**) 다음 중 반죽의 pH를 높이는 것은?

㉠ 식초 ㉡ 중조 ㉢ 레몬즙 ㉣ 증류수

☞ **풀이** : 식초와 레몬즙은 산성, 증류수는 중성, 중조는 알칼리성으로 반죽의 pH를 높인다.

문4) 케이크 반죽의 pH가 적정 범위를 벗어나 알칼리일 경우 제품에서 나타나는 현상은?
㉠ 부피가 작다. ㉡ 향이 약하다. ㉢ 껍질색이 여리다. ㉣ 기공이 거칠다.

☞ **풀이** : 알칼리일 경우 부피가 크고 향이 강하며 껍질색이 진하고 기공이 거칠어진다.

7. 반죽의 비중과 분할

1) 비중(Specific gravity)

과자반죽의 비중이란 부피가 같은 물의 무게에 대한 반죽 무게를 나타낸 값으로 반죽의 무게를 소수로 표시하며 수치가 적은 것은 비중이 낮다는 것을 나타내며 비중이 낮다는 것은 반죽에 공기가 많이 함유되어 있음을 의미한다.

과자 특성에 따라 적정한 비중이 다르지만 반죽형의 일반적인 비중은 0.8±0.05이며 거품형의 비중은 0.5±0.05이다. 제품별로 일정한 비중을 맞춘다는 것은 상당히 중요한 의미가 있다. 비중을 일정하게 하지 않으면 같은 제품의 같은 무게로 반죽을 구웠을 때 비중이 높으면 부피가 작아지고 비중이 낮으면 부피가 커지기 때문에 특이포장용 제품인 경우에는 포장을 할 수 없게 되거나 부적당하게 된다.

이처럼 비중은 제품의 외부적 특성인 부피에만 영향을 주는 것이 아니라 내부특성인 기공과 조직에도 결정적인 영향을 미친다. 비중이 낮으면 기공이 열려 조직이 거칠고 큰 기포가 형성되며 비중이 너무 높으면 기공이 조밀하고 무거운 조직이 된다.

(1) 반죽의 비중 측정

① 비중 컵의 무게를 측정
② 비중 컵의 윗면에 수평이 되도록 물을 채워 넣고 무게 측정
③ 비중 컵의 윗면에 수평이 되도록 반죽을 넣고 무게 측정
④ 반죽의 비중 : 같은 용적의 반죽 무게/같은 용적의 물 무게
⑤ 높은 비중 : 공기 포집이 적어서 기공이 조밀하여 무거운 조직 → 작은 부피
⑥ 낮은 비중 : 공기 포집이 많아서 기공이 크고 조직이 거칠고 찌그러지기 쉽다 → 큰 부피

문1) 비중계산

비중 컵의 무게가 40g, 비중 컵+물=240g, 비중 컵+반죽=140g인 경우

☞ 풀이 : 비중 = 반죽 무게 / 물 무게 = (140 - 40)/(240 - 40) = 100/200 = 0.5

문2) 40g의 계량컵에 물을 가득 채웠더니 240g이었다. 어느 과자반죽을 넣었더니 220g이 되었다면 이 반죽의 비중은 얼마인가?

☞ 풀이 : 비중 = 반죽 무게 / 물 무게 = (220 - 40)/(240 - 40) = 180/200 = 0.9

| 비중과 제품의 특징 |

높은 비중	낮은 비중
공기포집이 적어 무거운 반죽	공기포집이 많아 가벼운 반죽
작은 부피	부피가 크다.
기공이 작고 조밀(단단)하다.	기공이 크고 조직이 거칠다.
식감이 부드럽지 못하다.	찌그러지기 쉽다.

2) 팬의 용적과 반죽양

케이크 반죽은 팬 용량에 맞는 양을 넣어야 구운 후 좋은 제품을 얻을 수 있다.

팬 용량보다 많은 양의 반죽을 넣으면 오븐에서 굽기 도중 팬 위로 넘칠 수 있고 또 제품이 너무 커져서 오래 굽게 되면 제품의 껍질이 두꺼워지고 수분이 너무 많이 빠져 건조한 제품이 된다.

이와 반대로 팬 용량보다 적은 양의 반죽을 넣고 구우면 제품의 부피가 작아 상품으로서의 가치가 떨어지게 되므로 제품에 맞는 반죽양을 정확히 계량하는 것이 좋다.

✱ 용적 : 물건을 담을 수 있는 부피

✱ 반죽양 : 팬의 용적을 구한 후 제품별 부피로 나누어주면 팬에 넣어야 할 반죽양을 구할 수 있다.

(1) 팬의 용적계산

① 원기둥모양 팬의 용적계산

용적 = 반지름 × 반지름 × 3.14 × 높이

예) 지름 22cm, 높이 4.6cm인 경우 이 팬의 용적은?

☞ 풀이 : 용적 = 11 × 11 × 3.14 × 4.6 = 11747.724

② 경사면을 가진 원기둥 모양 팬의 용적계산

용적 = 평균반지름 × 평균반지름 × 3.14 × 높이

예) 윗면지름 22cm, 밑면지름 18cm, 깊이 8cm인 경우 이 팬의 용적은?

☞ 풀이 : 평균지름 = (22 + 18)/2 = 20, 평균반지름 = 20/2 = 10
용적 = 10 × 10 × 3.14 × 8 = 2512

③ 경사진 사각틀

용적 = 평균가로 × 평균세로 × 높이

예) 윗면가로 24cm, 세로 12cm, 밑면가로 20cm, 세로 10cm, 높이 10cm인 경우 이 팬의 용적은?

☞ 풀이 : 평균가로 = 24 + 20/2 = 22cm, 평균세로 = 12 + 10/2 = 11cm
용적 = 22 × 11 × 10 = 2420

④ 엔젤, 시폰 팬의 용적

외부 팬의 용적 = 평균반지름 × 평균반지름 × 3.14 × 높이
내부 관의 체적 = 평균반지름 × 평균반지름 × 3.14 × 높이
실용적 = 외부 팬의 용적 – 내부관의 체적

Q : 표를 보고 엔젤 팬의 용적을 구하시오.

구분/항목	윗면지름	밑면지름	높이
외부 팬(안치수)	20	18	6.5
내부 관(바깥치수)	5.6	9	6

☞ 풀이 : 외부 팬의 평균지름 = (20 + 18)/2 = 19, 평균반지름 = 19/2 = 9.5
내부 팬의 평균지름 = (5.6 + 9)/2 = 7.3, 평균반지름 = 7.3/2 = 3.65
외부 팬 용적 = 9.5 × 9.5 × 3.14 × 6.5 = 1842.0025=1842
내부 관 체적 = 3.65 × 3.65 × 3.14 × 6 = 250.9959=251
엔젤 팬의 용적 = 1842 - 251 = 1591

이외에 치수를 측정하기가 곤란한 모양의 팬은 그 안에 평지씨(rapeseed)를 가득 담은 후에 쏟아서 메스실린더에 옮겨 용적을 구하는 간단한 방법을 사용할 수도 있다.

(2) 비용적

① 파운드케이크 = 반죽 1g당 팬 용적 2.40cm³
② 레이어케이크 = 반죽 1g당 팬 용적 2.96cm³
③ 엔젤 푸드케이크 = 반죽 1g당 팬 용적 4.7cm³
④ 스펀지케이크 = 반죽 1g당 팬 용적 5.08cm³

✱ 비용적 : 단위질량을 가진 물체가 차지하는 부피(cm³/g)로 여기서는 반죽 1g이 차지하는 부피를 의미한다.

| 규정된 팬의 용적과 반죽 무게 |

용적(cm³)	파운드케이크		레이어케이크		스펀지케이크	
	비용적	g	비용적	g	비용적	g
82	2.40	34	2.96	28	5.08	16
246	2.40	102	2.96	83	5.08	48
328	2.40	136	2.96	111	5.08	65
492	2.40	205	2.96	168	5.08	97
656	2.40	273	2.96	222	5.08	129

위 표에서 볼 수 있듯이 반죽 1g당 파운드케이크는 2.40cm³, 레이어케이크는 2.96cm³, 스펀지케이크는 5,08cm³의 용적을 필요로 하며 반죽 무게가 파운드케이크에서 스펀지케이크에 이를 때까지 작아지는 것을 알 수 있다. 이는 비중이 낮아지는 것으로 팽창을 많이 시켜야 바람직한 제품이 된다는 것을 알 수 있다.

(3) 분할량

팬의 용적을 구하여 제품별 부피로 나누어주면 팬에 넣어야 할 반죽양을 구할 수 있다.

반죽 무게 = 팬 용적(틀 부피) / 비용적

문1) 스펀지케이크를 만드는 팬 용적이 1500cm³일 경우 반죽의 양은?

☞ 풀이 : 반죽 무게 = 팬 용적(틀 부피) / 비용적 = 1500 / 5.08=295.27559g이다.

문2) 스펀지케이크의 반죽 1g당 팬 용적(cm³)은 얼마인가?

㉠ 2.40 ㉡ 2.96 ㉢ 4.71 ㉣ 5.08

☞ 풀이 : 스펀지케이크의 반죽 1g당 5.08cm³의 부피가 필요하다.

문3) 일반적으로 반죽 1g당 팬 용적을 기준으로 할 때 팽창이 가장 큰 케이크는?

㉠ 파운드케이크 ㉡ 스펀지케이크 ㉢ 레이어케이크 ㉣ 엔젤 푸드케이크

☞ 풀이 : 파운드케이크 2.40cm³/g, 레이어케이크 2.96cm³/g, 엔젤 푸드케이크 4.70cm³/g, 스펀지케이크 5.08cm³/g

문4) 다음 제품 중 비용적이 가장 큰 제품은?

㉠ 파운드케이크 ㉡ 옐로 레이어케이크 ㉢ 스펀지케이크 ㉣ 식빵

☞ 풀이 : 식빵 팬인 경우(윗면이 열린 팬) 반죽 1g당 3.36cm³/g, 파운드케이크 2.40cm³/g, 레이어케이크 2.96cm³/g, 스펀지케이크 5.08cm³/g

문5) 어느 반죽의 비용적이 2.5(cc/g)라면, 즉 반죽 1g당 2.5cm³의 부피를 갖는다면 가로 15cm, 세로 2cm, 높이 4cm인 팬에는 몇 g의 반죽을 넣어야 하는가?

㉠ 24g ㉡ 48g ㉢ 84g ㉣ 128g

☞ 풀이 : 팬 용적 = 15cm × 2cm × 4cm = 120cm³,
분할중량 = 팬 용적 / 비용적 = 120cm³/2.5 = 48g

문6) 지름 16cm, 높이 5cm일 때 분할 중량은?(비용적은 2.92)

㉠ 344 ㉡ 354 ㉢ 364 ㉣ 374

☞ 풀이 : 팬 용적 = 반지름 × 반지름 × 3.14 × 높이 = 8 × 8 × 3.14 × 5 = 1,005
반죽 무게 = 팬 용적 / 비용적 = 1,005/2.92 = 344

문7) 둥근 틀에 케이크 반죽을 채우려고 한다(틀의 부피 2.4cm³당 1g). 이때 안치수로 지름이 10cm, 높이 4cm라면 이 틀에 반죽을 얼마나 넣어야 하는가?

㉠ 120g ㉡ 125g ㉢ 130g ㉣ 135g

☞ 풀이 : 팬 용적 = 반지름 × 반지름 × 3.14 × 높이 = 5 × 5 × 3.14 × 4 = 314
반죽 무게 = 팬 용적 / 비용적 = 314/2.4 = 130.8

문8) 비중이 가장 낮은 제품은?

㉠ 파운드케이크 ㉡ 엔젤 푸드케이크
㉢ 스펀지케이크 ㉣ 버터 스펀지케이크

☞ 풀이 : 엔젤 푸드케이크는 계란의 거품을 이용한 스펀지케이크와 유사한 거품형 제품으로 전란 대신 흰자를 사용하는 것이 다르다. 엔젤 푸드케이크는 케이크류에서 반죽비중이 가장 낮다.

문9) 반죽의 비중과 관계가 가장 적은 것은?

㉠ 제품의 점도 ㉡ 제품의 부피 ㉢ 제품의 조직 ㉣ 제품의 기공

☞ 풀이 : 비중은 제품의 외부적 특성인 부피와 내부 특성인 기공과 조직에도 영향을 미친다.

문10) 스펀지케이크 제조 시 비중을 낮게 하는 재료는?

㉠ 유지 ㉡ 설탕 ㉢ 계란 ㉣ 소금

☞ 풀이 : 계란을 휘저었을 때 거품이 일어나 공기를 포집한다.

문11) 과자 반죽의 믹싱완료 정도는 무엇으로 알 수 있는가?

㉠ 반죽의 비중 ㉡ 글루텐의 발전정도 ㉢ 반죽의 점도 ㉣ 반죽의 되기

☞ 풀이 : 반죽에 공기가 함유된 정도로 믹싱완료를 확인할 수 있다.

문12) 데블스 푸드케이크를 만들려고 할 때 반죽의 비중을 측정하기 위하여 필요한 무게가 아닌 것은?

㉠ 비중 컵의 무게 ㉡ 코코아를 담은 비중 컵의 무게
㉢ 물을 담은 비중 컵의 무게 ㉣ 반죽을 담은 비중 컵의 무게

☞ 풀이 : 비중 = 부피가 같은 물의 무게에 대한 반죽 무게를 나타낸 값으로 반죽의 무게를 소수로 표시하며 수치가 적은 것은 비중이 낮다는 것을 나타내며 비중이 낮다는 것은 반죽에 공기가 많이 함유되어 있음을 의미한다.
비중 = (반죽 무게 + 비중 컵 무게) - 비중 컵 무게 / (물 무게 + 비중 컵 무게) - 비중 컵 무게

3) 반죽온도

케이크 반죽에 있어 비중의 중요성만큼 반죽온도 또한 반죽의 상태와 밀접한 관계가 있어 중요성이 강조된다.

반죽온도가 낮으면 기공이 조밀해서 부피가 작아지고 식감이 나쁘며 더 많은 굽는 시간이 필요하고 반죽온도가 높으면 기공이 열리고 큰 기포가 생겨 조직이 거칠고 노화가 되기 쉽다. 이처럼 반죽온도는 제품의 크기, 내부조직과 깊은 관계가 있다.

반죽온도에 영향을 미치는 변수는 케이크에 사용되는 많은 양의 재료 온도(설탕, 계란, 유지, 밀가루), 마찰열, 실내온도, 물의 온도 등 여러 가지가 있으며 그중에서도 물의 온도는 무엇보다 중요하다. 예전에는 물의 온도를 대충 맞추고 사용하였으나 언제나 좋은 제품을 제조하기 위해서는 정확하게 희망온도를 계산하여 원하는 온도를 맞추어야 한다.

반죽온도를 맞추기 위해서는 제일 먼저 믹서의 마찰계수를 구하고 그 다음 희망온도를 정해야 한다.

(1) 마찰계수(Friction factor)

손바닥도 서로 부딪치면 열이 발생하고 얼마나 강하게 부딪치는지에 따라 온도가 달라진다. 이처럼 두 물체가 부딪치면서 열이 발생하게 되는데 마찰계수란 일정량의 반죽을 일정한 방법으로 믹싱할 때 반죽온도에 영향을 주는 마찰열을 실질적인 수치로 환산한 것으로 마찰계수를 구하는 공식은 다음과 같다.

마찰계수 = 반죽결과온도 × 6 − (실내온도 + 밀가루온도 + 설탕온도 + 유지온도 + 계란온도 + 수돗물온도)

예) 실내온도 25℃, 밀가루온도 25℃, 설탕온도 25℃, 쇼트닝온도 20℃, 계란온도 20℃, 수돗물온도 20℃의 조건에서 믹싱을 마치고 반죽온도를 실측했더니 26℃가 되었다면, 마찰계수 = 반죽결과온도 × 6 - (실내온도 + 밀가루온도 + 설탕온도 + 쇼트닝온도 + 계란온도 + 수돗물온도)이므로 26 × 6 - (25 + 25 + 25 + 20 + 20 + 20) = 21℃가 된다.

(2) 반죽온도(사용수 온도계산)

반죽온도를 희망온도로 맞추기 위해서는 사용할 물의 온도를 조절해야 한다. 따라서 물의 온도가 몇 ℃인지를 계산해야 하는데 구하는 공식은 다음과 같다.

사용수 온도 = 희망온도 × 6 − (실내온도 + 밀가루온도 + 설탕온도 + 쇼트닝온도 + 계란온도 + 마찰계수)

예) 실내온도 25℃, 밀가루온도 25℃, 설탕온도 25℃, 쇼트닝온도 20℃, 계란온도 20℃, 마찰계수 21℃, 수돗물온도 20℃, 물 사용량 1,000g의 조건하에서 반죽희망온도를 23℃로 하려면 다음과 같은 공식에 의해 사용수 온도를 조절하면 된다.
사용수온도 = 희망온도 × 6 - (실내온도 + 밀가루온도 + 설탕온도 + 쇼트닝온도 + 계란온도 + 마찰계수)이므로
23 × 6 - (25 + 25 + 25 + 20 + 20 + 21) = 2℃
즉 2℃의 물을 1,000을 사용하면 희망하는 반죽온도 23℃가 된다.

(3) 얼음 사용량 계산

계산된 물 온도가 수돗물온도보다 낮을 때는 데워서 사용하지만 위의 예에서는 2℃의 물을 사용해야 되므로 물에 얼음을 넣어 2℃가 될 때까지 기다리거나 적정량의 얼음을 넣음으로써 시간을 단축할 수 있다.

얼음 사용량 = 물 사용량 × (수돗물온도 − 계산된 물 온도) / (80 + 수돗물온도) =
1,000 × (20 − 2) / (80 + 20) = 18,000/100 = 180g

이 믹서의 마찰계수는 21, 계산된 물 온도는 2℃, 얼음 사용량은 180g이다.
따라서 20℃ 수돗물 820g과 얼음 180g을 사용하면 희망온도 23℃를 맞출 수 있다.

문1) 반죽온도가 낮을 경우 일어나는 현상은?
㉠ 기공이 거칠다. ㉡ 표면이 터진다. ㉢ 껍질색이 여리다. ㉣ 부피가 크다.

☞ 풀이 : 표면이 터진다.
반죽온도가 낮으면 기공이 조밀해서 부피가 작아지고 식감이 나쁘며 더 많은 굽는 시간이 필요하다.

문2) 케이크 반죽의 온도가 높을 때의 설명 중 맞는 것은?
㉠ 부피가 작다. ㉡ 기공이 커진다. ㉢ 기공이 조밀하다. ㉣ 표면이 터진다.

☞ 풀이 : 반죽온도가 높으면 기공이 열리고 큰 기포가 생겨 조직이 거칠고 노화가 되기 쉽다.

문3) 다음 중 반죽 희망온도가 가장 낮은 제품은?
㉠ 슈 ㉡ 카스텔라 ㉢ 퍼프 페이스트리 ㉣ 소프트 롤케이크

☞ 풀이 : 퍼프 페이스트리의 반죽 희망온도는 20~22℃로 냉수를 사용한다.

문4) 쿠키를 만들 때 정상적인 반죽온도는?
㉠ 4~10 ㉡ 18~24 ㉢ 28~32 ㉣ 35~40

☞ 풀이 : 쿠키의 반죽온도는 20℃ 정도가 적당하다. 쇼트 브레드쿠키 20℃, 핑거쿠키 23℃, 버터쿠키 22℃

4) 고율배합(High ratio)과 저율배합(Low ratio)

(1) 고율배합이란?

① 설탕 사용량이 밀가루 사용량보다 많은 배합을 말한다.

② 고율배합은 단지 감미만을 추구하는 것이 아니고 제품을 부드럽게 하여 식감을 좋게 하는 동시에 촉촉함을 오래 지속시키고 노화를 지연시키기 위한 것이다.

③ 많은 설탕을 녹일 수 있는 다량의 물을 사용한다. 설탕은 그 물을 보유하여 증발을 억제함으로써 신선도를 유지시키는 것이다.

✽ 레이어케이크는 전형적인 고율배합이며 파운드케이크는 고율 또는 저율배합으로도 만들 수 있다.

④ 고율배합을 가능하게 하는 요소

㉠ 많은 유지를 사용하면서 많은 설탕을 용해시킬 수 있는 충분한 양의 액체재료를 사용할 수 있게 하는 유화쇼트닝 사용

㉡ 전분의 호화온도를 낮추어 굽기 중 오븐에서의 안정을 빠르게 하여 수축 및 손실을 감소시키는 염소표백 밀가루를 사용

| 고율배합과 저율배합의 비교 |

항목	고율배합	저율배합
배합률	설탕>밀가루	설탕<밀가루
믹싱 중 공기포집	많다	적다
비중	반죽에 공기가 많아 비중이 낮다(가볍다).	반죽에 공기가 적어 비중이 높다(무겁다).
화학팽창제 사용	반죽에 공기가 많이 들어 있으므로 적게 사용	반죽에 공기가 적게 들어 있으므로 많이 사용
굽기	저온, 장시간	고온, 단시간

문1) 고율배합 제품과 저율배합 제품의 비중을 비교해 본 결과 일반적으로 맞는 것은?
㉠ 고율배합 제품의 비중이 높다. ㉡ 저율배합 제품의 비중이 높다.
㉢ 비중의 차이는 없다. ㉣ 제품의 크기에 따라 비중은 차이가 있다.

☞ **풀이** : 고율배합과 저율배합 비교 참고

문2) 저율배합 케이크에 대한 고율배합의 특징이 아닌 것은?
㉠ 믹싱 중 공기 혼입량이 많다. ㉡ 비중이 낮다.
㉢ 화학팽창제의 사용량이 적다. ㉣ 같은 분할무게일 때 굽기 온도를 높인다.

☞ **풀이** : 고율배합 케이크와 비교하였을 때 저율배합 케이크의 특징으로 굽는 온도가 낮다.

문3) 고율배합 제품과 저율배합 제품 비중의 일반적인 비교 설명으로 맞는 것은?
㉠ 고율배합은 공기가 많이 혼입되어 제품의 비중이 낮다.
㉡ 저율배합은 부피당 무게가 무거워 제품의 비중이 높다.
㉢ 두 제품의 비중은 항상 같다.
㉣ 고율배합 제품은 수분함량이 낮아 비중이 낮다.

☞ **풀이** : 고율배합과 저율배합 비교 참고

문4) 고율배합에 대한 설명으로 틀린 것은?
㉠ 믹싱 중 공기 혼입이 많다.
㉡ 설탕 사용량이 밀가루 사용량보다 많다.
㉢ 화학 팽창제를 많이 쓴다.

㉣ 촉촉한 상태를 오랫동안 유지시켜 신선도를 높이고 부드러움이 지속되는 특징이 있다.

☞ **풀이** : 고율배합의 의미는 설탕 사용량이 밀가루보다 많고 수분이 설탕량보다 많은 배합으로 제품의 신선도를 높이고 부드러움을 지속시키는 특징이 있다.

 제4절 반죽과 믹싱

1. 과자 반죽의 분류

과자 반죽을 하기 위해서는 여러 가지 방법이 사용되고 있으며 외양이나 특성에 따라 반죽형, 거품형, 시폰형 반죽으로 분류할 수 있다.

1) 반죽형(Batter type)

밀가루, 계란, 우유를 구성 재료로 하고 상당량의 지방을 함유한 반죽으로 밀가루가 계란보다 많이 사용되기 때문에 베이킹파우더와 같은 화학 팽창제를 사용하여 적정한 부피를 얻는다.

① 많은 양의 유지를 사용한다. (일반적인 유지 사용량은 계란 무게의 1/2 이상을 사용)

② 대부분의 경우 화학팽창제(베이킹파우더, 베이킹소다 등)를 사용하여 적정한 부피를 얻는다.

③ 각종 레이어케이크와 파운드케이크, 과일케이크, 마들렌 등이 있다.

✱ 팽창제는 빵이나 케이크 등을 부풀게 하여 적당한 형태를 갖추게 하기 위하여 사용되는 첨가물이다.

2) 거품형(Foam type)

계란 단백질의 기포성과 유화성, 열에 의한 응고성을 이용한 제품으로 계란이 밀가루보다 많이 사용된다.

① 계란을 교반할 때 일어나는 물리적, 화학적 변화를 이용한다.

② 계란 단백질의 신장성과 변성에 의해 믹싱 과정에서 포집되는 공기 방울을 근본적으로 의존하는 케이크로 흰자가 최종부피를 이루는 역할을 한다.

③ 전란을 사용하는 스펀지케이크, 흰자를 사용하는 엔젤 푸드, 머랭 등이 있다.

* 거품형은 원칙적으로 유지를 함유하지 않은 케이크로 유지를 사용할 때는 중탕으로 녹여서 사용한다.

3) 시폰형(Chiffon type)

반죽형과 거품형의 조합형으로 계란의 노른자와 흰자를 분리시켜 흰자로는 머랭을 만들고 노른자는 거품을 내지 않고 잘 풀어준 후 2가지를 함께 혼합하는 케이크이다. 결과 제품은 거품형의 기공과 조직에 가깝다.

① 별립법처럼 계란을 노른자와 흰자로 분리하여 흰자는 머랭을 만들고 노른자는 거품을 내지 않고 섞어서 흰자와 화학팽창제로 부풀린다.

② 쫄깃쫄깃하게 씹히는 조직감과 부피감을 얻을 수 있다.

③ 시폰케이크가 대표적이다.

2. 반죽형의 믹싱법

1) 반죽형 믹싱하기

① 저속1단 : 최초 믹싱은 반드시 저속으로 시작하여 재료들이 잘 혼합되게 한다.

② 고속3단 : 덩어리가 잘게 나누어지고 재료끼리 결합하면서 공기를 반죽으로 끌어들인다.

③ 중속2단 : 끌어들인 공기를 반죽 내부에 고르게 분산한다.

④ 저속1단 : 큰 기포를 없애고 공기방울을 잘게 나눈다.

(1) 크림법(Creaming method)

유지와 설탕을 혼합하여 크림상태로 만들어 계란과 같은 액체재료를 서서히 투입하는 전통적인 케이크 반죽 믹싱방법으로 부피를 우선으로 하는 경우에 많이 사용된다.

[반죽하기]

① 유지를 부드럽게 풀어준 후 설탕, 소금 등을 넣고 믹싱하여 크림상태로 만든다.

② 액체재료(계란)를 조금씩 넣으면서 부드러운 크림상태로 만든다.

＊ 계란은 노른자부터 넣어 충분히 혼합 후 흰자를 넣는다.

③ 충분히 크림화가 되면 체질한 가루재료를 넣고 혼합한다.

(2) 블렌딩법(Blending method)

유지와 밀가루를 가볍게 믹싱하다 가루재료 + 계란 + 물을 투입하여 믹싱하는 방법으로 유연감을 우선으로 하는 제품에 적합하다.

① 믹싱 볼에 유지와 밀가루를 넣고 유지가 밀가루에 피복되어 바슬바슬한 상태가 될 때까지 저속으로 섞어준다.
② 다른 건조재료와 액체재료 일부를 넣고 저속으로 섞는다.
③ 나머지 액체재료를 나누어 넣으면서 믹싱, 부드럽고 균일한 반죽을 만든다.
④ 유지가 밀가루에 피복되어 글루텐 형성이 되지 않으므로 제품의 유연감을 가져온다.

(3) 설탕/물법(Sugar/Water method)

전체 설탕량의 1/2에 해당하는 물을 설탕에 넣어 액당을 만들고 건조재료를 투입하여 믹싱을 하는 방법으로 반죽에 설탕입자가 남아 있지 않아 껍질색이 균일하며 대규모 생산회사에 적합

① 설탕 : 물 = 2 : 1의 액당으로 만들어 사용
② 계량의 용이성, 포장비 절감, 용해되지 않은 설탕이 없어 양질의 제품이 되지만 저장탱크, 이송파이프, 계량장치 등 최초 설비비가 많이 든다.
③ 대규모 생산회사가 이용
④ 규격이 같은 제품을 다량 만들 수 있다.

(4) 1단계법(Single stage method)

모든 재료를 한꺼번에 넣고 믹싱하는 방법으로 노동력과 시간이 절약되는 장점을 가지고 있으며 유화제와 베이킹파우더가 필요하다.

① 모든 재료를 일시에 넣고 믹싱한다.
② 유지의 크림화 등 공정이 없으므로 공기 혼합능력이 적기 때문에 기계성능이 좋거나 유화제나 화학팽창제를 사용하는 배합이 적당하다.

③ 장점 : 노동력, 시간절약

(5) 복합법(크림법 + 별립법)

크림법과 별립법의 조합형으로 계란의 노른자와 흰자를 분리시켜 흰자로는 머랭을 만들고 노른자는 유지와 함께 크림상태로 만들어 2가지를 함께 혼합하는 방법으로 과일케이크가 이에 속한다.

① 유지를 부드럽게 풀어준 후 설탕 1/2을 넣고 믹싱하여 부드러운 크림을 만든다.
② 노른자를 2~3회 나누어 넣고 크림화한다.
③ 흰자를 믹싱하여 젖은 피크상태에서 설탕 1/2을 넣고 믹싱하여 중간피크 머랭을 만든다.
④ 크림화한 ②번 공정에 머랭을 1/3 정도 넣고 잘 섞어준다.
⑤ 건조재료를 넣고 잘 섞어준 후 나머지 머랭을 넣고 가볍게 섞는다.

(6) 다단계법(Multi stage method)

유지와 건조재료를 넣고 거품을 올린 후 계란을 천천히 투입하면서 거품을 올린다. 주의할 점은 재료들이 서로 덩어리지는 것을 방지하는 것이다.

① 유지와 건조재료를 넣고 저속으로 믹싱한 후 재료들이 잘 섞이면 고속으로 믹싱한다.
   * 유지는 약간 단단한 게 적합하다.
② 공기를 충분히 포집하면 속도를 중속으로 유지하면서 액체재료를 나누어 넣는다.

3. 거품형의 믹싱법

계란의 기포성과 응고성을 이용하여 부피를 형성하는 방법으로 공립법, 별립법, 1단계법, 시폰형 반죽으로 나눌 수 있다.

1) 공립법

계란을 공기포집하는 방법으로 온도와 부피가 밀접한 관계가 있어 중탕하는 것이 좋은 제품을 얻을 수 있으며 공립법은 다시 더운 믹싱법(Hot mixing method)과 찬 믹싱법(Cold mixing method)으로 나눌 수 있다.

스펀지를 잘 만드는 첫 번째 포인트는 계란의 휘핑 정도에 있다. 특히 공립법의 경우 휘핑을 제대로 하지 않으면 결이 불규칙한 스펀지가 된다. 좋은 휘핑방법은 더운 믹싱법으로 계란과 설탕을 넣고 40~45℃로 중탕하여 휘핑한 후 계란의 기포를 죽이지 않도록 가루와 버터를 섞는 것이 포인트이다. 너무 많이 섞으면 기포가 빠져나와 비중이 높아지고 딱딱한 제품이 된다. 그리고 반죽 제조가 완료되면 신속하게 패닝하여 오븐에 굽는다.

(1) 더운 믹싱법

계란과 설탕을 넣고 40~45℃로 중탕하여 거품을 내는 방법으로 주로 고율배합에 사용되며 공기 포집량이 많고 설탕용해가 좋아 껍질색이 균일하다.

① 계란과 설탕을 넣고 잘 풀어준 후 중탕에서 거품기로 저어주면서 40~45℃까지 온도를 올린 후 믹싱한다.
② 체질한 가루재료를 넣고 가볍게 섞는다.
③ 50℃ 정도로 녹인 버터에 반죽의 일부분을 넣고 혼합해서 본 반죽에 넣고 잘 섞어 반죽 제조를 완료한다.
④ 미리 준비해 둔 팬에 패닝 후 한번 충격을 준 다음 바로 오븐에 넣어 굽는다.

(2) 찬 믹싱법

중탕하지 않고 계란과 설탕을 섞어 23~24℃에서 거품을 내는 방식으로 설탕이 잘 녹지 않아 거품 내기가 어려우며 껍질색이 불규칙하다. 저율배합에 이용하기도 하는데 저율배합 시 베이킹파우더를 사용하기도 한다.

① 계란과 설탕을 넣고 잘 풀어준 후 믹싱을 한다.
   * 믹싱 중 설탕이나 물엿이 믹싱 볼 바닥에 가라앉는지의 여부를 확인한다.
② 최종단계 전까지 거품을 올린 후 중속으로 믹싱을 한다.
③ 체질한 가루재료를 넣고 가볍게 섞는다.
④ 50℃ 정도로 녹인 버터에 반죽의 일부분을 넣고 혼합해서 본 반죽에 넣고 잘 섞어 반죽 제조를 완료한다.
⑤ 미리 준비해 둔 팬에 패닝 후 한번 충격을 준 다음 바로 오븐에 넣어 굽는다.

2) 별립법(Two stage method)

계란을 분리하여 공기포집하는 방법으로 노른자와 흰자에 각각의 설탕을 넣어 거품을 올려 섞는 방법과 노른자는 거품을 올리지 않고 흰자만 거품을 올려 섞는 방법이 있으며 조직이 단단해서 짤주머니로 성형하는 제품에 적합하다.

소프트 롤케이크

• 노른자와 흰자를 나누어 각각 거품을 올리는 방법

〈재료〉 박력 250g, 설탕A 175g, 물엿 25g, 소금 2.5g, 물 50g, 향 2.5g, 설탕B 150g, 계란 700g, 베이킹파우더 2.5g, 식용유 125g, 잼 200g

〈반죽 제조〉

✱ 미리 개량해 둔 계란에서 노른자와 흰자를 분리한다.

① 노른자 반죽 : 노른자를 잘 풀어준 후 노른자용 설탕, 물엿, 소금, 물 1/2을 넣고 믹싱한다.

② 나머지 물을 넣고 잘 섞어준다.

③ 머랭 반죽 : 기름기가 없는 깨끗한 믹싱 볼에 흰자를 넣고 젖은 피크상태까지 믹싱한다.

④ 흰자용 설탕을 넣고 중간피크상태의 머랭을 만든다.

⑤ ②번 공정에 머랭을 1/3 넣고 잘 섞는다.

⑥ 체질한 가루재료를 넣고 가볍게 섞는다.

⑦ 식용유에 일정량의 반죽을 넣고 잘 섞은 후 본 반죽에 넣고 섞는다.

⑧ 나머지 머랭을 넣고 거품이 많이 꺼지지 않게 가볍게 섞는다.

⑨ 평철판에 부어서 윗면을 평평하게 하고 큰 거품을 제거한다.

⑩ 무늬내기용 반죽으로 무늬를 내준다.

⑪ 오븐에서 구운 뒤 어느 정도 식혀서 잼을 바르고 말아준다.

비스퀴(Biscuit)

겉은 바삭하고 안은 폭신하고 가벼워 입안에서 녹는 것 같은 식감이 특징이다.

비스퀴를 만들 때 비스퀴의 볼륨을 내기 위해서 노른자와 흰자를 각각 거품을 올려서 원형모양깍지로 짜서 굽는 방법과 노른자는 거품을 올리지 않고 흰자만 거품을 올려 원형깍지로 짜서 굽는 방법이 있다.

• 노른자와 흰자를 각각 거품을 올려서 원형모양깍지로 짜서 굽는 방법

1. 비스퀴

〈재료〉 노른자 100g, 설탕A 42g, 흰자 175g, 설탕B 83g, 박력분 125g

〈반죽 제조〉

✽ 별립법으로 만드는 입자가 곱고 탄력 있는 비스퀴로 철판에 얇게 펼쳐서 굽는 방법과 원형모양깍지로 짜서 굽는 방법을 실시한다.

① 노른자 + 설탕A를 넣고 믹싱

② 흰자를 믹싱 볼에 넣고 30% 정도 거품을 올린 후 설탕B를 넣고 중간피크상태의 부드럽고 힘 있는 머랭을 만든다.

③ ①에 ②를 넣고 머랭이 보일 정도로 섞어준다.

④ ③에 체질한 박력분을 넣고 섞는다.

✽ 거품이 꺼지지 않도록 가볍게 섞는다.

⑤ 직경 15cm의 원을 실리콘페이퍼에 자국을 내준 뒤 짤주머니에 원형깍지를 넣고 꽃모양으로 짠 다음 남은 반죽은 띠 모양으로 짜준다.

⑥ ⑤ 위에 분당을 2번에 걸쳐 듬뿍 뿌려주고 180℃ 오븐에서 20분 정도 굽는다.

✽ 처음 구울 때부터 오븐의 공기구멍을 열어주고 굽는다. 이것은 반죽 위에 뿌린 분당을 태우지 않고 그대로 구어 바삭바삭한 식감을 살리기 위함이다.

• 노른자는 거품을 올리지 않고 흰자만 거품을 올려 섞는 방법

2. 비스퀴

〈재료〉 박력분 55g, 전분 55g, 황란 100g, 흰자 125g, 설탕 125g

〈반죽 제조〉

① 가루재료는 체질해서 준비한다.

② 황란은 거품기를 이용해 풀어준다.

③ 믹싱 볼에 흰자를 넣고 거품이 오르기 시작하면 설탕을 넣고 90% 머랭을 만든다.

④ 미리 풀어둔 황란에 머랭을 1/2 정도를 넣고 잘 섞는다.

⑤ 가루재료를 잘 섞는다.

⑥ 나머지 머랭을 넣고 가볍게 섞는다.

⑦ 둥근 모양깍지를 이용해 실리콘페이퍼에 적당한 크기로 짠다.

⑧ 분당을 살짝 뿌려주고 220/160℃에서 구워낸다.

3) 1단계법

모든 재료를 한꺼번에 넣고 거품 내는 방법으로 기계성능이 좋아야 하고 유화제를 사용한다.

• **믹싱법**

① 저속1단 : 모든 재료를 믹싱 볼에 넣고 저속으로 믹싱하여 재료들이 잘 혼합되게 한다.

② 고속3단 : 큰 덩어리가 부서지고 재료가 서로 결합되면서 공기를 포집한다.

③ 중속2단 : 포집된 공기를 반죽 내부에 분배한다.

④ 저속1단 : 큰 기포를 제거하고 공기세포를 미세하게 나누어준다.

⑤ 유지를 사용할 경우 용해시켜서 넣고 잘 혼합한다.

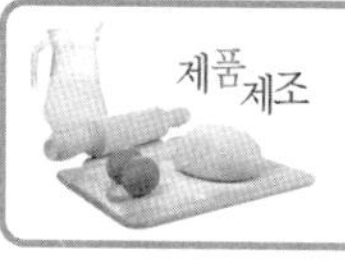

케이크 시트

〈재료〉 계란 500g, 설탕 250g, 박력분 276g, 유화제 24g, 베이킹파우더 6g, 버터 76g, 물 50g

〈제조공정〉

① 믹싱 볼에 계란, 설탕을 넣고 저속으로 풀어준다.

② 박력분, 유화제, 베이킹파우더를 체질해서 넣고 저속으로 잘 혼합한다.

③ 고속으로 믹싱하여 최종단계에서 물을 넣고 저속으로 믹싱한다.

④ 중탕으로 녹인 버터를 넣고 잘 섞어준다.

⑤ 틀에 패닝하여 200/160℃에서 25~30분 정도 굽는다.

4) 시폰형 반죽법

별립법처럼 계란을 분리하지만 흰자는 거품 내고 노른자는 거품을 내지 않으며 흰자와 화학팽창제로 부풀린다.

시폰케이크(Chiffon cake)

시폰케이크는 식물성 기름, 계란, 밀가루, 베이킹파우더 등으로 만든 케이크로 솜털 같은 조직을 만들기 위해 계란을 분리하지만 노른자는 거품을 내지 않고 거품 낸 흰자와 화학팽창제의 힘으로 부풀리는 방법이다. 식용유 및 계란이 많이 들어가 시폰케이크는 매우 촉촉한 편이다.

〈제과기능사 배합표〉 박력분 400g, 설탕A 260, 설탕B 260g, 노른자 200g, 흰자 400g, 소금 6g, 주석산 2g, 베이킹파우더 10g, 식용유 160g, 물 120g

〈반죽 제조〉

✱ 계란 분리 : 노른자에는 흰자가 섞여도 되지만 흰자에는 노른자가 섞이면 안된다.

① 용기에 노른자를 넣고 잘 풀어준 후 설탕 1/2과 소금을 넣고 거품이 나지 않게 섞는다.

② 물과 식용유를 넣고 잘 섞는다.

③ 체질한 가루재료를 넣고 덩어리가 없게 잘 섞는다.

④ 믹싱 볼에 흰자와 주석산을 넣고 젖은 피크(30~60% 거품)상태까지 거품을 올린다.

⑤ ④번 공정에 설탕 1/2을 넣고 중간피크(80~90% 거품)상태까지 거품을 올려 윤기 있는 머랭을 만든다.

⑥ ③번 공정에 머랭 1/3을 넣고 잘 섞는다.

⑦ 나머지 머랭 2/3을 잘 섞는다.

⑧ 준비된 팬에 부피의 70% 정도 반죽을 패닝하여 살짝 충격을 준 후 170/180℃에서 30~40분간 굽는다.

⑨ 구워 나오면 뒤집어서 식힌 후 틀에서 분리한다.

✱ 시폰법에 의한 순서대로 반죽을 제조하고 머랭상태, 혼합, 되기 등이 적정해야 한다.

(1) 흰자반죽 머랭(meringue)

계란 흰자를 거품기로 저으면 거품이 일기 시작하는데 여기에 설탕을 넣어 거품 낸 것을 프랑스어로 머랭그(meringue), 영어로는 같은 스펠링으로 머랭이라 부른다.

머랭의 종류는 크게 3가지로 분류할 수 있다.

① 프렌치 머랭(La meringue francaise)

차가운 머랭으로 알려진 프렌치 머랭은 차가운 상태로 제조돼 곧바로 오븐에서 구워 만든다. 프렌치 머랭은 이름에서 알 수 있듯이 프랑스 제과에서 가장 자주 쓰이는 머랭으로 다쿠와즈, 마카롱 등을 만들 때 사용한다.

프렌치 머랭을 이용한 다쿠와즈

〈재료〉 흰자 330g, 설탕 99g, 아몬드분말 198g, 분당 165g, 박력 52.8g

〈제조공정〉

① 믹싱 볼에 계란 흰자를 넣고 거품을 올린다.

② 젖은 피크상태가 되면 설탕을 조금씩 넣으면서 중간피크상태의 머랭을 만든다.

③ 용기에 가루재료를 넣고 머랭의 1/3을 넣고 고르게 잘 섞는다.

④ 나머지 머랭을 넣고 머랭이 보이지 않을 정도로 가볍게 섞는다.

⑤ 반죽이 완료되었을 때 흐름성이 없어야 한다.

✱ 과도한 혼합은 반죽이 너무 묽어지므로 주의한다.

〈팬 넣기〉

① 평철판에 실리콘페이퍼나 위생지를 깔고 다쿠와즈 틀을 올려놓는다.

② 짤주머니에 반죽을 담아 다쿠와즈 틀에 적당량을 채운다.

③ 스크레이퍼나 L자형 스패출러를 이용하여 윗면을 평평하게 만든다.

④ 윗면에 분당을 고르게 뿌린다.

⑤ 분당이 녹으면 다시 한번 살짝 뿌려준다.

⑥ 다쿠와즈 틀을 제거하고 오븐에 굽는다.

⑦ 윗불 180℃, 아랫불 150℃에서 15~20분간 굽는다.

✽ 오븐 위치에 따라 온도차이가 생기므로 일정시간 경과 후 팬의 위치를 바꿔서 전체적으로 색이 고르게 나도록 한다.

② 이탈리안 머랭(La meringue italienne)

따뜻한 머랭에 속하는 이탈리안 머랭은 굽지 않는 머랭으로 가벼운 크림이나 디저트를 만드는 데 사용한다.

설탕시럽을 끓이기 위해서는 설탕량의 30% 정도의 물과 설탕을 용기에 넣고 불에 올려서 120~125℃로 끓인 시럽으로 흰자에 열을 가하면서 살균작용을 해 무스나 크림의 보존성이 향상되고 기포가 안정돼 볼륨감도 좋아진다. 열처리가 되었으므로 버터크림이나 무스, 바바루아 등의 차가운 디저트류에 쓰이는 머랭으로 무거운 초콜릿류의 크림과 혼합하여 사용하기도 한다. 또한 무스케이크 위에 데커레이션용으로 모양을 내서 토치램프로 색을 내거나 오븐에서 강한 불에 구워 모양을 내기도 한다.

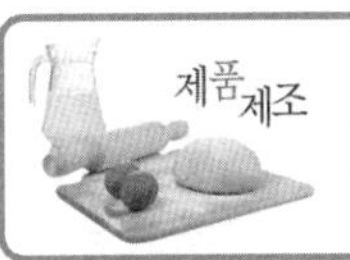

이탈리안 머랭

〈재료〉 물 30g, 흰자 60g, 설탕 90g

(기본배합은 물1 : 흰자2 : 설탕3이다. 용도에 맞게 설탕과 흰자를 조절하여 사용한다.)

〈제조공정〉

① 물과 설탕을 넣고 120℃까지 끓인다.

② 흰자를 30~50% 정도 거품을 올린다.

③ 거품 올린 흰자(②번 공정)에 설탕시럽(①번 공정)을 넣고 믹싱한다.

④ 머랭이 완성되면 저속으로 식을 때까지 믹싱한다.

✽ 버터크림, 무스 등 용도에 맞게 사용한다.

데커레이션용 이탈리안 머랭 제조

〈재료〉 물 30g, 설탕 60g, 흰자 80g, 판 젤라틴 4g

〈제조공정〉

① 물과 설탕을 넣고 끓인다.

② 끓기 시작하면 찬물에 불려둔 판 젤라틴을 넣고 한번 끓여준다.

③ 흰자를 30~50% 정도 거품을 올린다.

④ 거품 올린 흰자(②번 공정)에 설탕시럽(①번 공정)을 넣고 믹싱한다.

⑤ 머랭이 완성되면 저속으로 식을 때까지 믹싱한다.

⑥ 무스케이크 위에 머랭으로 장식한 다음 토치를 이용하여 구운 색을 낸다.

이탈리안 머랭 제조 시 주의점

① 계란을 분리할 때 흰자 속에 노른자가 들어가지 않도록 한다.

② 믹싱기구에 기름기가 없어야 한다.

③ 용기에 물을 먼저 넣고 나중에 설탕을 넣는다.

④ 용기에 설탕이 묻지 않도록 살며시 넣는다.

⑤ 끓기 시작하면 중간중간에 물 묻은 붓으로 용기 안쪽을 닦아주면서 적정온도까지 끓여준다.

⑥ 끓기 시작하면 흰자를 젖은 피크상태 정도로 거품을 올린다.

⑦ 믹싱기를 off한 상태에서 설탕시럽을 넣는다.

⑧ 밑으로 가라앉은 설탕시럽이 섞이도록 잠시만 믹싱 볼을 위로 살짝만 들어주고 믹싱한다.

⑨ 식을 때까지 믹싱한다.

③ 스위스 머랭(La meringue suisse)

처음부터 흰자와 설탕을 혼합하여 중탕으로 가열하면서 휘핑하는 방법으로 차가운 상태로 휘핑하는 것보다 설탕이 충분히 녹고 거품의 기포가 양호하여 성형하기 좋다. 단, 거품의 상태는 좋으나 부피는 다른 머랭보다 작다는 것이 단점이다. 주로 머랭꽃, 동물, 장식물 제조에 적합하다.

스위스 머랭 제조

〈재료〉 흰자 200g, 설탕 360g, 슈거 파우더 40g

〈제조공정〉

① 흰자와 설탕을 믹싱 볼에 넣고 거품기로 저어가면서 중탕으로 온도를 올린다,

② 물 온도가 75~80℃ 정도가 되면 불을 끄고 ①번 공정(흰자와 설탕)이 63~65℃가 될 때까지 온도를 올린다.

③ ②번 공정을 믹싱 볼에 넣고 고속으로 믹싱하여 100% 머랭을 만든다.

④ 분당을 넣고 가볍게 혼합한다.

⑤ 젖은 행주로 덮어두고 사용한다.

(2) 머랭의 피크(Peak)

피크의 구분	용도	피크의 상태
젖은 피크 (wet peak)		30~60%의 머랭으로 거품의 기포가 크고 부드럽다. 투명감이 있고 물기가 있는 단계로 흐르기 쉽다. 이 단계에서 설탕을 투입한다.
중간피크 (medium peak)	연한 머랭 엔젤케이크	70~90%의 머랭으로 위쪽 끝이 약간 굽은 상태 기포는 곱고 광택이 있고 희고 촉촉한 상태로 거품기로 찍어 올리면 끝이 자연스럽게 휘어진다.
건조피크 (dry peak)	단단한 머랭 스펀지케이크 수플레	100% 머랭으로 기포는 대단히 미세하고 단단하다. 거품기로 찍어 올리면 끝이 핀(pin)과 같이 꼿꼿하게 선 채로 있다.
피크의 분리 (break down)	사용 불가능	거품을 너무 많이 올려서 푸석해진 단계 기포의 표면은 건조한 느낌이고 무너져 내리거나 부서지기 쉽다. 기포막은 탄성이 없으므로 반죽의 팽창력이 나쁘다.

문*1*) 믹서의 성능이 좋아서 노동력과 시간을 절약하는 믹싱 법으로 에어 믹서를 사용할 때 사용되는 것은?

㉠ 크림법 ㉡ 블렌딩법 ㉢ 설탕 · 물법 ㉣ 1단계법

☞ **풀이** : 1단계법(Single stage method)
모든 재료를 한꺼번에 넣고 믹싱하는 방법으로 노동력과 시간이 절약되는 장점을 가지고 있으며 유화제와 베이킹파우더가 필요하다.

문2) 엔젤 푸드케이크 반죽 시 설탕을 2단계로 나누어 투입할 때 첫 단계에 투입하는 설탕의 양은?

㉠ 1/3 ㉡ 1/2 ㉢ 2/3 ㉣ 3/4

☞ **풀이** : 1단계 설탕 = 총 설탕 사용량 × 2/3를 넣는다.

문3) 반죽형 케이크를 만드는 방법과 장점을 짝지은 것 중 틀린 내용은?

㉠ 블렌딩법 – 제품이 부드럽다.
㉡ 1단계법 – 재료가 절약된다.
㉢ 크림법 – 부피가 크다.
㉣ 설탕 · 물법 – 규격이 같은 제품을 다량 만들 수 있다.

☞ **풀이** : 1단계법은 모든 재료를 한꺼번에 넣고 거품 내는 방법으로 기계성능이 좋아야 하고 유화제를 사용한다.

문4) 반죽형 케이크를 만드는 방법 중에서 밀가루 입자가 유지를 감싸는 형태의 반죽법은?

㉠ 크림법 ㉡ 블렌딩법 ㉢ 설탕 · 물법 ㉣ 1단계법

☞ **풀이** : 블렌딩법(Blending method)
유지와 밀가루를 가볍게 믹싱하다 가루재료+계란+물을 투입하여 믹싱하는 방법으로 유연감을 우선으로 하는 제품에 적합하다.
① 믹싱 볼에 유지와 밀가루를 넣고 유지가 밀가루에 피복되어 바슬바슬한 상태가 될 때까지 저속으로 섞어준다.
② 다른 건조재료와 액체재료 일부를 넣고 저속으로 섞는다.
③ 나머지 액체재료를 나누어 넣으면서 믹싱, 부드럽고 균일한 반죽을 만든다.
④ 유지가 밀가루에 피복되어 글루텐 형성이 되지 않으므로 제품의 유연감을 가져온다.

문5) 거품형 케이크의 반죽 순서는?

㉠ 저속 – 중속 – 고속 ㉡ 고속 – 중속 – 저속
㉢ 저속 – 고속 – 중속 – 저속 ㉣ 고속 – 중속 – 저속 – 고속

문6) 스펀지케이크 반죽에 버터를 사용하고자 할 때 버터의 온도는 얼마가 가장 좋은가?

㉠ 30℃ ㉡ 34℃ ㉢ 60℃ ㉣ 85℃

문7) 믹싱시간과 과정이 가장 간단한 믹싱법은?

㉠ 크림법 ㉡ 블렌딩법 ㉢ 설탕 · 물법 ㉣ 1단계법

문8) 과자의 반죽방법 중 시폰형 반죽이란?

㉠ 화학팽창제를 사용한다.
㉡ 유지와 설탕을 믹싱한다.
㉢ 모든 재료를 한꺼번에 넣고 믹싱한다.
㉣ 계란의 흰자와 노른자를 분리하여 믹싱한다.

☞ **풀이** : 별립법처럼 계란을 분리하지만 흰자는 거품내고 노른자는 거품을 내지 않으며 흰자와 화학팽창제로 부풀린다.

문9) 다음 중 비터(beater)를 이용하여 교반하는 것이 적당한 제법으로 알맞은 것은?

㉠ 공립법　㉡ 별립법　㉢ 복합법　㉣ 블렌딩법

문10) 계란이 기포성과 포집성이 가장 좋은 것은 몇 ℃에서인가?

㉠ 0℃　㉡ 5℃　㉢ 30℃　㉣ 50℃

문11) 비스켓 반죽을 오랫동안 믹싱할 때 일어나는 현상이 아닌 것은?

㉠ 제품의 크기가 작아진다.　㉡ 제품이 단단해진다.
㉢ 제품이 부드러워진다.　㉣ 성형이 어렵다.

문12) 데블스 푸드케이크를 블렌딩법으로 제조 시 반죽 제조 순서가 맞는 것은?

㉠ 유지 + 밀가루 - 설탕, 분유, 코코아, 유화제 - 물 - 계란 - 물
㉡ 유지 + 설탕 - 밀가루, 분유, 코코아 - 유화제 - 물 - 소금
㉢ 유지 + 밀가루 - 설탕, 계란 - 소금 - 유화제 - 물
㉣ 유지 + 설탕 - 분유, 코코아 - 유화제 - 소금 - 계란

☞ **풀이** : 유지와 밀가루를 가볍게 믹싱하다 가루재료 + 계란 + 물을 투입하여 믹싱

문13) 제과에서 머랭이라고 하는 것은 어떤 것을 의미하는가?

㉠ 계란 흰자를 건조시킨 것
㉡ 계란 흰자를 중탕한 것
㉢ 계란 흰자에 설탕을 넣어 믹싱한 것
㉣ 계란 흰자에 식초를 넣어 믹싱한 것

☞ **풀이** : 계란 흰자에 설탕을 넣어 믹싱한 것이다.

문14) 흰자를 거품내면서 뜨겁게 끓인 시럽을 부어 만드는 머랭은?

㉠ 냉제 머랭 ㉡ 온제 머랭 ㉢ 스위스 머랭 ㉣ 이탈리안 머랭

☞ 풀이 : 설탕시럽을 끓이기 위해서는 설탕량의 30% 정도의 물과 설탕을 용기에 넣고 불에 올려서 120~125℃로 끓인 시럽으로 흰자에 열을 가하면서 살균작용을 해 무스나 크림의 보존성이 향상되고 기포가 안정돼 볼륨감도 좋아진다. 열처리가 되었으므로 버터크림이나 무스, 바바루아 등의 차가운 디저트류에 쓰이는 머랭으로 무거운 초콜릿류의 크림과 혼합하여 사용하기도 한다. 또한 무스케이크 위에 데커레이션용으로 모양을 내서 토치램프로 색을 내거나 오븐에서 높은 온도에 구워 모양을 내기도 한다.

문15) 머랭의 최적 pH는?

㉠ 5.5~6.0 ㉡ 6.5~7.0 ㉢ 7.5~8.0 ㉣ 8.5~9.0

☞ 풀이 : 머랭의 최적 pH는 5.5~6.0이다.

4. 굽기(Baking)

반죽이 완료되면 가능한 빠르게 오븐에 넣어서 굽는다.

반죽을 오븐에 구울 때 오븐의 온도는 제품의 특성, 배합률, 팬의 크기, 반죽양, 반죽의 수분함량에 따라 달라진다. 설탕 함량이 많은 고율배합은 낮은 온도에서 설탕함량이 작은 저율배합은 높은 온도에서 굽는다.

1) 굽기 완료 확인하는 방법

① 케이크 윗면을 손가락으로 가볍게 눌렀을 때 약간의 탄력이 있다.

② 원형 팬 옆면에 깔아둔 위생지가 수분증발로 인하여 주름이 잡히기 시작한다.

③ 꼬챙이를 이용하여 가운데 부분을 찔러보면 반죽이 묻어나지 않는다.

④ 오븐에서 꺼낸 후 30cm 정도의 높이에서 떨어뜨려 약간의 충격을 가해도 가운데 부분이 주저앉지 않고 평평하다.

2) 오버 베이킹(Over baking)

낮은 온도에서 구웠을 때 발생하는 현상으로 지나치게 구운 것을 말한다.

① 조직이 부드러우나 윗면이 평평하다.

② 제품에 수분 손실이 많다.

③ 제품이 오그라든다.

3) 언더 베이킹(Under baking)

높은 온도에서 구웠을 때 발생하는 현상으로 덜 구워진 것을 말한다.

① 중앙 윗면이 볼록 나오거나 터진다.

② 제품이 설익은 경우가 있다.

③ 수분이 많은 관계로(덜 익음) 주저앉기 쉽다.

④ 껍질색이 진하다.

⑤ 조직이 조밀하고 거칠며 부피가 작다.

문*1*) 일정한 용적 내 팽창이 가장 큰 것은?

㉠ 파운드케이크 ㉡ 스펀지케이크 ㉢ 레이어케이크 ㉣ 엔젤 푸드케이크

☞ **풀이** : 팬의 크기와 반죽투입량
파운드케이크 2.40cm³/g, 레이어케이크 2.96cm³/g,
엔젤 푸드케이크 4.70cm³/g, 스펀지케이크 5.08cm³/g

문*2*) 보통 스펀지케이크의 굽기 손실은 얼마인가?

㉠ 10% ㉡ 20% ㉢ 30% ㉣ 40%

☞ **풀이** : 20%

문*3*) 쿠키를 많이 퍼지게 하는 당은?

㉠ 정백당 ㉡ 황설탕 ㉢ 물엿 ㉣ 입자가 작은 정백당

☞ **풀이** : 황설탕은 입자가 크기 때문에 잘 녹지 않아 굽기 중에 쿠키를 퍼지게 하는 원인이 된다.

문*4*) 케이크의 껍질색을 내는 데 영향을 미치는 우유 중의 당류는?

㉠ 과당 ㉡ 포도당 ㉢ 유당 ㉣ 설탕

☞ **풀이** : 우유에 들어 있는 당은 유당이다.

문5) 다음 중 굽기 도중 오븐 문을 열어서는 안되는 제품은?

㉠ 퍼프 페이스트리 ㉡ 드롭쿠키 ㉢ 쇼트브레드쿠키 ㉣ 애플파이

☞ 풀이 : 퍼프 페이스트리

문6) 케이크를 부풀게 하는 증기압의 주재료로 알맞은 것은?

㉠ 계란 ㉡ 쇼트닝 ㉢ 밀가루 ㉣ 베이킹파우더

☞ 풀이 : 계란

문7) 비스킷을 구울 때 갈변이 되는 것은 어느 반응에 의한 것인가?

㉠ 마이야르 반응 단독으로

㉡ 마이야르 반응과 캐러멜화 반응이 동시에 일어나서

㉢ 효소에 의한 갈색화반응으로

㉣ 아스코르빈산의 산화반응에 의하여

☞ 풀이 : 마이야르 반응과 캐러멜화 반응이 동시에 일어나서

문8) 파운드케이크 굽기 중 위 껍질이 터지지 않는 이유는?

㉠ 껍질 형성이 늦게 되었을 때

㉡ 설탕입자가 용해되지 않고 남아 있을 때

㉢ 반죽에 수분이 불충분할 때

㉣ 팬에 넣은 후 오븐에 넣기까지 장기간 방치했을 때

☞ 풀이 : 파운드케이크 윗면이 터지는 이유
- 반죽에 수분이 부족
- 반죽에 설탕이 다 녹지 않고 남아 있는 경우
- 패닝 후 바로 오븐에 넣지 않고 방치하여 반죽 껍질이 말랐을 때
- 오븐온도가 높아 윗면 껍질 형성이 빠를 때
- 아랫불이 강하거나 거품을 많이 죽인 경우(비중이 높은 경우)

문9) 파운드케이크의 껍질을 터지지 않게 하려면?

㉠ 처음부터 덮고 굽는다. ㉡ 10분 후에 덮는다.

㉢ 20분 후에 덮는다. ㉣ 덮지 않고 굽는다.

☞ 풀이 : 처음부터 덮고 굽는다.

 제5절 아이싱과 토핑(Icings and toppings)

아이싱이란 빵, 과자 제품을 덮거나 피복하는 것으로 과자제품이 고객의 주의를 끌게 하기 위해서는 제품에 따른 다양한 종류의 토핑과 아이싱을 사용하여 제품과 조화를 이루고 고객의 시선을 끌어야 할 것이다.

사용되는 재료와 제법에 따라 단순아이싱, 크림아이싱, 콤비네이션 아이싱으로 구분할 수 있다.

1. 단순아이싱

분당, 물, 물엿, 향을 섞어서 만들어진 것으로 되직한 페이스트상태이며 중탕하여 43℃ 정도로 가온하여 제품 위에 짜거나 피복한다. 코코아나 초콜릿을 첨가하여 사용하기도 한다.

* 작업 중 아이싱이 굳으면 중탕으로 재가열하여 녹인다.
* 되직한 아이싱은 시럽으로 조절한다.
* 사용하고 남은 아이싱은 표면에 물을 분무하여 아이싱이 굳지 않도록 한다.

1) 글라스 로얄(Glace Royale)

슈거 파우더와 계란 흰자를 혼합하여 휘핑한 크림으로 주로 아이싱이나 제품의 커버, 제빵의 토핑용, 쿠키류의 장식이나 접착제, 공예제품의 장식 부재료로 쓰인다. 슈거 파우더와 흰자의 비율은 5 : 1이 기본이지만 용도에 따라 흰자를 조절하여 사용한다.

| 기본배합 |

재료	무게
계란 흰자	2개
슈거 파우더	300g
레몬즙(주석산 액)	5~6방울

〈제조공정〉

① 슈거 파우더와 계란 흰자를 넣고 거품기로 휘핑한다.

② 색이 하얗게 되기 시작할 때 레몬즙을 넣는다.

③ 재료가 흐르지 않을 정도가 되면 완성된 것이다.

✱ 레몬즙을 넣어주는 것은 글라스 로얄 반죽을 희게 하거나 빨리 건조시키기 위해서이다.

2) 글라스 아로

슈거 파우더에 물을 넣거나 녹인 시럽을 말한다. 과자나 도넛의 표면에 뿌려 얇은 설탕 막을 씌워줄 때 이용한다. 반드시 제품이 오븐에서 나온 즉시 사용하는데 도넛일 경우 튀긴 후 제품이 뜨거울 때 바로 코팅을 해야 얇은 피막이 형성된다.

2. 크림아이싱

지방, 분당, 분유, 계란, 물, 소금, 향, 안정제 등 재료의 전부 또는 일부를 사용하여 만든 것으로 배합이 다양하다.

거품 올린 흰자에 투입하는 시럽은 112~118℃로 끓여서 사용한다.

1) 버터크림

버터에 설탕, 계란 등을 넣어 만든 크림으로 주로 케이크 장식이나 빵 샌드용으로 사용된다. 가장 많이 사용되는 것은 이탈리안 머랭이 포함된 버터크림이다.

(1) 앙글레즈 소스 버터크림(Anglaise sauce butter cream)

| 기본 배합표 |

재료	분량
설탕	500g
계란 노른자	16개
우유	500ml
버터	1,000g

〈제조공정〉

① 계란 노른자를 풀어주고 끓인 우유를 소량씩 투입하여 섞는다.

② 체에 거른 후 약한 불에서 가열(83℃)해 겔상태의 앙글레즈 소스를 만든다.

③ 완전히 냉각된 앙글레즈 소스에 부드러운 버터를 넣고 크림상태로 휘핑해 마무리한다.

(2) 이탈리안 머랭 버터크림(Italian meringue butter cream)

| 기본 배합표 |

재료	분량
버터	1,000g
계란 흰자	12개
설탕	500g
물	200g

〈제조공정〉

① 용기에 설탕과 물을 넣고 118~120℃까지 끓인다.

② 계란 흰자를 믹싱 볼에 넣고 거품을 50% 정도 올린다.

③ 설탕과 물을 넣고 112~118℃까지 끓인 시럽을 거품 올린 흰자에 부어 믹싱한다.

④ 식으면 부드럽게 만들어진 버터를 넣고 잘 섞는다.

(3) 시럽 버터크림

| 기본 배합표 |

재료	분량
버터	1,000g
설탕	600g
물	230g
계란	10개

〈제조공정〉

① 계란을 천천히 믹싱한다.

② 설탕과 물을 112~118℃까지 끓여 계란에 소량씩 천천히 넣어가며 믹싱한다.

③ 식으면 부드럽게 만들어진 버터를 넣고 잘 섞는다.

3. 콤비네이션 아이싱

단순아이싱과 크림아이싱을 함께 섞은 형태의 아이싱으로 흰자와 퐁당을 43℃로 가온한 후 거품을 올리고 지방과 분당을 섞어 가벼운 크림과 부드러움을 혼합한 아이싱이다.

퐁당 아이싱이 끈적거리지 않도록 하는 조치

① 아이싱에 최소의 액체를 사용한다.
　✽수분이 많으면 수분이 건조되기 전에는 끈적거린다.
② 35~43℃로 가온하여 사용한다.
③ 굳은 퐁당을 여리게 하기 위해서 설탕시럽(설탕 : 물=2:1)을 소량 넣는다.
④ 젤라틴 등 안정제를 사용한다.
⑤ 전분, 밀가루 같은 흡수제를 사용한다.

1) 퐁당(Fondant)

제빵이나 제과용으로 많이 사용되는 부재료로 설탕을 물에 녹여 끓인 후 다시 재결정화시킨 것으로 빵, 과자의 윗면을 아이싱하는 데 쓰이며 불어로 퐁드르((Fondre)는 녹기 쉬운 것이란 뜻으로 입에서 잘 녹는 성질 때문에 붙여진 이름으로 설탕이 소량의 수분을 함유한 채 미립자로 재결정한 상태를 말한다. 용도에 따라 향신료나 색소, 천연과즙, 초콜릿 등을 넣어 사용한다.

| 기본배합 |

재료	기본퐁당	부드러운 퐁당	딱딱한 퐁당
설탕	800	700	900
물	300	300	300
물엿	200	300	100

〈제조공정〉

① 용기에 물, 설탕, 물엿을 넣고 115~120도까지 끓여준다.

② 불에서 내려 냉각시킨다.

　✽ 냉각 중 윗면에 결정이 생기지 않도록 물을 분무해 준다.

③ 어느 정도 식으면(40~41℃) 믹싱을 하거나 나무주걱으로 치대어 공기를 포집하여 퐁당을 만든다.

④ 처음에는 서걱서걱한 상태이지만 계속 치대다 보면 부드러운 상태가 된다.

✽ 뜨거운 상태의 퐁당에 쇼트닝이나 유화제를 소량 첨가하여 부드럽게 사용할 수 있다.

2) 검 페이스트(공예과자용 반죽)

공예장식용 케이크나 조형물을 제작하기 위해 사용하는 슈거 파우더, 계란 흰자, 젤라틴(광택제) 등을 혼합하여 치댄 것이다. 처음에는 부드러워 반죽하기 쉽지만 건조되면 석고처럼 단단한 상태가 된다. 반죽에 색을 들이고자 할 때는 색소를 첨가하거나 여러 가지 모양으로 성형한 뒤 굳으면 붓을 이용해 원하는 색소를 칠하면 된다. 전시용 케이크나 웨딩케이크에 장식하기 좋게 잘 굳기 때문에 장기간 보존이 가능하지만 물에는 약하다.

〈제조방법〉

① 젤라틴을 찬물에 불린 후 중탕으로 녹여서 준비해 둔다.

② 체에 내린 슈거 파우더를 믹싱 볼에 넣고 비터나 훅을 이용해 ①과 계란 흰자를 넣고 혼합한다. 반죽이 한 덩어리로 뭉쳐질 때까지 천천히 저어준다.

③ 반죽이 뭉쳐지면 꺼내서 슈거 파우더를 덧가루로 사용해 가면서 부드러워질 때까지 계속 반죽을 치댄다. 사용할 목적에 따라서 슈거 파우더나 젤라틴, 계란 흰자의 양을 조절하여 사용할 수 있다. 완성된 반죽을 바로 사용하지 않을 경우에는 비닐이나 젖은 행주로 싸서 굳지 않도록 보관한다.

문*1*) 아이싱할 때 수분을 흡수하여 아이싱이 젖거나 묻어나는 것을 방지하기 위한 흡수제가 아닌 것은?

㉠ 밀가루　　㉡ 옥수수전분　　㉢ 설탕　　㉣ 타피오카전분

☞ **풀이** : - 젤라틴 등 안정제를 사용한다.
- 전분, 밀가루 같은 흡수제를 사용한다.

문*2*) 아이싱 즉 당의(Forstings)를 제조하였는데 너무 되게 되었다. 이때의 조치법 중 적당하지 않은 것은?

㉠ 물을 사용한다. ㉡ 설탕시럽(설탕 : 물 = 2 : 1)을 사용한다.
㉢ 가온을 시킨다. ㉣ 젤라틴을 녹여 넣는다.

☞ 풀이 : 젤라틴을 녹여 넣으면 농도는 더 되게 된다.

문3) 설탕공예용 당액 제조 시 고농도화된 당의 결정을 막아주는 재료는?

㉠ 중조 ㉡ 물엿 ㉢ 포도당 ㉣ 베이킹파우더

☞ 풀이 : - 물엿은 설탕공예를 더 견고하게 오랫동안 유지시켜 주는 역할을 한다.
- 설탕과 물이 끓기 전에 물엿을 넣으면 설탕이 완전히 섞이는 것을 방해해 결정이 생길 수 있다.
- 물엿을 넣지 않고 설탕을 끓이면 작업을 편하게 할 수는 있지만 설탕공예의 광택이 줄어들고 결정이 생길 수 있다.
- 물엿의 양이 늘어날수록 설탕반죽온도는 높고 작업은 까다롭지만 광택이 좋고 견고해져 수명이 길어진다.

문4) 로-마지팬에서 아몬드와 설탕의 적합한 혼합비율은?

㉠ 1 : 0.5 ㉡ 1 : 1.5 ㉢ 1 : 2.5 ㉣ 1 : 3.5

☞ 풀이 : - 마지팬=아몬드와 설탕을 혼합해 잘게 분쇄한 후 대리석 롤러를 이용하여 페이스트 상태로 만든 제품이다.
- 로-마지팬 = 아몬드 : 설탕을 1 : 0.5로 만든 반죽
- 프랑스식 = 아몬드 : 설탕 1 : 2, 독일식 = 아몬드 : 설탕 1 : 0.5

4. 기타 크림류

1) 끓여주는 크림류

(1) 커스터드 크림

커스터드 크림은 계란, 설탕, 우유, 박력분(또는 전분), 향신료 등을 혼합해 끓이는 제품으로 불어로는 크램 파티시에(Creme Patissiere)라고 한다. 오븐 없이 단순히 불에 올려 끓이는 크림으로 사용용도가 상당히 넓어 다른 크림류와 혼합하여 사용하기도 한다.

• **커스터드 크림의 기본배합**

〈재료〉 우유 1,000g, 설탕 250g, 계란 노른자 9개, 박력분 120g, 버터 90g, 바닐라향 소량

〈제조공정〉

① 우유에 설탕 1/2을 넣고 끓여준다.

② 황란에 1/2의 설탕을 넣고 잘 저어준 후 박력분을 넣고 섞는다.

③ ②에 ①을 넣고 끓여준다.

④ 식기 전에 버터를 넣고 섞어준다.

⑤ 마르지 않게 조치를 취한다.

⑥ 완전히 식으면 향을 첨가한다.

※ 용도에 맞게 거품 올린 생크림이나 술 등을 넣어서 사용한다.

(2) 가나슈

초콜릿 크림의 일종으로 생크림을 끓인 후 잘게 부순 초콜릿을 혼합해 만든 크림이다.

각종 양주나 크림류에 쉽게 혼합하기 위해서 만들어졌으며 초콜릿의 샌드크림, 장식용 등으로 다양하게 사용되고 있다. 다크초콜릿, 밀크초콜릿, 화이트초콜릿의 종류에 따라서 만들어지는 강도가 달라지는데 우선 가장 기본적인 배합은 다음과 같다.

다크초콜릿 : 생크림 = 1 : 1
밀크초콜릿 : 생크림 = 2 : 1
화이트초콜릿 : 생크림 = 3 : 1

(3) 아몬드크림(Almond cream)

아몬드를 이용한 크림의 일종으로 제과에서 고급재료로 자주 이용되는 크림이다. 이 크림은 반드시 구워야만 되는 단점이 있지만 그래도 맛이 월등하기 때문에 고급 제품에 샌드하거나 타르트의 충전물, 프티 푸르 등에 사용된다. 최근에는 제과기능사품목(타르트)에 충전물로 사용되고 있다.

| 기본배합(크림법) |

재료	기본배합	기능사 배합
아몬드분말	500g	500g
설탕	500g	450g
버터	500g	500g

계란	5~7개	5~6개
럼주	100g	60g

제6절 케이크 평가

케이크를 평가한다는 것은 주관적 요소가 많을뿐더러 고객의 취향이 다양하기 때문에 한마디로 정의하기가 어려우나 가장 좋은 제품이란 소비자가 좋아하는 제품이라는 전제하에 다음과 같이 비교적 객관성이 높은 평가방법이 이용되고 있다.

1. 평가항목

1) 외부특성(Exterior character)

(1) 부피(Volume)

바람직한 부피는 품목에 따라 또는 나라나 지역에 따라 각기 다르지만 분할무게에 대하여 부피가 알맞고 일정해야 한다. 표준부피를 설정하면 이를 기준으로 평가한다. 표준 부피보다 크거나 작으면 포장 등 여러 가지 방향에서 문제가 생긴다.

(2) 껍질색(Color of crust)

먹음직스러운 색깔로 부위별 색상이 균일해야 하고 반점이나 줄무늬가 생기지 않도록 해야 한다.

(3) 형태의 균형(Symmetry of form)

찌그러짐 없이 균일한 모양을 지니고 균형이 잘 잡혀야 한다.

(4) 껍질의 특성(Character of crust)

껍질이 부드러우며 부위별로 고른 색과 반점이나 줄무늬가 없고 먹음직스러워야 한다. 껍질이 너무 두껍거나 너무 약해서 쉽게 부스러져도 안되기 때문에 적정하게 얇으면서도 부드러운 특성이 있어야 한다.

2) 내부 특성(Internal character)

(1) 기공

기공은 글루텐 망이 주위의 전분 등 물질과 연합해서 형성한 구조이다. 세포구조는 케이크의 형태와 종류에 따라 상당히 다르지만 얇은 세포벽을 가진 균일한 크기가 바람직하다. 거칠고 두꺼운 세포벽, 불균형한 크기의 세포, 커다란 공기구멍 등은 기공을 나쁘게 한다.

(2) 속 색

케이크 속 색이 어떤 색상이 되어야 한다는 규정은 없으나 광택을 지니고 밝은 빛을 지녀야 한다는 데 의견을 같이하고 있다. 속을 자른 단면에는 줄무늬나 어두운 자국들이 없어야 하고 균일한 색의 농도를 가져야 한다.

(3) 방향

여기서 말하는 방향은 후각기관에 의해 인지되는 향 및 냄새를 포함하는 뜻으로 사용된다. 방향은 달콤함, 신선함, 강렬함, 평범함, 곰팡이내 등으로 구분된다. 이상적인 형태는 유쾌하고 신선하고 달콤하며 천연적인 느낌이 풍부한 향이다.

(4) 맛

양질의 케이크를 결정하는 가장 중요한 사항은 맛으로 씹는 촉감이 거칠거나 끈적거리지 않고 제품 고유의 맛이 조화를 이루어야 한다. 맛이란 기공과 조직에 의한 입안에서의 촉감, 향 등이 복합적으로 작용하는 것으로 이해되고 있다.

(5) 조직

조직은 촉감으로 측정되는데 케이크 속의 물리적 상태에 의해 좌우되며 기공의 영향을 받는다. 조직은 케이크 속의 유연성과 부드러움으로 표현되는데 이상적인 조직은 기공과 조직이 부드럽고 너무 조밀하지 않아야 한다.

문1) 다음 중 스펀지케이크 제조 시 아몬드 분말을 사용할 경우의 장점은?
㉠ 노화가 지연되며 맛이 좋다. ㉡ 식감이 단단하다.
㉢ 원가가 절감된다. ㉣ 반죽이 안정적이다.

☞ 풀이 : 노화가 지연되며 맛이 좋다.

문2) 레몬 즙이나 식초를 첨가한 반죽을 구웠을 때 나타나는 현상은?
㉠ 조직이 치밀하다. ㉡ 껍질색이 진하다.
㉢ 향이 짙어진다. ㉣ 부피가 증가한다.

☞ 풀이 : 산성에 가까우면
- 기공이 치밀하다. - 제품의 색상이 밝아진다.
- 약한 향과 톡 쏘는 신맛이 난다. - 제품의 부피가 작아진다.

제7절 재료의 기능

1. 밀가루

수많은 음식에 쓰이는 재료인 밀가루는 밀을 가루로 만든 것으로, 밀알의 구조는 밀 껍질(14~15%), 배아(2~3%, 싹이 트는 부분), 내배유(83% 정도, 밀가루가 되는 부분)로 되어 있다.

밀가루는 쌀, 보리, 호밀 등과는 달리 탄력성과 점성을 가지는 글루텐이라는 단백질을 형성하여 공기를 포집할 수 있는 것이 가장 큰 특징으로 과자와 빵을 만드는 데 가장 중요한 재료이다.

국내에 수입되는 밀은 대부분 미국에서 도입되고 그 밖에 캐나다, 호주 등의 밀의 도입량이 증가하는 추세이다.

1) 밀의 특성

밀은 파종 시기에 따라 겨울밀과 봄밀, 껍질의 색에 따라 흰 밀과 붉은 밀, 단단한 정도에 따라 연질밀과 경질밀로 구분된다. 겨울 밀보다는 봄밀, 연질밀보다는 경질밀, 흰 밀보다는 붉은 밀이 단백질 함량이 높다. 밀알은 과피와 종실로 되어 있는데, 종실은 배유(씨젖), 배아(씨눈)로 되어 있다.

2) 밀가루의 분류

밀가루에 함유되어 있는 단백질의 함량과 질에 따라 강력 · 중력 · 박력 밀가루의 3종류로 분류된다. 또 단백질과 회분 함량에 따라 1~3등급으로 분류되고 있다.

기준	강력 밀가루	중력 밀가루	박력 밀가루
원료밀 종류	경질 초자밀 (거침)	연질 중자밀 또는 경질밀과 연질밀의 혼합	연질 분상밀
단백질 함량	11~14%	9~11%	7~9%
점성과 탄력성	강함	중간	약함
수분 흡수율	높다	중간	낮다
용도	제빵용	우동, 면류 등 다목적용	제과 및 튀김용

3) 밀가루의 성분

밀가루는 단백질, 탄수화물, 지방, 무기질 및 비타민, 효소, 색소 물질 등으로 구성되어 있다. 밀가루에는 약 14%의 수분이 함유되어 있으며, 밀가루의 종류에 따라 성분 함량이 다르다.

(1) 단백질

밀에는 수용성인 알부민과 염용성인 글로불린, 알코올 용해성인 글리아딘과 알칼리 용해성인 글루테닌이라는 단백질이 소량 들어 있다.

글루테닌은 긴 막대 모양이고, 글리아딘은 둥근 모양으로 밀가루에 물을 넣고 반죽하면 글루테닌과 글리아딘이 물과 결합하여 입체적 망상구조의 글루텐이 형성된다.

수화된 글루테닌은 탄력성이 커지고 글리아딘은 신장성과 점성이 좋아져 글루텐에 점성과 탄성을 더해 준다. 밀가루의 글루텐이 형성되는 정도는 밀가루의 종류와 반죽의 정도에 따라 다르다.

(2) 탄수화물

밀가루의 탄수화물은 전분, 덱스트린, 섬유소, 펜토산 등으로 구성되어 있다. 밀가루의 약

70% 이상을 차지하고 있는 전분은 가열하는 동안에 반죽 중의 수분을 흡수하여 호화되고, 글루텐이 팽창함에 따라 어느 정도 함께 늘어나 세포벽을 유지하여 글루텐에 경직성을 준다. 섬유소는 그 양이 적기 때문에 별 영향을 주지 않는다. 펜토산은 밀가루 전체 중량의 2% 미만이지만 그중 수용성이 20~25%를 차지하고 있어 밀가루 반죽의 물리적 성질에 큰 영향을 준다. 이것은 밀가루의 흡수율을 증가시키고 빵의 수분 보유력을 높여 노화를 지연시켜 준다.

✵ 흡수율에 관여하는 성분은 전분, 단백질, 펜토산, 손상전분 함량 등으로 단백질의 함량이 높을수록 흡수율은 증가한다.

(3) 지방

밀가루는 약 1.5~2%의 지방을 함유하고 있다. 밀가루에 존재하는 지방 중 특히 극성기를 가진 인지질은 반죽 제조에 영향을 준다. 밀가루에서 인지질을 제거한 후 빵 반죽을 하면 반죽이 단단하고 발효하였을 때 잘 부풀지 않을 뿐만 아니라, 구운 다음에도 부피가 작고 단단한 빵이 된다.

(4) 효소

밀가루에는 효소가 극소량 존재하나 밀가루 반죽에 크게 영향을 준다. 전분을 덱스트린으로 분해하는 α-아밀라아제(액화효소)는 열에 매우 강하여(70~75℃) 굽기 과정의 초기에 일어나는 전분의 호화 현상에도 많은 작용을 한다. 덱스트린을 맥아당으로 분해하는 β-아밀라아제(당화효소)는 열에 매우 약하여 주로 1차 발효기간 동안에 활동을 한다. 이 밖에 단백질을 분해하는 프로테아제와 대표적인 지방분해 효소인 리파아제는 지방에 작용하여 지방산과 글리세린으로 분해한다. 단백질을 분해하는 프로테아제는 강력밀가루를 약화시키기 위해서 사용되기도 하며, 지방을 분해하는 라파아제는 부드러운 케이크를 만들기 위해서 이용되기도 한다.

| 밀가루 효소의 종류 |

효 소	작용 물질	분해 생성물
α-아밀라아제	전분	덱스트린
β-아밀라아제	손상된 녹말, 용해성 덱스트린	맥아당
프로테아제	단백질	폴리펩티드, 아미노산
라파아제	지방	지방산과 글리세롤

(5) 무기질 및 비타민

밀가루의 주된 무기질은 인, 칼륨이고 소량의 마그네슘과 칼슘, 미량의 철분, 알루미늄, 황 등이 들어 있다. 비타민은 비타민 복합체와 토코페롤(Vt. E)이 있는데, 거의 밀 외피와 배아에 함유되어 있어 제분 때 대부분 제거된다. 따라서 본래 밀이 가지고 있는 만큼의 티아민, 리보플라빈, 니아신, 철 등을 보강하여 영양 강화 밀가루를 만들기도 한다.

(6) 색소

밀의 배유 부분에 카로티노이드 색소가 존재하기는 하지만 주로 크산토필로서 어두운 노란색을 띤다. 껍질 부분의 색소는 플라보노이드이다. 밀가루의 색은 회분함량이 많으면 색상이 어둡고, 입자의 크기가 작을수록, 껍질이 적게 포함될수록 색이 밝다.

4) 밀가루의 기능

과자와 빵에서 밀가루의 주요 기능은 제품의 구조를 형성하고 다른 재료들을 결합시키는 것이다. 제과용 밀가루는 박력분을 사용하는데 이것은 연질소맥을 제분한 것으로 단백질함량이 7~9%, 회분함량 0.4% 이하인 고급분이 사용된다. 밀가루 종류에 따라 제품의 부피, 껍질과 속의 색, 맛 등에 영향을 준다.

제품에 따라 다르지만, 빵을 만들 때에는 글루텐을 충분히 발전시켜야 좋은 제품을 만들 수 있다. 반면에, 과자를 만들 때에는 글루텐의 발전을 억제시켜야 부드러운 제품을 만들 수 있다. 밀가루의 성분 중에서 전분은 수분을 흡수하여 호화되어 제품의 구조를 형성하는 중요한 역할을 한다.

5) 밀의 제분

밀의 제분은 밀에서 배유, 배아, 겨 등을 분리한 후 배유를 미세한 가루로 만들어 가공, 채취하는 것이다. 주요 제분공정은 크게 정선과 조질, 제분과정으로 나눌 수 있다.

(1) 정선

밀에서 이물질 등을 분리시키는 공정으로 중력, 비중, 바람, 모양, 크기 등에 의한 차이로 밀과 그 밖의 물질을 분리시킨다.

(2) 조질(가수)

원료 밀에는 수분함량이 10% 전후로 건조한 상태이다. 건조한 밀을 제분하면 껍질부위가 부서져 밀가루에 혼입되면 회분함량을 높이는 원인이 된다. 이 결점을 보완하기 위해 건조한 밀에 물을 흡수시켜 제분에 적합한 상태로 바꾸기 위한 과정이다.

① 밀 껍질을 질기게 만들어 겨와 내배유를 쉽게 분리하기 위하여
② 적정수준의 손상전분(4.5~8%)을 생성하므로 흡수율이 높다.
③ 수분함량이 10%인 원료 밀의 수분을 14~16%로 높인다.

* 손상전분 : 제분공정 중 밀알이 분쇄될 때 전립분이 충격을 받아 전분입자가 손상을 받는 것으로 손상전분은 2배 물을 흡수하며 연질밀보다 경질밀에 손상전분 함량이 많다.

(3) 제분

밀가루를 생산하는 과정으로 밀알을 롤러로 갈아서 체로 치는 것으로 밀을 분쇄시키는 분쇄기와 체별기를 여러 번 반복하여 체별기를 통과한 것이 최종적인 밀가루이다.

전립 밀가루는 밀 전체를 밀가루로 만든 것으로 수율 100%(왕겨만 제서)가 되며 일반적으로 밀가루의 제분 수율은 약 72%이다.

① 제분율이 낮은 밀가루일수록 껍질부위가 적고 상대적으로 내배유비율이 높아져 입자가 곱고 희며 회분함량은 감소한다.
② 제분율이 높을수록 회분함량이 많아지고 입자가 거칠고 색상이 어둡고 품질이 낮으며 효소량도 많게 된다.

* 밀가루의 숙성과 표백

① 숙성 : 숙성과정은 일종의 산화과정으로 공기 중의 산소에 의해 카로티노이드계 색소가 천천히 산화되도록 하는 방법인데 보통 2주~2개월 정도 걸린다.
② 표백 : 제분 직후의 밀가루는 밀가루에 함유되어 있는 지용성 카로티노이드에 속하는 황색 색소 때문에 노란색을 띤 크림색을 나타낸다. 이 색소는 공기 중에 산소와 접촉하면 산화되어 탈색되는데 이와 같은 현상을 표백이라 한다.

* 포장된 밀가루의 숙성조건 : 24~27℃, 3~4주 정도, 통풍이 잘되는 저장실에서 한다.

✱ 밀가루 숙성제(소맥분 개량제)

① 숙성과 표백제 : 이산화염소, 과산화염소, 산소
② 숙성제(표백은 안됨) : Vitamin C, 브롬산칼슘, 아조디카본 마아이드
③ 표백제(숙성은 안됨) : 산화효소인 리폭시다아제, 과산화벤조일
④ 숙성 시의 변화 : SH결합이 → SS결합이 되어야 반죽의 탄력성, 내구력이 높다. 즉 2차 가공성을 높여준다.
⑤ 영양 강화 : 비타민, 무기질(특히 Vit-B_1)을 첨가하여 밀가루에 부족한 영양소를 보강해 주는 물질
⑥ 미숙성 밀가루 : 발한현상

6) 밀가루의 영양

(1) 단백질 : 글루텐 형성

① 내배유에 함유되어 있는 단백질은 전체 단백질의 75% 정도를 차지하며 알코올에 용해되는 글리아딘(Gliadine, 39%)과 산·알칼리 용해성인 글루테닌(Glutenin, 46%)이 있다.
② 배아부위에는 수용성인 알부민과 염수용성인 글로불린이 많으며 핵단백질과 같은 형태의 생물학적 활성 단백질을 함유하고 있다.
③ 껍질 부위에는 전단백질의 15~20%가 글로불린, 알부민, 글리아딘과 같은 단백질의 형태로 들어 있다.

(2) 지방

① 밀 중에 2~4% 함유
② 제분조건에 따라 지방질 함량이 크게 다르며 저장 중에 변질의 원인이 된다.

(3) 회분(무기질)

가장 많이 함유된 무기질은 인(50%) → 오산화인으로 존재(P_2O_5)

① 밀가루 중의 회분함량은 0.3~2%로 배아와 껍질에 많이 존재
② 회분함량은 밀가루 등급과 제빵성의 지표로 이용
③ 제분율과 정비례하고 경질소맥이 연질소맥보다 회분함량이 높다.

④ 회분함량이 많을수록 밀가루는 어두운 색을 띠며 가스 보유력 저하
⑤ 회분함량 0.4 이하는 고급밀가루, 0.5~0.7% 보통밀가루, 1.0 이상이면 저급밀가루

(4) 탄수화물(전분)

① 밀가루의 탄수화물은 소당류와 전분으로 구성되어 있으며 전분함량(70~75%)은 단백질 함량이 많을수록 높고 연질밀이 경질밀보다 전분함량이 높다.
② 전분의 구성성분 : 아밀로오스(25%), 아밀로펙틴(75%)
③ 제빵에 있어서 전분의 역할
㉠ 글루텐과 결합하여 적당한 굳기 유지 및 반죽 유연성을 준다.
㉡ 아밀라아제 작용으로 분해되어 발효에 필요한 이스트에 영양원 공급
㉢ 제빵 중 호화에 의해 가스 세포막 확장
㉣ 호화됨에 따라 글루텐으로부터 물을 흡수하여 글루텐 막에 견고성 제공
✽ 펜토산 : 흡수율이 15배로 가장 높다.

7) 제빵적성

(1) 밀가루의 글루텐(단백질) 함량에 따라 구분

강력분, 중력분, 박력분

(2) 초자율에 따른 분류

초자질밀, 반초자질밀, 분상질밀

✽ 초자율 : 밀알을 가로로 잘랐을 때 단면의 투명 정도에 따라 계산
✽ 초자율이 70% 이상–강력분, 50% 정도–중력분, 30% 이하–박력분(초자율은 밀의 단단함과도 관계가 있다.)

(3) 밀가루에 있는 효소

α, β-amylase, Protease, 리파아제, 포스파타아제, 옥시다아제 등

✽ 일반적으로 효소가 많이 함유된 밀가루는 가공적성을 떨어뜨린다.
✽ 산화제를 첨가하면 효소의 활성도가 떨어진다.

(4) 밀가루의 색

밀가루의 색은 완제품에 영향을 미치므로 밝은색을 얻기 위해서는 밀의 선택을 잘해야 한다.

① 입자가 작을수록 밝은색, 껍질이 많을수록 어두운 색
② 입자크기, 껍질색소는 표백제 영향과 무관하다.
③ 내배유에 존재하는 황색 카로틴 색소물질은 표백제에 의해 탈색된다.

8) 반죽의 물리적 실험방법

(1) 파리노그래프(Farinograph)

밀가루 글루텐의 점탄성을 측정하는 데 널리 사용하는 기구로 보통 300g의 밀가루를 30℃로 보온한 믹서에 반죽의 경도가 500B.U에 도달하도록 물을 가하면서 측정하는 방법으로 흡수율, 믹싱내구성, 믹싱시간을 측정한다.

✱ 밀가루 글루텐의 질을 측정

(2) 아밀로그래프(Amylograph)

제빵에 큰 역할을 하는 α-아밀라아제 효소 활성을 측정하는 기구로 일반적으로 경질밀가루의 최고 점도가 연질 밀가루보다 낮다.

✱ 전분의 점도, 효소 활성을 측정

(3) 익소텐소그래프(Extensograph)

제빵 적성을 측정하는 기구로 반죽의 신장도, 인장항력을 측정 기록하는 것으로 2차 발효에 의한 반죽의 성질을 판단하며 개량제 및 산화제의 효과를 측정한다.

✱ 반죽의 신장성을 측정, 산화제와 발효시간의 관계를 이해하는 데 도움

9) 밀가루반죽의 물성에 영향을 주는 원재료

① 탄성을 강하게 하는 요인 : 소금, 비타민 C, 칼슘염, 마그네슘염(경수) 등이 있다.
② 글루텐이 연화작용을 하는 요인 : 레몬즙, 식초, 알코올류, 액상유 등이 있다.
③ 글루텐 탄성을 약하게 하는 요인 : 버터, 마가린, 쇼트닝(가소성유지) 등이 있다.

2. 기타 가루

1) 호밀가루

호밀가루는 빵을 만드는 곡류로는 밀가루 다음으로 많이 사용되고 있으며 주로 독일, 러시아, 북유럽 등지에서 생산되고 있다.

영양학적인 측면에서 밀가루와 큰 차이는 없으나 글루텐 형성 단백질양이 적고 글루텐 형성을 방해하는 펜토산 함량이 많다. 따라서 호밀가루를 사용한 반죽은 수분흡수율이 높고 끈적끈적하고 비탄력적인 반죽이 되며 수분흡수율이 높아 반죽 수율이 높은 것이 특징이다.

호밀은 전분분해효소의 함량이 많아 전분분해효소의 활성을 낮출 필요가 있는데 이를 위해 이스트와 사워발효반죽을 30~40% 혼합하여 사용한다.

사워(Sour)발효반죽의 정의

밀가루와 물을 혼합하여 장시간 발효시킨 혼합물로 사워반죽은 발효하는 동안 젖산균에 의해 유기산이 생성되고 이로 인해 pH가 낮아져서 전분분해효소의 활성 저하로 글루텐 형성 방해를 완화시킨다.

2) 대두분

필수아미노산인 리신 함량이 높아 밀가루 영양보강제로 사용할 수 있으며 빵, 과자 제품에 탈지 대두분을 주로 사용하고 있다.

대두분 사용은 제빵성을 저하시키는 문제가 있어 첨가량에 따라 흡수율, 발효 등 제빵공정의 조정이 필요하며 부피 감소를 보충하기 위해 산화제 같은 첨가물의 첨가도 고려해야 한다.

3) 감자가루

품질개선 → 수분보유 → 저장성 개선
이스트의 영양물질 → 발효촉진

4) 전분(Starch)

제과에서 사용하는 전분은 주로 옥수수전분(corn starch)으로 크림, 디저트소스, 파이의 내용물을 결합시키기 위해 사용하는 경우가 많다.

5) 땅콩가루

단백질, 필수아미노산이 많다.

6) 맥아

① 보리를 발효시켜 제분한 맥아분

② 사용이유 : 가스 생산 증가, 껍질색 개선, 수분함유 증가 → 노화억제
부가적 : 맛, 향 개선, 소화용이

③ 단맛이 없다.

④ 사용결과 : 된 반죽일 때, 강한 밀가루, 다량의 분유, 경수나 알칼리성 물
⇒ 이스트의 활성 촉진시켜 발효 잘 됨 → 완제품 개선

문*1*) 밀가루 중 가장 입자가 고운 것은?

㉠ 40메시　㉡ 60메시　㉢ 100메시　㉣ 200메시

☞ 풀이 : 200매시

문*2*) 밀가루 25g에서 젖은 글루텐 6g을 얻었다면 이 밀가루는 다음 어디에 속하는가?

㉠ 박력분　㉡ 중력분　㉢ 강력분　㉣ 제빵용 밀가루

☞ 풀이 : 건조글루텐 = 젖은 글루텐 / 밀가루 × 100

문*3*) 고율배합 제과용 밀가루의 가장 적당한 pH는?

㉠ 4.5　㉡ 5.2　㉢ 6.5　㉣ 7.2

☞ 풀이 : 7.2

문4) 밀가루의 수분함량이 1% 감소할 때마다 흡수율은 얼마나 증가되는가?

㉠ 0.3~0.5% ㉡ 0.75~1% ㉢ 1.3~1.6% ㉣ 2.5~2.8%

☞ 풀이 : 1.3~1.6%

문5) 아밀로그래프는 무엇을 측정하기 위한 것인가?

㉠ 전분의 질 측정 ㉡ 신장성 ㉢ 흡수율 ㉣ 제과적성

☞ 풀이 : - 파리노그래프 = 밀가루 글루텐의 질을 측정
- 아밀로그래프 = 전분의 점도, 효소 활성을 측정

문6) 밀가루 반죽을 끊어질 때까지 늘려서 끊음으로써 그때의 힘과 반죽의 신장성을 알아보는 기계는?

㉠ 아밀로그래프 ㉡ 파리노그래프 ㉢ 익스텐소그래프 ㉣ 믹소그래프

☞ 풀이 : 익스텐소그래프

3. 감미료

감미제는 빵, 과자 제품을 만드는 중요한 재료로서 제품에 단맛을 내고 이스트의 발효원이 되며, 향의 생성에 관여하고, 밀가루 단백질을 연화하여 제품을 부드럽게 해준다. 또 수분보유력이 있어 제품을 부드럽게 하고 빵의 노화를 지연시켜 저장성을 높여준다. 빵껍질 부분의 색이 진한 것은 캐러멜화 반응과 메일라드 반응을 이용한 것이다.

감미료에는 천연 감미료와 가공 감미료가 있다. 천연 감미료에는 설탕, 당밀, 벌꿀 등이 있고, 가공 감미료에는 물엿, 엿, 포도당, 과당, 올리고당 등이 있다.

1) 설탕

설탕은 사탕수수나 사탕무로 만든다. 설탕을 만들 때에는 사탕수수나 사탕무의 즙을 여과하여 불순물을 제거한 후, 설탕의 결정이 생길 때까지 수분을 증발시킨다. 결정이 생긴 즙을 원심 분리하여 가라앉은 설탕 결정(원당)과 액즙(당밀)을 분리한다. 입상형 당은 설탕이 알갱이 형태로 이루어진 것으로, 입자가 미세한 것에서부터 상당히 큰 것까지 다양하다. 분당은 거친 설탕 입자를 갈아 고운체로 걸러낸 제품이다.

제과에 사용되는 감미제 중 가장 많은 것은 역시 자당(Sucrose)으로 설탕을 대표하는 이름이 되었다. 그다음으로 포도당, 물엿이 많으며 맥아당, 유당, 과당, 등은 단독 제품이라기보다 다른 재료와의 혼합형태로 사용된다.

전화당 시럽, 이성화당 시럽, 칼로리가 낮은 올리고(oligo)당도 상품으로 개발되어 판매된다.

참고로 시럽, 크림, 아이싱 등에 사용하는 설탕시럽을 소개하면 다음과 같다.

중량 (%)	보메(° Be)	물 1,000ml당 첨가설탕(g)	물 1,000ml당 첨가시럽(ml)	중량 (%)	보메(° Be)	물 1,000ml당 첨가설탕(g)	물 1,000ml당 첨가시럽(ml)
0	0.0	0	1,000		10.0	219.5	1135.5
1	0.6	10.11	1006		11.1	250.0	1154.2
2	1.1	20.39	1012.3		19.8	562.5	1349.3
3	1.7	30.94	1018.7		20.4	587.3	1364.8
4	2.2	41.67	1025.3		20.9	612.9	1380.9
5	2.8	52.61	1031.9		22.0	666.7	1413.6
6	3.4	63.83	1039.9		29.9	1222.2	1763.7
7	3.9	75.28	1046.0		30.4	1272.7	1796.6
8	4.5	86.94	1053.2		30.9	1325.6	1829.7
9	5.0	98.89	1060.7		32.0	1439.0	1901.0
10	5.6	111.10	1068.4		32.5	1500.0	1939.5

2) 포도당

포도당은 무수 포도당과 함수 포도당으로 두 가지 형태가 있는데, 제과용으로는 함수 포도당이 사용된다.

포도당은 설탕보다 낮은 온도에서 캐러멜화가 일어나기 때문에 굽기 과정 중에 껍질색을 진하게 한다. 또 설탕류가 녹을 때 흡수하는 열인 용액의 잠열이 커서 입안에서 녹을 때 청량감을 주기 때문에 도넛 코팅용으로 사용된다.

3) 과당

과당은 과일이나 꿀에 함유되어 있는 당으로, 설탕보다 감미가 강하다. 상업적으로는 녹말을 가수분해하여 생산한다.

4) 전화당(이성화당)

전화당은 설탕을 산이나 효소로 가수분해하여 얻어진 포도당과 과당의 동량 혼합물로 설탕보다 약 30% 정도 더 단맛을 가지고 있다.

전화당은 흡습성이 강해서 제품의 보존기간을 지속시킬 수 있으며, 제품 표면의 광택을 살릴 수 있기 때문에 아이싱 재료로도 사용된다.

5) 꿀

꿀은 농후한 감미와 풍미를 갖는 끈끈한 액체로 포도당과 과당으로 구성되어 있으며 수분함량이 17~18% 정도이기 때문에, 설탕의 대용품으로 사용할 경우 다른 액체재료에서 그만큼 수분을 감소시키면 된다.

벌꿀에 함유되어 있는 과당은 보수성이 높아 촉촉한 반죽을 원할 때 많이 사용된다.

6) 물엿

물엿은 곡류나 감자류에 들어 있는 녹말이 산 또는 효소로 가수분해되어 만들어진 반유동성 감미물질로 포도당(20% 함유)과 맥아당, 덱스트린 등이 들어 있어 감미를 주며 점성이 있는 끈끈한 액체이다. 물엿은 감미를 내는 목적 이외에 과자를 촉촉하게 만들고 싶을 때 그리고 당액(설탕시럽) 제조 시 당의 재결정을 막아주는 재료로 사용된다. 수분함량은 20%(고형분 함량 80%)이다.

7) 당밀

① 사탕수수에서 설탕을 생산한 후의 나머지 시럽상태의 물질로 설탕, 전화당, 무기질, 수분으로 구성되어 있다.
② 당밀을 발효시켜 만든 술 : 럼주
③ 당밀을 쿠키제조에 사용하면 수분을 흡수하여 바삭거리는 성질이 없어지므로 주의한다.

④ 당밀의 종류(등급)

	색상	당함량(%)	회분함량(%)
오픈케틀	적황색	70	1~2
1차 당밀	연한 황색	60~66	4~5
2차 당밀	적색	56~60	5~7
저급당밀	담갈색	52~55	9~12

✱ 저급 당밀일수록 설탕함량 감소, 회분함량 증가, 저급당밀은 식용하지 않고 가축사료, 이스트 생산 등 제품의 원료로 사용한다.

8) 올리고당

설탕 30%의 단맛, 1개의 포도당에 2~4개의 과당이 결합된 3~5당류로서 소당류라고도 한다.

(1) 감미제의 기능

① 제빵

㉠ 이스트의 영양원, 단맛을 낸다.

㉡ 알코올(향 부여), 이산화탄소 생성 : 발효가 진행되는 동안 이스트에 발효성 탄수화물을 공급한다. 설탕은 포도당과 과당을, 맥아당은 포도당 2분자를 만들어 치마아제가 알코올과 이산화탄소 가스를 생성하여 열팽창을 통한 부피감 형성

㉢ 밀가루 단백질과 환원당 사이의 갈변반응-캐러멜화 반응, 마이야르 반응을 통해 껍질색을 진하게 한다.

㉣ 보습효과로 노화를 지연시키고 보존기간 늘린다.

㉤ 단백질 연화작용으로 속결과 기공을 부드럽게 만든다.

② 제과

㉠ 제품에 단맛 제공

㉡ 갈변반응-캐러멜화 반응(당의 결과), 마이야르 반응(당+아미노산의 결과)

㉢ 보습효과(노화지연)

㉣ 단백질 연화작용으로 제품의 조직, 기공, 속을 부드럽게 한다.

✱ 설탕은 160℃에서 캐러멜화가 시작, 포도당과 과당은 이보다 낮은 온도에서 착색

㉤ 감미제의 특성에 따라 독특한 향을 낸다.

| 당류의 상대 감미도 |

종류	감미도	종류	감미도
사카린	300~500	소르비톨	0.85~0.95
스테비오시드	300	당밀	0.60~0.9
아스파탐	100~220	포도당	0.75~0.8
과당	1.75	물엿	0.7
전화당	1.2~1.3	맥아당	0.4
이성질화당	1.0~1.1	갈락토오스	0.32
설탕	1	젖당	0.16
벌꿀	0.95~1.05		

문1) 전화당에 대한 설명으로 틀린 것은?

㉠ 포도당과 과당이 50%씩 함유되어 있다.
㉡ 설탕을 분해해서 만든다.
㉢ 포도당과 과당이 혼합된 이당류이다.
㉣ 수분이 함유된 것이 전화당 시럽이다.

☞ 풀이 : 전화당은 설탕을 산이나 효소로 가수분해하여 얻이진 포도당과 과낭의 농량 혼합물로 설탕보다 약 30% 정도 더 단맛을 가지고 있다.

문2) 용매 100g에 설탕 25g을 넣었을 때의 당도는?

㉠ 15% ㉡ 20% ㉢ 25% ㉣ 30%

☞ 풀이 : 당도는 용액 100ml 속에 설탕이 얼마만큼 녹아들어 있느냐를 백분율(%)로 나타낸 것
용질(설탕) ÷ (용매(물) + 용질) × 100 = 25 ÷ (100 + 25) × 100 = 25%

4. 유지

유지는 글리세롤과 지방산이 에르테르 결합한 것으로 물보다 비중이 가볍다. 실내 온도에서 액체인 것을 기름(Oil), 고체인 것을 지방(Fat)이라 한다.

에너지원으로 1g당 9kcal의 열량을 낸다.

1) 유지의 종류 및 특성

제과 · 제빵에 주로 사용되는 유지류에는 버터, 마가린, 쇼트닝, 식용유 등이 있다.

(1) 쇼트닝(Shortening)

쇼트닝은 식용 유지를 그대로 또는 첨가물을 넣어 급랭, 연화시켜 만든 고체상 또는 유동상의 것으로, 가소성, 유화성 등의 가공성을 준 것을 말한다. 100% 지방이며 무색, 무미, 무취하여 다른 재료의 제맛을 내는 데 영향이 없는 것이 좋다. 쇼트닝은 제품의 부드러움을 주는 윤활작용을 한다.

유화쇼트닝(Emulsified Shortening)은 모노-디 글리세라이드(유화제)를 6-8% 첨가시킨 것으로 유지를 사용하면서도 많은 물을 사용할 수 있게 한다.

① 식빵 껍질을 부드럽게 한다.
② 과자의 부드러움(바삭함)에 사용
③ 100% 지방으로 튀김용으로 사용 가능

(2) 버터

버터는 원유를 원심 분리하여 얻은 유지방을 중화한 다음 살균 · 숙성 · 교반 · 세척 · 연압 등의 과정을 거쳐 만든 것으로 유지방이 80% 이상이고 상온에서 고형화된 것이다. 버터는 독특한 풍미를 가지고 있고 쇼트닝에 비하여 녹는점이 낮기 때문에 5℃ 전후에서 보관해야 한다. 버터는 젖산균으로 발효시킨 발효버터, 젖산균을 넣지 않고 숙성시킨 스위트버터, 소금이 들어 있는 가염버터와, 소금이 들어 있지 않은 무염버터가 있다.

① 수분함량 18% 정도
② 유지방함량 80% 이상, 동물성 유지

(3) 마가린(Margarine)

마가린은 버터의 대용품으로 개발되어 제품이 다양하다. 버터와 비교했을 때 가소성이 좋고 가격이 낮으면서 80%의 지방을 함유하고 있을 뿐 아니라, 버터와 흡사한 맛과 향기, 점성을 가지고 있다.

① 수분함량 18% 정도
② 지방함량 80% 정도, 정제한 동 · 식물성 유지

(4) 튀김 기름

튀김 기름은 식품을 튀길 때 사용하는 것으로 고체 쇼트닝이나 액체유 등이 있다. 튀김 기름은 높은 온도에서 튀기기 때문에 발연점이 높은 것을 사용해야 한다. 튀김 중에 가수 분해와 산패가 일어나기 때문에 사용할 때 주의해야 한다.

(5) 유화 쇼트닝

유화 쇼트닝은 모노글리세리드, 디글리세리드, 레시틴, 프로필렌 지방산 에스테르, 소르비톨 지방산 에스테르 등의 유화제를 5~6% 정도 첨가한 것으로 튀김용으로는 부적합하다.

유화제를 첨가하는 목적은 빵과 케이크의 노화 지연, 크림성의 증가, 유화 분산성 및 흡수성의 증대를 통하여 보다 좋은 제과 · 제빵 적성을 가지게 하는 데 있다.

(6) 라드

돼지의 지방조직에서 추출한 돼지기름으로 가소성 범위가 넓고 쇼트닝가가 크다(부드러움, 바삭함).

✱ 튀김용으로 사용 가능

2) 계면활성제(유화제)

액체의 표면 장력을 수정시키는 물질로 빵과 과자의 부피와 조직을 개선시키고 노화를 지연시키는 물질이다.

(1) 유화제

유화상태를 오래 지속시킬 수 있는 기능을 갖는 물질로 일반적으로 유화제는 계면활성제이다.

물과 기름처럼 서로 잘 섞이지 않는 2종류의 액체는 혼합할 때 유화제를 더하면 분리되지 않고 장시간 유액상태를 유지할 수 있다. 유화제는 물과 기름의 경계면에 작용하고 있는 힘(표면장력)을 낮추어 물 속에 기름을 분산시키거나(수중유적형) 기름 속에 물을 분산시킨다(유중수적형). 그리고 분산된 입자가 다시 응집하지 않도록 안정시키는 작용을 한다. 현재 식품첨가물로 지정되어 있는 유화제로는 다음의 6가지가 있다.

글리세린 지방산 에스테르, 소르비탄지방산 에스테르, 자당지방산 에스테르, 프로필렌글리콜 지방산 에스테르, 대두인지질(대두레시틴), 폴리소르베이트 20이다.

유화제는 유화하려는 용액의 배합성분 중 친수성 물질과 친유성 물질의 비율에 따라 알맞은 것을 써야 제대로 유화효과를 얻을 수 있다.

또 유화제는 빵류에 사용하면 빵의 노화를 막고 초콜릿에 첨가하여 작업능률을 향상시킨다. 그리고 물에 잘 녹지 않는 물질, 즉 비타민 A, D, 파라옥시 벤조산부틸 등을 녹일 수도 있다.

(2) 레시틴

옥수수유, 대두유로부터 분리해 얻는 유화제로 빵 반죽에는 0.25%, 케이크 반죽에는 유지의 1~5%를 사용하면 산화방지, 균일한 기공, 부드러운 조직, 껍질색의 향상과 저장성이 길어진다.

(3) 모노 디글리세라이드

유지가 가수분해될 때 중간산물로 가장 많이 사용되고 있으며 유지의 6~8%, 밀가루 기준 0.375~0.5%를 빵에 사용하면 노화방지에 유효하다.

(4) 아실 락테이트

밀가루 기준 0.35%, 쇼트닝 기준 3%를 사용하는데 반죽내구성과 기계적성 개선, 부피증가, 2차 발효시간이 빨라지고 기공과 조직이 개선되고 흡수율이 증가된다.

(5) SSL

크림색 분말로 물과 뜨거운 기름에 잘 용해되고 이스트를 사용하는 식빵류와 과자, 빵류에 효과적이다.

☞ HLB(Hydrophile Lypophile Balance)란 친수성, 친유성의 균형을 숫자로 나타낸 것으로 HLB의 값이 클수록 친수성이 증대한다.

① 9 이하(친유성, 비극성기) : 기름에 용해

② 11 이상(친수성, 극성기) : 물에 용해

③ 대표적인 유화제 : 모노글리세리드, 디글리세리드, 레시틴(천연유화제), 세팔린, SSL

3) 유지의 기능

유지의 기능에는 쇼트닝성, 크림성, 가소성, 신장성, 안정성 등이 있다. 유지마다 기능성이 다르기 때문에 만들고자 하는 제품에 맞는 유지를 사용해야 한다.

(1) 쇼트닝성

쇼트닝성은 유지를 사용하는 각종 제품에 부드러움을 주는 성질이다. 반죽 중에 유지가 엷은 막을 형성하여 녹말과 단백질이 뭉쳐 단단하게 되는 것을 방지하고 제품에 윤활성을 주는 것이다.

✱ 구운 제품을 바삭바삭하고 부서지기 쉽게 하는 성질이 있다.

(2) 크림성

유지를 믹서 등으로 교반할 때 지방입자 사이사이에 공기가 미세한 기포가 되어 유지에 포함되는 성질이다. 반죽 때 포집된 공기는 굽기 과정에서 팽창하여 보통 베이킹파우더만을 사용할 때보다 더 좋은 결과를 얻게 된다.

✱ 크림성이 좋은 유지는 믹싱 중 250~350%의 공기를 혼입하여 적정한 부피와 조직을 만든다.

(3) 가소성

고체 유지의 가소성이란, 항복점까지 외부의 힘에 대하여 고체성질을 나타내며, 항복점을 초과하면 유동성을 가지는 성질을 말한다. 가소성을 나타내는 온도는 유지의 종류에 따라 각각 다른데, 버터의 가소성 온도는 13~18℃이다. 가소성이 좋은 유지로는 파이용 마가린 등이 있다.

✱ 유지의 온도에 대한 물리적인 변화를 말하며 고체지방 성분의 변화에도 단단한 외형을 갖추는 성질

(4) 신장성

파이나 페이스트리를 제조할 때 반죽 사이에서 밀어 펴지는 성질을 말한다.

(5) 산화 안정성

유지가 공기 중의 산소에 의해 산화되지 않아 풍미 등이 변하지 않는 성질로, 특히 비스킷, 쿠키, 파이 크러스트 등과 같이 저장성이 긴 제품의 품질을 좌우한다.

(6) 제과, 제빵에서 유지의 기능

① 제빵(가소성과 쇼트닝성)

㉠ 빵의 부피와 조직을 개선한다.
㉡ 팽창작용을 도와주는 윤활작용을 한다.
㉢ 슬라이싱을 쉽게 한다.
㉣ 식감을 향상시키고 빵의 보존성을 좋게 한다.

② 제과(가소성과 크리밍성)

㉠ 믹싱할 때 공기를 포집한다.
㉡ 연화 및 윤활작용을 한다.
㉢ 제품에 맛과 향, 부드러움, 보존성을 좋게 한다.

문*1*) 유지에 있어 어느 한도 내에서 파괴되지 않고 외부 힘에 따라 변형될 수 있는 성질은?
㉠ 가소성 ㉡ 연화성 ㉢ 발연성 ㉣ 연소성

☞ 풀이 : 가소성이란, 항복점까지 외부의 힘에 대하여 고체성질을 나타내며, 항복점을 초과하면 유동성을 가지는 성질을 말한다.

문*2*) 파이용 마가린에서 가장 중요한 기능은?
㉠ 유화성 ㉡ 가소성 ㉢ 안정성 ㉣ 쇼트닝성

☞ 풀이 : 가소성이 좋은 유지로는 파이용 마가린 등이 있다.

문*3*) 다음 중 가소성이 없는 제품은?
㉠ 버터 ㉡ 마가린 ㉢ 쇼트닝 ㉣ 올리브유

☞ 풀이 : 올리브유는 액체상태이므로 가소성이 없다.

문**4**) 유제품에 대한 설명으로 잘못된 것은?

㉠ 치즈는 우유를 원료로 만든다.
㉡ 생크림의 원료는 우유지방이다.
㉢ 우유는 껍질색에 영향을 준다.
㉣ 마가린의 원료는 우유지방이다.

☞ **풀이** : 버터의 원료는 우유지방이며 마가린은 버터의 대용품으로 인공적으로 합성한 유지제품이다.

문**5**) 다음 중 유제품에 대한 설명 중 맞는 것은?

㉠ 우유는 고형분 함량이 21% 정도 된다.
㉡ 생크림은 수분 함량이 50% 정도이다.
㉢ 버터는 수분 함량이 25% 정도이다.
㉣ 치즈는 주로 우유 단백질 함량에 따라 분류한다.

☞ **풀이** : 우유는 수분 함량이 88%, 버터는 수분 함량이 15% 정도이다, 치즈는 주로 수분 함량에 따라 연질치즈, 경질치즈로 분류한다.

5. 계란

계란은 껍데기 약 10%, 흰자 60%, 노른자 30%로 구성되어 있다. 계란 껍데기의 표면에는 무수한 기공이 있어 공기의 유통과 수분 증발 등의 조절이 이루어진다. 신선한 계란의 껍데기에는 큐티클(cuticle)층이 형성되어 있어 세균의 침입을 막아준다. 흰자는 점도가 높은 농후 흰자와 점도가 낮은 수양 흰자로 나누어진다. 흰자는 약 90%가 수분이고 나머지는 거의 단백질로 되어 있는데, 노른자는 약 50%가 수분이고 고형분은 지방과 단백질로 구성되어 있으며, 노른자막에 의해 보호된다.

| 계란의 부위별 구성성분 |

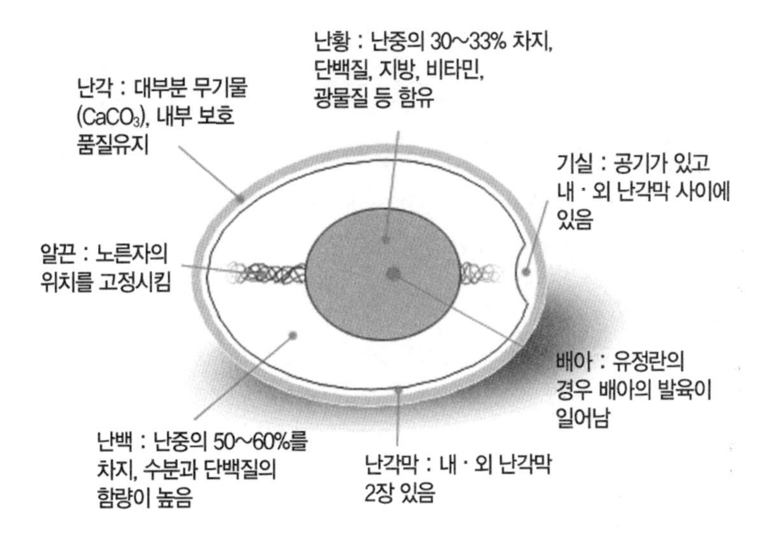

	수분	단백질	지방	탄수화물	철
전란	74.9	12.5	10.7	0.9	1.0
흰자	88.9	10.2	0.1	0	0.8
노른자	49.4	16.2	32.6	0	1.8

✸ 비타민 C와 섬유소를 제외한 모든 영양소를 함유하고 있다.

계란 제품에는 생계란, 분말계란, 냉동계란이 있지만 우리나라에서는 생계란이 주종을 이룬다. 계란은 기포성, 응고성이 있고 과자와 빵 반죽에 계란물을 칠해 구우면 당과 아미노산의 메일라드 반응으로 갈색을 만들며 풍미를 더해 준다.

1) 기포성

기포성은 계란을 휘저었을 때 거품이 일어나는 성질이다. 이 거품들은 흰자 단백질인 글로불린 막에 둘러싸이게 되며, 동시에 일부 단백질이 공기와 접촉하면서 변성되어 거품들을 안정화시킨다.

계란 흰자의 기포성이나 안정성은 흰자의 신선도와 소금, 설탕, 산 등 첨가물의 양에 영향을 받는다. 신선한 계란은 안정성이 높으나, 오래된 계란은 흰자가 엷어져서 흐름성은 좋지만 거품의 안정성은 떨어진다. 소금과 설탕의 함량은 일정한 농도까지는 거품의 안정성을 향상시키는 효과가 있으며, 산은 단백질의 응고를 도와주어 거품의 안정성에 기여한다.

2) 응고성

응고성은 가열했을 때 유동성이 줄어들고 단백질이 변성하여 굳는 성질이다. 계란 흰자는 60℃ 근처에서 노른자는 65℃ 근처에서 응고가 시작되며, 흰자는 65℃에서 노른자는 70℃에서 유동성을 잃고 응고하게 되는데, 가열 속도, 온도, 우유, 설탕 등의 첨가 재료에 따라 응고 상태가 다르다. 달걀 혼합물에 설탕을 넣으면 응고 온도를 높여주어야 하며, 소금과 산을 넣으면 응고 온도를 낮춰주어야 한다. 커스터드 푸딩, 커스터드 크림 등은 달걀의 응고성을 이용한 것이다.

3) 유화성

제과제빵의 재료에는 물에 녹는 수용성물질과 기름에 녹는 유용성물질이 있다. 이처럼 성질이 다른 물질에 노른자를 가하여 혼합하면 노른자의 강한 유화력에 의해 원료들이 균일하고 미세하게 분산되어 안정된 반죽을 만들 수 있다.

① 노른자의 레시틴(lecithin)은 소화 흡수율이 좋고 천연의 계면 활성제로 유화제로 사용된다.

② 마요네즈 제조에 사용된다.

✻ 성질이 다른 두 액체가 섞여 있는 에멀션(emulsion)의 대표적인 제품이 마요네즈이다.

③ 노른자의 결합제 기능(커스터드 크림의 주재료)

4) 팽창제 기능

물리적인 휘핑에 의해 공기를 포집하고 기포는 열에 의해 팽창한다. → 스펀지케이크

✻ 계란이 휘핑에 의해 기포가 잘 형성되는 온도 : 30℃

5) 냉동계란

① 급속 동결(-25℃) 후 냉동보관(-18~20℃)

② 취급은 용이하나 생란에 비해 공기포집이 떨어진다.

6) 분말계란

주로 분무건조법과 냉동건조법이 많이 사용된다.

① 흰자분말 : 흰자분말 1에 물 7을 첨가

② 난황분말 : 난황분말 1에 물 1.25를 첨가

③ 전란분말 : 전란분말 1에 물 3을 첨가

7) 신선한 계란 판정법

신선한 계란은 갓 낳은 계란의 특성을 가진 계란으로 껍질 표면에 광택이 없고 까칠까칠하고 30일을 초과하지 않고 깨트렸을 때 노른자가 뚜렷하고 흰자 농도가 진하다.

✱ 신선한 계란의 pH 9

① 외관법(검사) : 껍질이 까실까실하고 윤기가 없는 것

② 투시법(등불검사) : 밝은 불빛에 속이 맑으며 기실크기, 노른자 위치, 흰자의 유동성을 조사한다.

✱ 부패되고 있으면 빛을 통과하지 못해 검게 보인다.

③ 비중법 : 6~10%의 소금물에서 가라앉을 것

④ 진음법 : 귀 가까이에서 흔들어볼 때 소리가 나지 않는다.

8) 계란의 보관

계란은 씻지 않고 보관하는데 이는 난각을 덮고 있는 큐티클층이 계란을 보호하는 역할을 하며 세척 시 쉽게 제거되기 때문이다.

문*1*) 마요네즈 제조 시 유화제 역할을 하는 것은?

㉠ 노른자 ㉡ 식초산 ㉢ 식용유 ㉣ 소금

☞ **풀이** : 유화제 역할을 하는 레시틴은 노른자에 들어 있다.

문*2*) 계란에 대한 설명으로 맞지 않는 것은?

㉠ 신선한 계란은 약 8% 소금물에 가라앉는다.

㉡ 계란은 결합제, 팽창제 역할을 한다.

㉢ 계란 흰자에는 유화작용을 하는 레시틴 성분이 있다.
㉣ 계란은 영양가를 증진시킨다.

☞ **풀이** : 유화제 역할을 하는 레시틴은 노른자에 들어 있다.

6. 팽창제

팽창제란 과자나 빵의 반죽을 부풀려 부피를 크게 하기 위하여 첨가하는 것으로, 이스트, 베이킹파우더, 탄산수소나트륨 등이 있다. 팽창제는 가스를 발생시키는데, 그 가스가 반죽을 부풀게 하고 조직을 다공질상태로 만들어 부드러움을 더해 준다. 팽창은 반죽하는 동안 여러 과정을 통하여 발생되는 공기나, 반죽의 수분으로 인해 발생하는 증기에 의해서 일어나기도 한다.

1) 공기

공기는 반죽하는 여러 과정을 통하여 반죽에 포함된다. 밀가루를 체로 치는 과정에서, 유지를 크리밍하는 과정에서, 또 계란 흰자를 젓는 과정에서도 많은 공기가 포함되어 기포를 형성한다. 이렇게 반죽에 들어간 공기는 반죽을 굽거나 찌는 동안 열에 의해 팽창하여 부피를 증가시킨다.

2) 증기

반죽을 굽거나 찌기 위해 열을 가하면 반죽 안에 들어 있는 수분이 수증기가 되면서 팽창하여 제품을 부풀게 한다. 수분은 반죽 과정 중에 혼합되는 액체재료(물, 우유, 계란, 술 등)를 통해 공급된다. 팽창의 주요인이 증기가 되는 제품의 경우, 밀가루에 대한 물의 비율이 높다. 이러한 반죽을 구울 때에는 일시에 많은 양의 수분을 증기화시키기 위하여 처음 한동안은 오븐온도를 높게 하여 반죽을 충분히 부풀게 한 후에 오븐온도를 낮추어 굽는다.

3) 이스트(주로 제빵에 이용)

이스트란 진균류 중 효모형의 세포를 가지는 미생물군으로, 효모 또는 뜸팡이라 하며, 주로 출아법에 의하여 증식한다. 크기는 길이 5~8㎛, 폭 3~6㎛의 구형 또는 타원형으로, 현미경 300~600배 정도로 확대하면 관찰이 가능하다. 시중의 생이스트 1g 중에는 약 50~100억 개의 이스트 세포가 있다.

이스트는 공기, 토양, 해수, 과일 껍질, 밀가루 등 자연계에 널리 분포되어 있고, 현재 39속 349종으로 분류하고 있다. 학문적 분류와는 관계없이 이용 면에서 편의상 맥주 효모, 간장 효모, 빵 이스트 등으로 부르기도 한다. 자연계에서 분리된 그대로의 효모를 천연 효모라 하고, 이것을 용도에 맞게 배양한 효모를 배양 효모라 한다. 현재 우리가 사용하고 있는 빵 이스트인 사카로미세스 세레비시에(학명: Saccharomyces Cerevisiae)는 대표적인 배양 이스트이다.

이스트가 발효를 시작하면 크게 두 가지 작용이 일어난다. 첫 번째는 이스트가 당분을 영양분으로 하여 번식하는 단계이고, 두 번째는 밀가루에 있는 효소에 의해 녹말이 분해되어 당분으로 변화를 일으킨 후, 계속해서 이스트에 있는 효소에 의해 이스트의 활동을 지속시키는 단계이다. 즉 이스트가 당에 작용하여 발효하면서 이산화탄소를 발생시킨다.

4) 베이킹파우더

베이킹파우더는 탄산수소나트륨(중조)에 산과 녹말을 섞어서 제조한 것이다. 베이킹파우더는 12%의 유효 이산화탄소를 발생시켜야 한다. 즉 100g의 베이킹파우더에서 최소 12g의 이산화탄소를 발생시킬 만큼의 탄산수소나트륨을 함유하고 있어야 한다.

베이킹파우더는 함유되어 있는 산의 종류에 따라 단일 반응 베이킹파우더와 이중 반응 베이킹파우더가 있다.

① 구성 : ⓐ 탄산수소나트륨 → CO_2 발생시켜 기포를 만들어 팽창작용
ⓑ 산작용제(산염) → CO_2 발생속도를 조절한다.
ⓒ 전분 → 부형제로 중조와 산을 격리시켜 조기반응을 억제하고 취급과 계량을 용이하게 하고 흡수가 잘되게 한다.

② 규격 : 전체무게의 12% 이상의 CO_2를 발생시켜야 한다.

③ 중화가 : 인산염 100g으로 중화할 수 있는 중조의 g수,
중화가 = 중조의 g수 / 인산염의 g수 × 100

④ 산염 중 가스 발생속도 빠른 순서

주석산(속효성) → 산성인산칼슘 → 피로인산칼슘 → 피로인산소다 → 인산알루미늄소다 → 황산알루미늄소다(지효성)

(1) 단일 반응 베이킹파우더

단일 반응 베이킹파우더는 함유되어 있는 산이 냉수에 쉽게 용해되기 때문에 밀가루에 물을 넣자마자 이산화탄소를 방출한다. 단일 반응 베이킹파우더에는 주석산형 베이킹파우더와 인산형 베이킹파우더가 있다.

주석산과 주석영은 모두 물에 용해되는데, 주석산이 주석영보다 더 잘 용해된다. 그래서 이 베이킹파우더를 즉각 반응 또는 단일 반응 베이킹파우더라 한다.

인산형 베이킹파우더는 반죽하는 처음 1~2분 사이에 이산화탄소가 많이 발생하므로, 반죽을 오래 젓거나 주무르지 말아야 한다.

(2) 이중 반응 베이킹파우더

이중 반응 베이킹파우더는 반죽을 가열할 때까지는 소량의 이산화탄소만 발생시키고 가열을 시작했을 때 비로소 다량의 이산화탄소를 발생시킨다. 시판되고 있는 대부분의 베이킹파우더는 산성피로인산나트륨이다.

5) 탄산수소암모늄(NH_4HCO_3)

① 물 존재하에 단독 작용하여 가스를 발생시킨다.

② 쿠키의 퍼짐을 좋게 한다.

③ 생성기체 : CO_2(이산화탄소), H_2O(물), NH_3(암모니아가스)로 분해되어 잔류물이 없다.

6) 중조($2NaHCO_3$, 탄산수소나트륨)

2분자의 중조는 20℃ 이상으로 가열하면 1분자는 이산화탄소를 발생하여 부피를 팽창시키고 나머지 1분자는 탄산나트륨으로 반죽에 남아서 색소에 영향을 미쳐 가열할 때 반죽의 착색작용을 촉진시킨다.

① 중조는 진한 색깔을 내는 제품을 팽창시키는 데 사용한다.

② 코코아파우더나 초콜릿을 넣은 반죽에 중조를 사용하면 진한 색을 얻을 수 있다.

③ 사용과다 : 노란색, 소다 맛, 비누 맛

7) 주석산칼륨

① 중조와 작용하면 속효성 B.P의 성분
② 속 색이 밝아지고 캐러멜화 온도를 높여 색이 연하다.
③ 중화처리하므로 흰자를 강하게 하며 당액 제조 시 재결정을 방지한다.

8) 이스파타

염화암모늄에 중조혼합

① 장점 : 제품의 색을 희게 해준다.
② 단점 : 암모니아 냄새가 날 수 있다.
③ 찐빵, 찐만두에 주로 사용

문*1*) 베이킹파우더를 구성하는 중요한 재료가 아닌 것은?
㉠ 탄산수소나트륨 ㉡ 인산칼슘 ㉢ 밀가루 ㉣ 분유

☞ 풀이 : 베이킹파우더는 탄산수소나트륨(중조)에 산과 녹말을 섞어서 제조한 것이다.

7. 우유 및 유제품

우유는 과자나 빵을 만들 때 필수적인 재료는 아니지만 품질을 개선하는 효과가 있다. 유제품에는 분유, 버터, 치즈, 농축유 등이 있으며, 제빵 시에는 일반적으로 탈지분유를 사용한다.

1) 우유의 성분과 특성

우유의 주요 성분 구성은 수분 87.8%, 단백질 3.3%, 젖당 4.8%, 지방 3.5%, 회분 0.8%로 구성되어 있다. 우유의 비중(20℃일 때)은 평균 1.030(1.028~1.034)이며, 끓는점은 100.17℃이고, 어는점은 평균 -0.55℃(-0.53~-0.57)이다.

① 신선한 우유의 산도 : pH 6.6, 알칼리성 식품(Ca 함유에 의해)
② 우유에 없는 영양소 : Vitamin C(모유에는 함유)
✽ 우유에 바닐라 에센스를 사용하면 생취가 감소한다.

(1) 단백질 : 카제인

① 우유 단백질인 카제인은 우유의 3% 정도 함유(우유 단백질의 80%)
② 카제인을 산에 응고시켜 만든 대표적인 식품 : 요구르트, 요플레
③ 카제인을 레닌이란 효소에 응고시켜 만든 대표적인 식품 : 치즈
④ 카제인은 열에 강하다(응고되지 않는다).

(2) 유장분말

우유에서 유지방과 카제인을 분리하고 남은 제품(즉 치즈의 부산물)을 분말화한 것으로 유당이 주성분(73% 정도)이다. → 유산균식품인 유당(탄수화물) 이용

(3) 생크림

우유지방을 원심 분리하여 농축시킨 것(생크림의 유지방함량 : 18% 이상)

(4) 버터

생크림을 세게 휘저어 엉키게 한 뒤 굳힌 것으로 발효버터와 스위트버터 등이 있다.

(5) 탈지유

생크림을 만들고 남은 부산물

(6) 탈지분유

탈지유를 분무건조, 유당이 50% 정도
완충제(산중화) : 조직개선, 껍질색 개선, 흡수율 증가

① 탈지분유의 기능

㉠ 글루텐을 강화하여 반죽의 내구성이 증가한다.

㉡ 발효 내구성이 증가한다.

㉢ 완충작용(약알칼리성)이 있어 배합이 지나쳐도 잘 회복시킨다.

㉣ 밀가루 흡수율이 증가한다. (분유 1% 증가하면 물 1% 증가)

㉤ 빵의 부피가 증가한다.

㉥ 분유 속의 유당이 껍질색을 개선한다.

② 스펀지법에서 분유를 스펀지에 첨가하는 이유

㉠ 단백질 함량이 적거나 약한 밀가루를 사용할 때

㉡ 아밀라아제 활성이 과도할 때

㉢ 밀가루가 쉽게 지칠 때

㉣ 장시간에 걸쳐 스펀지발효를 하고 본 발효시간을 짧게 하고자 할 때

(7) 가당연유

우유를 3배 농축시켜 당류를 첨가(수분 30% 정도, 설탕 40% 이상)

(8) 유산균발효

유당을 유산균에 의해 발효시켜 유산을 생성시킨 것 ex) 요구르트

(9) 대용분유

유장에 탈지분유, 밀가루, 대두분을 혼합하여 탈지분유의 기능과 유사하게 한 제품

✸ 유당 불내증의 원인 : Lactase의 결핍

✸ 유당 불내증이 있는 사람에게 적합한 식품 : 요구르트

2) 우유와 유제품의 종류

(1) 시유의 종류

① 보통 우유

우유에 아무것도 넣지 않고 살균, 냉각한 뒤 포장한 것이다.

② 탈지우유

우유에서 지방을 제거한 것이다.

③ 가공 우유

우유에 칼슘이나 비타민 등을 강화한 것이다.

④ 응용 우유

우유에 과즙, 커피, 초콜릿 등을 혼합하여 맛을 낸 것이다.

(2) 유제품의 종류

① 연유

연유는 우유 속의 수분을 줄인 농축 우유로, 무가당 연유와 가당 연유가 있다. 가당 연유는 보통 40% 이상의 설탕을 첨가한 것이다.

② 생크림

우유의 지방 함량이 18% 이상이면 생크림이라 하는데, 유지방 함량이 10~30%이면 커피용과 조리용이며, 휘핑용은 35% 이상이 적당하다. 휘핑 후 크림용적의 부푼 정도(공기를 포함하고 있는 정도)는 오버 런으로 나타낸다.

③ 분유

우유를 건조시킨 것으로 수분 함량이 5% 이하이다.

㉠ 전지분유 : 원유를 수분 함량 2.4~4.5%로 건조시킨 것이다.

㉡ 탈지분유 : 탈지유를 수분 함량 2.7~3.6%로 건조시킨 것이다.

④ 발효유

우유나 탈지 우유에 젖산균을 이용하여 응고시킨 것으로, 독특한 향을 가진다. 요구르트가 대표적이다.

⑤ 유산균 음료

발효유에 물을 넣어 묽게 한 것이다.

⑥ 치즈

우유의 단백질을 응고, 숙성시킨 것으로 크게 자연 치즈와 가공 치즈로 나눌 수 있다. 가공 치즈는 자연 치즈에 인산염이나 스트로산염과 같은 용해염을 넣어 가열 후 성형한 것으로, 풍미는 자연 치즈에 비해 떨어지지만 보존성이 높고 품질이 균일하다. 자연 치즈에는 연질 치즈, 반경질 치즈, 경질 치즈가 있다.

⑦ 버터

크림(우유 지방 함량 33~38%)을 세게 휘저어 엉기에 한 뒤 이를 굳힌 것으로, 무염 버터, 유염 버터, 발효 버터 등이 있다.

(3) 우유의 기능

우유는 제품의 영양가를 높이고 향과 풍미를 개선한다. 또한 우유는 단백질과 젖당을 많이 함유하고 있어서 갈색화 반응을 촉진시켜 껍질색을 좋게 하며, 빵의 모양을 좋게 한다.

빵이나 과자에 우유를 첨가하는 이유

① 1차 목적 : 영양 강화와 단맛의 조정

② 2차적 목적 :

㉠ 마이야르 반응의 촉진 : 껍질색을 강하게 한다.

㉡ 발효향의 강화 : 이스트에 의해 생성된 향을 착향시킨다.

㉢ 식미기간의 연장 : 콜로이드 수용액에 의해 보수력이 있어 촉촉함이 지속된다.

문1) 우유의 단백질 중에서 열에 응고되기 쉬운 단백질은?

㉠ 카제인 ㉡ 락토알부민 ㉢ 리포프로테인 ㉣ 글리아딘

☞ 풀이 : 카제인은 유단백의 80%를 차지하며 열에 응고되지 않으나 산에 의해 응고된다. 락토알부민은 열에 의해 응고되나 산에 의해 응고되지 않는다.

문2) 시유의 비중은 얼마인가?

㉠ 0.830 ㉡ 0.930 ㉢ 1.030 ㉣ 1.130

☞ 풀이 : 우유의 비중(20℃일 때)은 평균 1.030(1.028~1.034)이며, 끓는점은 100.17℃이고, 어는점은 평균 -0.55℃(-0.53~-0.57)이다.

문3) 휘핑용 생크림에 대한 설명 중 틀린 것은?

㉠ 유지방 40% 이상의 진한 생크림을 쓰는 것이 좋음

㉡ 포성을 이용하여 제조함

㉢ 유지방이 기포 형성의 주체임

㉣ 거품의 품질 유지를 위해 높은 온도에서 보관함

☞ 풀이 : 거품의 품질을 유지하기 위해 생크림의 보관온도는 3~7℃가 좋다.

8. 물

물은 밀가루의 단백질인 글루테닌과 글리아딘이 결합하여 글루텐을 형성하게 한다. 또, 식염, 설탕, 분유 등을 용해시키는 용매로도 작용하며, 반죽 내의 효소를 활성화시키고, 굽기 과정 중 녹말의 호화 등에 중요한 역할을 하며, 제품의 식감을 좋게 해준다.

물은 함유된 유기물과 무기물의 양과 종류에 따라 경수와 연수, 산성물과 알칼리성 물로 나뉜다. 물의 경도는 물에 녹아 있는 칼슘염과 마그네슘염의 양을 탄산칼슘으로 환산한 값으로 백만분율로 표시한다. 물은 반죽의 되기에 영향을 준다. 연수는 글루텐을 강화시키는 무기질의 함량이 부족하므로 반죽이 끈적거리고 가스 보유력이 떨어지기 때문에, 이스트 푸드와 소금의 사용량을 늘리고 흡수율을 2% 정도 줄인다. 경수는 함유된 무기질들이 글루텐을 강화시켜 발효를 지연시키므로, 이스트의 사용량을 늘리거나 이스트 푸드의 양을 줄인다. 제빵에 가장 적합한 물은 중성의 아경수이다.

| 경도에 따른 물의 분류 |

구 분	영향	조치	경도(ppm)
연수	① 글루텐 연화 ② 반죽이 끈적거림	① 흡수율 감소(2% 정도) ② 이스트 푸드 증가, 소금 증가	60 미만
아연수			60 이상~120 미만
아경수	제빵에 가장 적합한 물		120 이상~180 미만
경수	① 된 반죽 ② 글루텐 강화로 발효 지연	① 흡수율 증가, 이스트 증가 ② 맥아 첨가, 식초 첨가 ③ 이스트 푸드 감소, 소금 감소	180 이상

1) 제과에서 물의 기능

① 수화작용 : 밀가루와 결합한다.

② 물은 제품의 상당부분을 차지하는 중요한 재료로 식감을 조절한다.

③ 굽기 과정 중 수증기압을 형성하여 팽창작용을 한다.

④ 반죽의 온도를 조절한다.

⑤ 재료의 분산작용을 한다.

⑥ 반죽의 되기를 조절한다.

문1) 다음에서 물 조절제는?

㉠ 황산암모늄 ㉡ 황산칼슘 ㉢ 브롬산칼슘 ㉣ 탄산수소나트륨

☞ 풀이 : 황산칼슘

문2) pH 9인 물 1ℓ와 pH 4인 물 1ℓ를 섞었을 때 이 물의 액성은?

㉠ 약산성 ㉡ 강알칼리성 ㉢ 중성 ㉣ 약알칼리성

☞ 풀이 : 약산성

9. 소금

소금은 다른 재료의 향미를 나게 하고 설탕의 단맛을 순화시켜 감미를 조절하는 역할을 한다. 소금이 주는 짠맛이 적정해야 제품의 맛과 향이 제대로 나게 된다. 소금은 단백질 분

해 효소의 작용을 방해하고 글루텐을 강화시켜 반죽을 단단하게 뭉치게 하여 수분의 흡수를 더디게 한다. 따라서 반죽에 필요한 시간이 길어지게 되므로 혼합 초기에는 소금을 첨가하지 않고 나중에 넣기도 한다. 빵 반죽에 소금을 밀가루의 1% 이상 사용할 때에는 삼투압작용에 의해 발효 시간이 오래 걸리게 된다. 과자와 빵 반죽에 함유된 소금은 캐러멜화 온도를 낮추어 껍질색의 발색을 빠르게 하므로 색을 짙게 한다.

제과에서는 일반적으로 밀가루 대비 2% 정도 사용하고 고율배합 제품이나 유제품 사용시, 힘이 약한 밀가루를 사용할 경우에는 식염량을 약간 증가시킨다.

10. 안정제(Stabilizer)

안정제는 물과 기름, 기포, 콜로이드의 분산과 같이 상태가 불안정한 화합물에 첨가하여 상태를 안정시키는 물질이다.

안정제는 아이싱의 끈적거림과 부서짐을 방지하고, 머랭의 수분 배출을 억제한다. 안정제는 크림 토핑의 거품 안정제, 젤리 제조, 무스케이크 제조, 파이 충전물의 농후화제로 녹말의 일부와 대체하여 사용하기도 하며, 흡수제로 노화지연효과도 가진다.

안정제에는 녹말, 찹쌀의 아밀로펙틴, 과일 중의 펙틴, 해조류 추출물인 알긴산과 한천, 동물성 단백질인 젤라틴, 우유의 카제인 등이 있다.

1) 젤라틴(Gelatin)

젤라틴은 동물의 가죽이나 연골조직의 콜라겐을 정제한 것으로, 판상, 입자상, 분말상의 제품이 있다.

젤라틴은 찬물에 약 30분 이상 불려 사용한다. 상온수에 불린 젤라틴은 온수에 빠른 속도로 용해되고, 불쾌한 맛이나 냄새가 없어야 하며, 겔화되었을 때 투명해야 한다. 젤라틴은 품질이 좋을수록 높은 온도에서 응고되나 일반적으로 10~16℃에서 응고되며, 용해온도는 35℃ 이상이다.

✽ 용액에 대해 1% 정도 사용

2) 펙틴(Pectin)

펙틴은 식물의 세포벽과 세포간질 속에 있으며, 셀룰로오스와 함께 견고도를 유지해 주는 물질이다. 펙틴은 사과와 같은 과실류, 레몬, 오렌지 등과 같은 감귤류의 껍질이나 사탕무에 많이 포함되어 있다.

펙틴의 겔화는 펙틴의 농도, 당, 산의 일정한 배합에 의해 이루어진다. 펙틴은 잼, 젤리, 아이스크림 등의 접착제로 사용하며, 제품의 광택을 향상시키는 효과가 있다.

3) 한천(agar)

한천은 해조류인 우뭇가사리로부터 추출하여 건조시킨 것으로, 찬물에 24시간 이상 담갔다가 충분히 부풀린 후 끓여서 완전히 녹았을 때 설탕을 넣고 잘 섞어주어야 한다.

한천의 용해온도는 80℃ 전후이며 응고온도는 30℃ 전후이다.

✱ 인체 내에서 소화되지 않아 다이어트 식품으로 이용
✱ 양갱, 젤리, 광택제로 사용

4) CMC(Carboxy Methyl Cellulose)

셀룰로오스로부터 만든 제품인 시엠시는, 섬유소이지만 냉수에 용해되어 진한 용액이 되지만 산에는 약하다.

시엠시는 1% 농도로도 단단한 교질이 되며, 오렌지 주스와 같은 산성물질에서는 교질능력이 감소되지만, 우유와 같이 칼슘이 많은 재료와는 단단한 교질물질을 만든다.

(1) 안정제 사용목적

① 아이싱의 끈적거림과 부서짐 방지
② 머랭의 수분 배출 억제
③ 토핑의 거품안정, 젤리 제조, 무스 제조에 사용
④ 파이 충전물의 농후화제
⑤ 흡수제로 노화 지연 효과, 포장성 개선

문7) 마시멜로를 제조할 때 젤라틴은 몇 ℃ 정도의 물에서 용해하는 것이 좋은가?
㉠ 30℃ ㉡ 60℃ ㉢ 90℃ ㉣ 100℃

☞ 풀이 : 60℃

11. 향료 및 향신료(Flavour, Spices)

1) 향료

향료는 향을 내는 물질로 천연 향료, 합성 향료, 조합 향료가 있다. 천연 향료는 향이 나는 동식물에서 향을 채취한 후 정제, 농축, 분리 과정을 거쳐 얻게 된다. 합성 향료는 석유 및 석탄류에 포함되어 있는 약 200여 종의 방향성 유기 물질로부터 합성하여 만든다. 조합 향료는 천연 향료와 합성 향료를 조합하여 만든 향료로서, 보통 식품 향료라 부른다. 식품 향료는 다음과 같이 분류할 수 있다.

(1) 수용성 향료(Essence)

각종 향기 물질을 배합한 향료 베이스를 알코올, 프로필렌글리콜, 물 등의 용제에 희석시킨 향료이다. 이것은 수용성으로, 고농도의 제품을 만들기 힘들고, 열에 의한 휘발성이 크므로 굽기용보다는 아이싱과 충전물 제조에 사용하면 좋다.

(2) 유성 향료(Oil, Flavour)

유성 향료는 천연 물질에서 추출한 천연 정유의 일반적인 명칭이다. 이것은 글리콜이나 식용유를 용제로 하므로 내열성이 있으며, 굽는 과정에서 향의 손실이 적다.

(3) 유화 향료(Emulsified flavour)

천연 정유를 수용성 상태로 만들기 위하여 식물의 침수성 물질, 계면활성제, 안정제 등을 첨가하여 유화시킨 제품으로, 빵 반죽에 고루 분산된다. 유화 향료는 굽는 과정에서 안정적이고 취급이 편리하다.

2) 향신료(Spices)

향신료는 풍미와 향기를 주어 식욕을 촉진시키는 천연 식물성 물질이다. 일반적으로 미각, 후각에 자극성을 주고 음식물에 풍미를 주는 식물의 꽃이나 씨, 줄기, 열매, 껍질, 잎, 뿌리 등에서 추출해 낸 가루 형태의 재료이다. 향신료에는 계피, 넛메그, 생강, 정향, 올스파이스, 카다먼, 박하 등이 있다.

① 오레가노 : 피자
② 넛메그와 메이스(nutmeg & mace) : 육두구 열매로서 같은 종자이다. 도넛의 향신료로 사용
③ 계피(시나몬, cinnamon) : 녹나무과의 상록수 껍질을 벗겨 만든 향신료로 사과파이와 도넛에 사용
④ 알콜성 향료(에센스 종류) : 열에 의해 휘발되므로 굽는 제품에는 효율이 떨어지나 아이싱과 충전물 제조에 적합하다.
⑤ 비알콜성 향료 : 글리세린, 식물성유에 향 물질을 용해시킨 향료이다. 굽기 중에 향이 날아가지 않으므로 굽는 제품에 적합하다.

12. 건과류

건과류는 과일을 햇빛이나 열을 가하여 건조시키는 것으로, 미생물의 번식이 없고 장기간 보존할 수 있다. 일반적인 건조 과일에는 포도, 살구, 대추, 자두 등이 있고, 열대성 건조 과일에는 파인애플, 망고, 파파야, 코코넛 등이 있다.

건포도 등 건조 과일은 수분이 적어 매우 단단하다. 따라서 물이나 술에 불려 부드러운 상태로 만들어서 이용하는 것이 바람직하다.

13. 견과류

견과류에는 아몬드, 호두, 피칸, 밤, 잣 등이 있다. 견과류는 영양분이 풍부하고 기름이 많아 3개월 이상 지나면 냄새가 나거나 맛이 떨어지므로 조금씩 구입하여 사용하는 것이 좋으며, 습기가 없고 서늘한 장소에 보관해야 한다.

14. 초콜릿

초콜릿은 카카오나무의 종자(카카오 빈)를 원료로 하여 설탕, 유제품 등을 섞어서 만든 과자나 음료를 말한다. 식품공정상 초콜릿의 정의는 테오브로마 카카오(Theobroma cacao)나무의 종실에서 얻은 원료에 다른 식품을 가하여 가공한 것을 말한다. 카카오나무를 테오브로마로 학명을 붙인 사람은 18세기경 스웨덴의 식물학자인 린네로 전해지고 있다.

초콜릿은 독특한 쓴맛과 입 속에 부드럽게 녹아드는 것이 특징으로, 온도 15~20℃, 습도 45~50%에서 보관하는 것이 좋다. 영어로는 초콜릿(chocolate), 프랑스에서는 쇼콜라(chocolat) 등으로 불리고 있다.

1) 초콜릿의 원료

초콜릿의 원료로는 카카오 매스, 카카오버터, 설탕, 분유, 유화제, 향 등이 있다.

(1) 카카오 매스

카카오 콩에서 외피와 배아를 없애고 배유만 채취하여 롤러에 걸어 마쇄하고 곱게 갈아 롤러의 마찰열에 의해 카카오버터가 녹아 유동성 있는 암갈색의 페이스트(Paste)가 만들어지는데 설탕 같은 다른 성분을 전혀 포함하고 있지 않아 순수한 카카오의 맛을 그대로 간직하고 있다. 색은 검은색에 가까운 짙은 다갈색이며, 맛은 매우 쓰다.

100% 카카오 가공물인 카카오 매스를 고형화시키면 비터(Bitter chocolate) 초콜릿이 된다.

✽ 코코아

코코아란 카카오 빈을 분해하여 얻은 카카오 매스에서 카카오버터를 추출해 낸 후 나머지를 건조시켜 분말로 만든 제품으로 약 14%가량의 지방분이 남아 있다.

지방이 남아 있는 정도에 따라 저지방코코아(10~12%), 고지방코코아(22~24%)로 나눈다. 고지방코코아가 향도 진하고 맛도 좋으며 색이 진하다.

코코아가루의 pH는 산성으로 여기에 알칼리성 처리를 하면 화학적 작용으로 더 진한 초콜릿색을 얻을 수 있다.

데블스 푸드케이크 제조 시 어두운 속 색을 얻기 위해 코코아를 사용한다. 사용된 코코아가 천연코코아일 경우 코코아양의 7%에 해당하는 중조를 사용한다.

✻ 알칼리 처리를 하면

① 쓴맛과 떫은맛이 부드러워지고 풍미가 좋아진다.

② 농후한 다갈색이 된다.

③ 코코아 파우더가 물에 용해되기 쉬워지는 등의 효과가 나타난다.

✻ 이러한 알칼리 처리를 언제 하는가 하면

① 카카오 콩일 때 ② 배유상태일 때 ③ 코코아 파우더 상태에서

등 다양한 공정에서 이루어진다.

더치코코아

코코아 파우더에 알칼리 처리를 해서 초콜릿의 산을 중화시킨 것

(2) 카카오버터

초콜릿의 풍미를 결정하는 가장 중요한 원료이다. 페이스트상태의 카카오매스를 고압으로 누르면 맑은 아이보리색 기름이 누출되는데 이것이 카카오버터이고 남은 성분을 분말로 만든 것이 카카오 파우더다. 카카오버터는 압착법으로 얻는 식물성 지방으로 콜레스테롤이 없는 반면 많은 포화지방산으로 구성되어 있다.

초콜릿의 주요 성분인 카카오버터는 융점이 사람의 체온보다 낮은 32~35℃에서 녹고 26℃에서 굳는다. 입에서 빨리 녹으며 감촉이 좋다.

따라서 상온에서 녹지 않아도 입안에서는 녹는 초콜릿 특유의 부드러운 촉감, 풍미 등의 품질에 영향을 미치는 중요한 성분이다.

카카오버터 대체 유지

초콜릿에 사용하는 기본유지는 카카오버터로 이것은 독특한 물리적 특성과 풍미를 가지고 있지만 생산과 수급이 어렵고 가격부담도 크다. 이런 이유로 제1차 세계대전 후 카카오버터를 조달할 수 없을 때 대신 사용한 것을 시초로 식물성유지가 카카오버터의 대체품으로 개발되어 폭넓게 사용되고 있다.
일반적으로 유지는 유(Oil)와 지(Fat)를 지칭하는데 약 15℃의 상온에서 액상인 것은 oil이고 고체인 것은 fat이다. 단 상온의 기준은 온대, 아열대, 열대 등 기후대에 따라 다르므로 정해진 것은 없다. Fat과 oil을 통칭하여 fat이라고도 한다.

(3) 설탕

설탕은 초콜릿의 단맛을 내는 원료로 일반적으로 가장 많은 함유량(40~60%)을 차지한다. 초콜릿은 수분함량이 1%로 수분이 적은 제품이기 때문에 첨가하는 설탕도 수분이 적은 것이 바람직하고 입자가 고운 양질의 분당을 사용한다. 첨가량은 카카오 매스의 쓴맛을 제거하는 정도가 좋다.

일반적으로 정백당과 분당을 많이 사용한다. 포도당이나 물엿은 설탕의 일부로 대치하기도 하며, 당뇨병 환자용으로 솔비톨, 만니톨도 사용한다.

(4) 분유

밀크초콜릿의 원료로 전지분유, 탈지분유 등을 사용하는데, 분유는 맛뿐만 아니라 영양학적으로도 좋은 첨가물로서 분유의 풍미와 신선미가 초콜릿의 품질을 좌우한다.

(5) 유화제

초콜릿 원액에는 친유성 유화제를 사용한다.

초콜릿 제조에서 유화제는 여러 가지 기능을 한다.

첫째, 결정화를 촉진시키는 시드(seed)를 만드는 매개체 역할로 결정이 올바르게 성장하도록 돕는다.

둘째, 결정의 크기와 성장을 제한해서 초콜릿 표면의 광택을 향상시킨다.

셋째, 계면활성제로 작용하여 고형분을 감싸거나 수분을 대체하여 입자 간의 마찰과 점도를 감소시킨다.

동시에 조직을 무르게 하여 열 저항성을 감소시키고 광택변화로 제품수명에 영향을 미치는 등 바람직하지 않는 점도 있으므로 유화제 선정에 주의해야 한다. 가장 일반적으로 사용하는 유화제는 레시틴이며 주로 대두에서 얻어지는 대두 레시틴이 일반적이다.

(6) 향료

향료는 풍미를 내는 데 중요한 성분이다. 초콜릿은 카카오 자체의 풍미가 별도로 향을 필요로 하지 않을 정도로 강하지만 향료를 적절하게 사용하면 풍미를 크게 변화시킬 수 있다.

초콜릿과 주로 어울려 사용하는 향료 가운데 가장 일반적인 것은 바닐라와 바닐린이다.

(7) 소금

우리나라에서는 초콜릿에 소금을 사용하는 경우는 거의 없어서 생소하지만 유럽 등 외국에서 제조된 초콜릿의 성분을 살펴보면 소금을 사용한 제품이 많은 것을 볼 수 있다.

소금의 짠맛은 초콜릿에 쓰이는 설탕의 단맛이나 카카오의 쓴맛과 어울리지 않을 것 같지만 소금으로 초콜릿의 맛에 좋은 효과를 낼 수 있다.

일반적으로 초콜릿에 소금은 0.05~0.07% 정도 사용하는데 이는 바닐라의 사용량과 비슷하다. 소금을 사용하는 것은 보존효과나 좋지 않은 풍미를 억제시키기보다는 일반적으로 바닐라처럼 초콜릿의 풍미를 증진시키기 위해서이다. 바닐린은 초콜릿에 크림 같은 풍미를 내주지만 소금은 깔끔한 풍미를 강조해 준다.

2) 초콜릿의 종류

초콜릿은 성분과 사용 목적에 따라 여러 종류가 있으며, 제품의 특성에 맞는 초콜릿을 선택하여 사용한다.

(1) 다크초콜릿(Dark chocolate)

다크초콜릿은 카카오 매스, 카카오버터, 설탕, 레시틴, 바닐라를 더한 것이다. 카카오버터를 함유하고 있기 때문에, 카카오나무 열매 자체를 분쇄한 카카오 매스보다 유지 함량이 많고 유동성이 좋으며 카카오 풍미가 강한 제품이 된다. 특히 다크초콜릿은 카카오 함량이

30~80%이므로 카카오 함량에 따라 쓴맛의 정도가 다르다. 즉 카카오 함량이 높을수록 쓴맛이 강하다.

(2) 밀크초콜릿(Milk chocolate)

밀크초콜릿은 다크초콜릿에 전지분유를 더한 것으로 다크초콜릿에 비해 카카오 함량이 적으며 카카오가 우유와 결합했을 때 생기는 부드러움이 특징이다. 분유의 양이 많아질수록 초콜릿의 색은 연한 다갈색이 된다.

많은 이들이 밀크초콜릿을 만들려고 애를 썼으나 앙리 네슬레(Henri Nestle)가 연유를 만든 뒤에야 가능해졌다.

(3) 화이트초콜릿(White chocolate)

코코아가루가 전혀 들어가지 않고 카카오버터에 설탕, 분유, 레시틴, 바닐라를 더한 것이다.

카카오 매스의 맛이 없으므로 우유 등 특유의 풍미가 잘 나타난다. 특정 색상의 원료나 색소를 첨가하여 다양한 색상을 표현하기에 적합하다.

화이트초콜릿은 한번 녹은 후에는 다른 초콜릿에 비해 빨리 굳는다. 버터크림이나 케이크 제조 시 약간의 화이트초콜릿을 녹여서 첨가하면 반죽의 되기와 맛이 좋아진다.

초콜릿의 종류	성분
다크초콜릿	카카오 매스, 카카오버터, 설탕, 유화제, 향
밀크초콜릿	카카오 매스, 카카오버터, 설탕, 분유, 유화제, 향
화이트초콜릿	카카오버터, 설탕, 분유, 유화제, 향

3) 초콜릿 제조공정

초콜릿의 원재료인 카카오 열매가 초콜릿 커버처가 되기까지는 복잡한 과정을 거친다. 그 과정을 살펴보면 다음과 같다.

카카오 콩으로부터 초콜릿을 만드는 공정은 크게 3공정으로 구분하는데 생산자가 생산지에서 행하는 공정과 카카오 콩을 초콜릿 가공공장으로 운반해서 행하는 1, 2차 가공공정이 있다.

초콜릿의 제조는 카카오 콩에서 카카오 매스라고 불리는 카카오 페이스트를 만드는 제1차 가공과 카카오 매스에 설탕과 분유 등을 첨가해 정련하고 매끈한 미립상의 초콜릿을 만드는

2차가공 등의 2단계로 나뉜다. 가공공장도 카카오 매스만을 만드는 1차 가공 공장과 1, 2차 가공을 연속해서 행하는 공장, 카카오 매스만을 구입하여 2차 가공만을 행하여 초콜릿을 제조하는 공장 등 여러 형태가 있다. 그래서 제과점에서는 2차 가공품인 원료 초콜릿을 구입하여 초콜릿과자를 만든다.

(1) 생산지 공정(수확에서 1차 가공 전까지 생산자가 하는 공정)

① 카카오 과실 : 카카오나무에서 과실 수확

② 카카오 콩 : 과실에서 카카오 콩을 채취

③ 발효 : 50℃ 이하에서 1~7일간 발효

초콜릿의 맛을 좌우하는 카카오의 풍미는 주로 두 과정에서 발생한다. 하나는 카카오를 재배하는 농장에서 이루어지는 발효(fermentation)과정이고 다른 하나는 카카오를 가공하는 공장에서 이루어지는 로스팅(roasting)과정이 초콜릿의 품질을 결정하는 요소가 된다.

대규모 재배지는 카카오열매를 발효상자에 넣어서 발효시키는 방법을 이용하고 소규모 재배지는 바나나 잎으로 덮어서 발효시키는 방법을 이용한다.

카카오 포드 안에 있는 카카오 빈은 발효과정을 거쳐 단단한 껍질이 벗겨지고 독특한 풍미가 생긴다.

④ 세척 : 발효가 완료되면 물로 씻어 건조과정으로 들어간다.

⑤ 건조

㉠ 자연건조(전통적인 방법) : 카카오 빈을 적절히 숙성(Curing)시키면서 햇볕으로 수분이 7.5% 정도가 되도록 건조시킨 가장 좋은 카카오 빈을 생산할 수 있으나 시간과 노동력이 많이 들고 날씨에 의존하는 단점이 있다.

㉡ 인공건조 : 날씨에 상관없이 균일하고 빠르게 건조시킬 수 있어 효과적이고 작업공간이 작아도 되고 노동력도 적게 들며 이물질의 혼입 위험성도 적다.

단점으로는 카카오 닙에 있는 산이 농축되어 산미가 나는 것이다.

✽ 발효가 불충분하면 쓴맛과 떫은맛이 강해지고 지나치면 햄과 같은 냄새나 썩은 냄새가 난다. 과일 같은 풍미는 산 성분의 맛과 관련이 있다.

⑥ 포장 및 출하

건조한 후 외관, 단면상태, 풍미, 품종 등으로 나뉘어 등급, 지명, 적출 항 등의 이름이 붙여져 거래된다.

(2) 제1차 가공공정(카카오 콩을 가공해서 카카오 매스를 만드는 과정)

① 카카오 콩 : 생산지공정을 끝낸 카카오

② 선별 : 브러시나 바람을 이용하여 불순물이나 손상된 카카오 콩을 선별

③ 로스팅 : 130~140℃에서 30분 정도 로스팅

로스팅 목적

로스팅은 카카오 매스의 맛을 결정하는 데 가장 중요한 단계이다.

① 수분, 휘발성분(유기가스), 타닌 제거

② 색조 개선, 독특한 향미 발현

③ 외피, 배유 분리 용이

④ 파쇄 및 외피분리 : 파쇄해서 바람분리기로 외피와 배아를 제거, 배유만 채취

불에 볶은 후 즉시 냉각하고 파쇄해서 껍질, 배유, 배아로 분리한다. 배아는 단백질, 무기질소 추출물이 많고 단단해서 쉽게 가루가 되지 않으므로 반드시 제거한다. 껍질은 가루가 되기 쉽고 탄수화물과 섬유로 되어 있으므로 역시 제거한다.

⑤ 혼합(블렌딩) : 단일품종만을 사용하는 경우는 거이 없고 대부분 몇 종류의 배유를 혼합. 어느 품종을 몇 종류 혼합하는가에 따라 품질도 크게 다르며 각 회사마다 비밀로 되어 있다.

⑥ 마쇄 : 혼합된 것을 롤러에 갈아 마쇄하고 롤러의 마찰열로 배유의 카카오버터가 녹아 암갈색의 페이스트가 된다.

⑦ 카카오 매스 : 카카오 매스를 압착하여 카카오버터와 코코아분말을 얻는다.

(3) 2차 가공공정(카카오 매스~제과점에서 사용 전까지)

① 혼합 : 카카오 매스에 설탕, 분유, 카카오버터, 레시틴(유화제), 향료(바닐라) 등을 일정

한 온도에서 균일하게 혼합

② 미세화 : 혼합이 끝난 초콜릿을 설탕, 분유보다 가는 입자로 만드는 과정

③ 정련 : 일정한 온도로 가열하여 수일 동안 계속하여 화학적·물리적으로 변화시킨다. 이 과정에서 수분 제거, 타닌의 쓴맛 제거, 광택 증가, 풍미개선의 효과

④ 템퍼링 : 초콜릿의 안정된 결정을 유도하기 위한 공정으로 일반적으로 40~45℃로 용해된 초콜릿을 다시 25~28℃로 냉각 후 다시 29~32℃까지 올린다.

⑤ 셰이킹 & 충진 : 초콜릿 안에 있는 기포를 제거하기 위하여 셰이킹(Shaking)한다. (틀에 붓고 진동시킨 후 기포를 제거함)

⑥ 냉각 : 냉각터널에서 냉각한다.
입구온도 : 18℃ 전후, 중앙온도 : 5~7℃, 출구온도 : 18~20℃

⑦ 포장

⑧ 저장 : 18℃에서

4) 템퍼링(Tempering)의 구체적인 작업방법

품질이 높은 초콜릿을 만들기 위해 온도를 조정하는 공정으로 가열, 냉각, 재가열공정을 거쳐 가장 안정된 결정형인 β형이 되도록 인공적인 조작을 하는 것

(1) 템퍼링의 물리적 현상

녹인 초콜릿을 그대로 방치한 상태에서 응고시키면 입에서 녹기 어렵다. 초콜릿에 함유되어 있는 카카오버터는 분자가 늘어선 형태가 드문드문 떨어져 있는 것부터 빈틈없이 꽉 찬 것까지 여러 종류의 서로 다른 결정형(분자가 늘어선 형태)이 존재하는데 녹인 초콜릿을 응고시키는 단계에서 어떤 결정형을 갖는 분자구조를 만드느냐에 따라 초콜릿 전체의 품질이 달라진다. 카카오버터의 결정형은 분자가 채워진 형태가 엉성한 것부터 γ형, α형 β'형, β형의 4종류가 있으며 융점, 안정성, 융해잠열(융해 : 고체가 가열되어 액체로 변하는 현상; 잠열 : 열을 가해도 온도의 상승을 수반하지 않는 열), 수축이 각각 다르게 나타난다.

① γ형 : 용해된 카카오버터를 16~18℃로 냉각했을 때 γ형 결정이 생긴다. 분자가 늘어선 형태가 대단히 거칠고 불안정하기 때문에 불과 2~3초 사이에 다음 단계인 α형으로 변해버린다.

② α형 : γ형을 서서히 가열하면 분자의 재배치가 일어나 고체화되면서 α형이 형성된다.

③ β'(베타프라임)형 : α형 결정으로부터 전이되어 생기는 융점은 27~28℃이다. 초콜릿을 자연 방치한 상태에서 모양이 옮겨가는 것을 관찰해 보면 β'형에서 β형으로 변화하는 데 1개월 정도가 걸린다.

④ β형 : β'형에서 서서히 전이된 것으로 분자가 꽉 채워진 안정된 결정형이다. 융점은 34~35℃이다.

이와 같이 초콜릿을 자연상태로 방치하여 결정형의 모양이 전이되는 것을 관찰해 보면 β'형에서 β형으로 변화하는 데 1개월 이상이 걸린다. 이렇게 되면 그 사이에 결정형 덩어리는 커지고 사람의 혀에서도 모래알 같은 거친 느낌이 된다. 그렇기 때문에 자연상태에서 방치해서 응고시킨 초콜릿은 광택이 없고 입 속에서 잘 녹지 않을 뿐만 아니라 보존 중에 블룸현상이라 불리는 독특한 노화현상을 일으킨다.

그래서 더욱 미세한 결정의 β형으로 하는 템퍼링 작업이 필요한 것이다.

| 카카오버터의 결정형과 특성 |

결정형	γ	α	β'	β
결정형의 변화	2~3초 후 α형으로 전이	약 1시간 후 β'으로 전이	약 1개월 후 β형으로 전이	모양의 변화가 없다
분자의 구조	거칠다	약간 거칠다	약간 치밀하다	대단히 치밀하다
결정안정성		불안정	비교적 안정	대단히 안정
수축률(%)		7.0	8.3	9.6
융점(℃)	16~18	21~24	27~29	34~36

(2) 준비단계

① 초콜릿을 잘게 썬다.

② 초콜릿을 잘게 잘라서 용기에 넣는다. 분량은 용기의 50~60% 정도의 양이 적당하다.

✱ 처음부터 전량을 넣지 말고 소량을 용해한 후 나머지를 넣으면 용해하기 쉽다.

(3) 제1단계 : 용해

① 중탕에서 주걱으로 천천히 저으면서 40~45℃로 녹인다(공기혼입 및 수증기혼입 방지).

✱ 물이 끓지 않도록 한다. 계속 따뜻한 온도 유지

② 중탕에서 내려 균일하게 혼합한다.

(4) 제2단계 : 냉각

완전 용해된 초콜릿을 25~27℃까지 냉각한다. 이 냉각법에는 다음과 같은 3가지 방법이 있다. 각각 장단점이 있으므로 적합한 방법을 이용하는 것이 바람직하다.

✱ 수냉법

① 초콜릿을 잘게 잘라서 용기에 넣고 중탕으로 40~45℃로 녹인다.

② 15~18℃의 찬물을 용기 밑에 받치고 초콜릿온도를 25~27℃까지 낮춘다.

③ 다시 중탕으로 30~32℃까지 온도를 올린다.

✱ 도구나 넓은 장소가 필요 없고 작업이 가장 간단하다.

✱ 대리석법

① 초콜릿을 잘게 잘라서 용기에 넣고 중탕으로 40~45℃로 녹인다.

② 대리석 위에 용해한 초콜릿의 2/3를 부어 스크레이퍼와 스패출러를 이용하여 펼쳤다 모았다를 반복하면서 온도를 25~26℃까지 냉각

③ 나머지 1/3을 붓고 전체를 혼합해서 30~32℃까지 온도를 올린다.

✱ 접종법

초콜릿을 완전히 용해한 후 온도를 36℃까지 냉각하여 그 안에 템퍼링된 초콜릿을 잘게 썰어 가하면서 온도를 30~32℃까지 낮춘다.

✱ 전자레인지를 이용한 방법

전자레인지를 이용한 방법은 소량의 초콜릿을 템퍼링하기에 적합한 방법이다. 간편하게 할 수 있는 방법이지만 전자레인지에 초콜릿을 오래 넣어 사용하지 않는 것이 좋다.

① 초콜릿을 잘게 썰어서 준비한다.

② 물기를 완전히 제거한 전자레인지용 용기에 초콜릿을 담는다.

③ 전자레인지에 넣어 처음에는 1분 정도 돌려준 뒤 잘 섞어주고 어느 정도 녹으면 30초

간격으로 돌리면서 초콜릿을 녹인다.

④ 덩어리가 없이 완전히 녹이면서 온도를 30~32℃로 올려주면 템퍼링이 끝난 것이다.

(5) 제3단계 : 재가온

25~27℃까지 냉각되어 적당한 점도가 되면 전체를 잘 혼합하면서 중탕에서 30~32℃까지 온도를 상승시킨다. 이것으로 템퍼링이 완료된 것이다.

| 초콜릿 템퍼링 온도 |

초콜릿 종류	가열온도	냉각온도	재가열온도
다크초콜릿	45~50	26~27	31~32
밀크초콜릿	45~40	25~26	29~30
화이트초콜릿	40~38	24~25	28~29

(6) 템퍼링 상태에 따른 초콜릿의 물성

✱ 템퍼링이 잘된 경우

① 광택이 좋다.

② 유지 블룸의 우려가 최소화된다.

③ 몰드나 초콜릿 작업 시 빨리 굳고 몰드에서 잘 떨어진다.

✱ 템퍼링이 잘 안된 경우

① 윤기가 없고 유지 블룸이 생긴다.

② 잘 굳지 않고 몰드에서 잘 떨어지지 않는다.

(7) 템퍼링 작업 시 주의사항

① 중탕에서 용해할 것

② 물이나 수증기가 들어가지 않도록 할 것

✱ 점도 상승, 유동성 불량, 광택불량의 원인

③ 공기 혼입을 방지할 것

④ 코팅용 초콜릿 등을 섞지 말 것

5) 블룸(Bloom)현상

블룸이란 영어로 '꽃' 또는 '꽃이 피다'라는 뜻으로 잘 익은 포도의 표면에 당분이 나와서 하얗게 되는 현상 같은 것을 의미한다.

블룸에는 유지에 의한 팻 블룸과 설탕의 재결정에 의한 슈거블룸이 있다.

일반적으로 많이 발생하는 것이 유지블룸이고 슈거블룸은 수분을 흡착하거나 해서 발생한다. 유지블룸은 온도가 올라가면 녹아서 보이지 않게 되지만 슈거블룸은 온도가 올라가도 녹지 않는다. 이러한 특징의 차이로 두 블룸을 구별할 수 있다.

(1) 팻 블룸(Fat bloom)

팻 블룸은 초콜릿 중에 포함하고 있는 카카오버터가 28℃ 이상의 고온으로 녹아 설탕, 코코아, 분유 등이 분리돼 다시 굳혔을 때 표면에 배어나오는 현상이다. 블룸현상의 대부분이 이 경우에 속하는데 굳힐 때 온도조절이 잘 되지 않았거나 작업속도가 늦은 경우에 주로 발생한다.

(2) 슈거블룸(Sugar bloom)

초콜릿에 함유되어 있는 설탕이 수분이 증발하는 과정에서 재결정화해 표면에 회색반점으로 나타나는 현상이다.

슈거블룸은 수분의 투입을 막는 것이 중요한데 특히 차가운 곳에서 갑자기 따뜻한 곳으로 옮겼을 때 물방울 등이 생기지 않도록 주의해야 한다.

초콜릿을 녹이는 중탕과정에서도 수증기에 초콜릿이 접촉되지 않도록 주의한다.

6) 초콜릿의 온도

초콜릿 제조에서 템퍼링 최종단계의 온도는 그 상한은 33℃까지이고 30℃ 이하의 온도에서는 굳기가 너무 되고 작업이 곤란하게 된다.

(1) 30~33℃ 범위

초콜릿은 보다 부드러운 상태로 가공과 아름다운 광택의 최상의 조건을 나타낸다.

(2) 27℃(응고점)~30℃ 범위

초콜릿은 된 상태를 나타내고 피복막의 두께, 광택, 형태 등은 품질상의 적절한 조건이라 할 수 없다. 30℃ 이하의 온도에서 초콜릿은 가공할 수 없다.

(3) 실내온도

초콜릿이 단단히 굳어서 아름다운 광택을 나타내는데 필요한 온도차(초콜릿과 작업실)는 13~10℃라고 한다. 따라서 초콜릿의 온도를 기준해서 실내온도는 약 20℃ 정도여야 한다.

(4) 10℃ 이하의 온도차를 나타낼 경우

10℃ 이하의 차이가 있을 경우 초콜릿은 탁하고 선명하지 않다. 특히 온도차가 얼마 되지 않는 경우(실내온도가 30℃에 가까운 경우)에는 제조 후 수시간이 되면 아주 흰빛의 피막이 나타난다. 이와 같은 현상은 필요한 만큼의 온도차가 유지되지 않았다는 증거이다.

(5) 적절한 온도차를 바랄 수 없는 경우의 대책

실내온도가 20℃ 이상을 나타낼 때는 재가온 온도를 33℃로 올려서 작업해도 약간의 효과를 거둘 수 있고 제조 후 약간 응고되었을 때 곧 서늘한 곳으로 옮기거나 (이때 15℃ 이하의 장소는 좋지 않다) 냉장고를 사용해도 좋다. 냉장고를 사용할 때는 수분이 표면에 묻을 염려가 상당히 크기 때문에 제품을 만든 후 짧은 시간만 넣었다가 표면만 굳은 상태로 되었을 때 바로 제품을 실온에 꺼내 놓으면 된다.

(6) 충전물(센터)온도

템퍼링한 초콜릿은 어느 온도에서나 민감하게 반응한다. 예를 들어 판 초콜릿과 같이 초콜릿만을 가공하는 경우에는 2가지 온도(초콜릿온도, 실내온도)에 대해서만 영향을 받지만 봉봉쇼콜라와 같이 충전물(center filling)이 있는 경우는 충전물의 온도도 중요하게 된다.

① 충전물의 온도가 실온보다 낮을 경우

이 경우 초콜릿은 응고하지만 좋은 결과를 얻을 수 없다. 초콜릿이 내부부터 굳어져 광택에 영향을 주어 완성된 초콜릿제품에 광택이 떨어지고 탁한 색을 띠게 된다.

반면 너무 따뜻하면 초콜릿 굳는 시간이 오래 걸려 블룸현상이 일어난다.

② 충전물의 적정온도

충전물의 온도를 몇 ℃로 해야 좋은가를 구체적으로 말하기는 어렵지만 최소한 실온(20℃) 정도라면 좋다. 실온보다 낮으면 앞에서 설명했듯 결과가 나쁘게 나타난다. 이론상으론 초콜릿의 온도와 동일한 정도까지는 가능하지만 실제로 그것은 대단히 위험하다. 실제적으로 보면 충전물로 되는 각종 기본적인 것들은 가능한 한 저온에서 가공하는 것이 좋다.

결론적으로 말하면 충전물의 적절한 온도는 일반적으로 20~27℃라고 할 수 있다.

③ 퐁당이 들어간 충전물

퐁당과 같이 충전물이 스며 나오기 쉬운 초콜릿은 한번 코팅을 하여 굳으면 다시 한번 더 코팅해서 초콜릿을 약간 두껍게 유지하는 것이 좋다.

7) 초콜릿 코팅

코팅(coating)은 견과류나 과일류 등 코팅할 소재에 일정한 두께로 초콜릿을 입히는 공정이다. 코팅되는 내용물의 형태에 모서리가 많고 각이 진 것이나 굴곡이 많고 흠이 많은 것은 코팅에 불리하다. 초콜릿 코팅 시 센터물의 온도가 너무 낮으면 냉각은 빠르지만 표면이 매끄럽지 못하고 나중에 균열이 생기기 쉽다.

8) 숙성

많은 식품들이 숙성이라는 단계를 거치는데 특히 발효식품은 숙성이 최종제품의 품질에 큰 영향을 준다. 숙성은 식품의 맛과 향을 결정하는 데 큰 영향을 끼치며 안정화에도 매우 중요한 과정이다. 초콜릿에도 숙성은 매우 중요한 공정이다. 초콜릿제품은 생산 후 일정기간의 숙성이 필요하다. 밀크초콜릿은 제품의 단단함이 숙성의 처음 2주 동안에는 증가하다가 일정하게 유지되고 광택은 2주 동안 감소한다. 코코아버터가 냉각터널을 나온 후 결정화되는 데는 24~48시간 정도가 소요된다. 따라서 초콜릿제품을 제조 후에는 템퍼링의 완성 및 유지 결정의 안정화를 위해서도 반드시 숙성이 필요하다. 숙성이 충분하지 않은 제품을 출하해서 유통하면 조직의 변화나 블룸 발생 등 제품에 나쁜 영향을 주게 된다.

9) 가나슈

가나슈란 끓인 생크림에 초콜릿을 더한 것으로 가나슈의 생명은 식감이다. 가나슈는 초콜릿을 기본으로 생크림이나 우유, 버터, 리큐르, 과일 퓨레 등의 수분과 유지를 넣고 크림상태로 만든 것으로 뜻은 진흙탕, 늪지대처럼 걸쭉한 상태를 말한다.

일반적으로 생크림보다 유지 사용량이 많아지면 되직한 가나슈가, 반대로 생크림이 많아지면 부드러운 가나슈가 된다.

유지와 생크림의 사용량은 가나슈가 어디에 쓰이느냐에 따라 달라진다.

케이크에 사용하는 가나슈는 부드러워야 하기 때문에 수분함량을 높이고, 초콜릿의 센터에 쓰이는 경우는 되직해야 하므로 수분량을 줄이고 유지를 많이 넣어 단단한 상태로 만들어 준다.

기본 가나슈 = 다크초콜릿 : 동물성 생크림(2 : 1의 비율로 무거운 타입)
코팅용 가나슈 = 초콜릿 : 생크림(1.5 : 1의 비율로 중간타입)
장식용(크림용) 가나슈 = 초콜릿 : 생크림(1 : 1의 비율로 가벼운 타입)

(1) 무거운 타입의 가나슈 제조공정

① 생크림을 끓인다.
② 잘게 자른 초콜릿을 35℃로 녹인다.
③ 끓인 생크림과 녹인 초콜릿을 섞는다(40~45℃).

(2) 중간타입의 가나슈

① 끓인 생크림에 다진 초콜릿을 넣는다.
② 바로 휘저어 섞지 말고 2~3분 동안 가만히 두어 초콜릿덩어리가 녹도록 기다린다. 중앙부터 천천히 섞는다.

✱ 혼합 시 주의점 : 생크림은 수분이 많고 초콜릿은 지방이 많기 때문에 전체를 한꺼번에 섞지 말고 중간부분부터 저어 섞기 시작하여 전체를 섞어야 광택이 살아난다.

③ 완성된 가나슈의 온도는 40~45℃가 적당하다.

(3) 가벼운 타입의 가나슈

① 끓인 생크림을 잘게 다진 초콜릿에 넣고 섞는다.

② 중앙부터 천천히 저으면서 녹여 섞는다.

③ 완성된 가나슈의 온도는 40~45℃가 적당하다.

분리현상

가나슈의 온도가 45℃ 이상이 되면 분리현상이 일어난다. 이것을 유화가 깨졌다고 하는데 유화가 깨지면 유지방과 수분, 카카오버터의 계면활성이 커지면서 지방은 지방끼리 수분은 수분끼리 크게 형성되어 그들끼리 큰 덩어리로 뭉친다. 이러한 현상은 온도에 의해 가장 많은 영향을 받는다.

10) 초콜릿 제조 실습

☞ 좋은 재료를 구입하자

① 고급 커버처를 사용한다.

② 식물성기름이 없어야 한다.

- ✱ 유크림 100% = 모두 우유로부터 만들어진 것이라는 뜻
- ✱ 유지방 함유량 38% = 생크림 한 통에 지방함유량이 38%라는 뜻

③ 카카오 함량이 50% 이상인 제품을 사용하자.

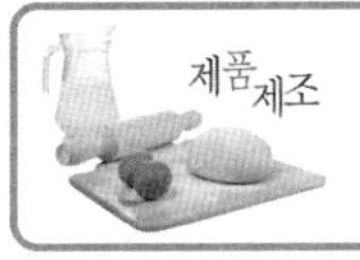

초콜릿 몰드를 이용한 초콜릿 : 아무르(Amour)

〈재료〉 카카오버터 150g, 생크림 300g, 석류시럽 150g, 화이트초콜릿 450g, 트리플섹(술) 50g

〈제조공정〉

① 사용할 초콜릿몰드를 탈지면 등으로 깨끗이 닦아 놓는다.

② 카카오버터는 중탕으로 따로 녹여둔다.
③ 생크림, 석류시럽, 카카오버터를 함께 넣고 끓여서 녹여둔 카카오버터와 섞는다.
④ 잘게 부순 화이트초콜릿에 ③번 공정을 부어서 매끈한 석류 가나슈를 만든다.
⑤ 26℃ 정도로 식으면 트리플섹을 넣어 섞어준다.
⑥ 초콜릿 틀 안에 템퍼링한 화이트초콜릿을 채워 넣고 시간이 약간 지난 후 틀을 거꾸로 하여 여분의 초콜릿을 털어낸다.
⑦ 실리콘페이퍼 위에 엎어놓고 굳으면 틀 윗면에 붙은 초콜릿을 팔레트 나이프를 이용해 깨끗이 긁어낸다.
⑧ 틀 안에 가나슈를 80% 정도 채운다.
⑨ 가나슈가 어느 정도 굳으면 템퍼링한 화이트초콜릿으로 윗면을 덮은 뒤 여분의 초콜릿을 깨끗이 긁어낸다.
⑩ 굳으면 틀에서 빼낸다.

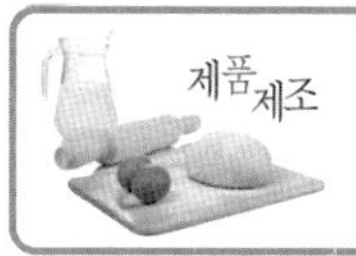

쉘을 이용한 초콜릿 : 화이트 트러플

〈재료〉 생크림(무가당) 132g, 화이트초콜릿 276g, 키리쉬(술) 18g,
화이트 트러플 63개
*기타 코팅용 화이트초콜릿 1kg 정도

〈제조공정〉
① 초콜릿을 잘게 잘라서 용기에 넣는다.
② 다른 용기에 생크림을 그릇 옆면에 묻지 않도록 살짝 부어준다.
③ 불에 올려서 생크림을 한번 끓여준다.
✽ 살균과 수분을 줄이기 위해서 끓인다.
④ 잘게 잘라둔 초콜릿 위에 끓인 생크림을 붓는다.
⑤ 2~3분 정도 지난 후에 잘 저어준다.

* 2~3분 정도 가만히 두면 초콜릿 안으로 열이 스며들어 초콜릿이 쉽게 녹는다.
* 녹지 않은 초콜릿이 있으면 중탕으로 완전히 녹인다.

⑥ 25~26℃로 식으면 술을 넣고 잘 섞어둔다.

⑦ 짤주머니에 가나슈를 넣어서 준비해 둔 화이트 트러플 안에 80% 정도 충전을 한다.

⑧ 화이트초콜릿을 템퍼링한다.

㉠ 용해 : 화이트초콜릿을 40~45℃ 정도의 중탕으로 녹인다.

㉡ 냉각 : 25~26℃ 정도로 냉각한다.

㉢ 재가온 : 30℃ 정도로 온도를 올린다.

⑨ 화이트 트러플 입구를 템퍼링한 초콜릿으로 막아준다.

⑩ 입구를 막은 초콜릿이 굳으면 템퍼링한 초콜릿에 디핑한 후 그물망 위에서 놓고 살짝 굳으면 뒹굴려서 모양을 낸다.

가나슈를 이용한 초콜릿: 몽블랑(Mont blanc)

〈재료〉 버터 100g, 키르슈 50g, 다크초콜릿 250g, 기타 다크초콜릿(코팅용) 1,000g 정도

〈제조공정〉

① 템퍼링한 다크초콜릿을 스패출러를 이용해 비닐에 얇게 펼친 후 굳으면 직경 3cm의 원형틀로 50~60개 정도 찍어 밑어 고정판을 만든다.

② 생크림 믹싱 볼에 퐁당을 넣고 키르슈를 조금씩 넣으면서 부드럽게 한 다음 부드럽게 만든 버터를 넣고 잘 섞는다.

③ 다크초콜릿을 녹여서 넣고 가볍게 믹싱하여 짜기 좋은 상태로 만든다.

④ 원형깍지를 끼운 짤주머니에 가나슈를 넣어 미리 준비해 둔 밑면 고정판에 윗면이 뾰족하게 짜준다.

⑤ 가나슈가 굳으면 템퍼링한 다크초콜릿으로 코팅한다.

⑥ 끝부분에 녹인 카카오버터를 약간 바른 후 설탕을 묻혀둔다.

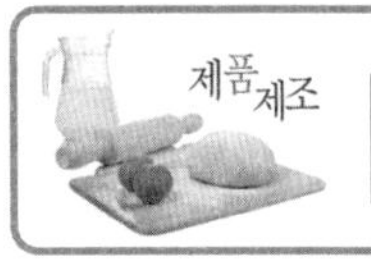

초콜릿 안에 술이 들어 있는 Liqueur bonbon

봉봉리큐르는 설탕의 재당화 현상을 이용한 것으로 전분에 여러 모양을 찍어서 그 속에 양주를 넣은 설탕시럽을 굳혀 만든 것이다. 술이 들어 있는 초콜릿은 유럽에서 발전했다. 초콜릿 안에 술의 향을 보존하면서 술성분을 집어넣는 것은 고난도의 기술에 해당한다. 자체로 하나의 제품으로 인정되기도 하지만 이를 충전물로 이용하고 초콜릿으로 코팅하면서 초콜릿 봉봉이라는 새로운 제품을 만들었다. 봉봉 리큐르를 만들 때 시럽 표면이 얇아지거나 두꺼워지는 경우가 있는데 이때는 시럽의 보메(액체의 농도를 재는 단위)를 맞추는 것이 중요하다. 가장 적당한 농도는 31보메 이상이다. 끓이는 농도도 중요하지만 각종 리큐르의 농도를 감안해서 끓여주는 것이 좋다.

〈재료〉 중력분 500g, 전분 250g, 설탕 1,500g, 물 600g, 브랜디(brandy) 500cc

〈제조공정〉

① 밀가루+전분을 체질해서 팬에 넣고 오븐에서 수분을 건조시킨다.
건조된 전분을 먼저 30~40도 정도 데운다. 이것을 체로 친 후 넓은 판에 펼쳐서 표면을 고르게 한 후 여러 가지 모양으로 찍어서 준비한다.

② 설탕, 물을 동 냄비에 넣고 118℃가 되도록 끓여서 보메 36~38로 만든다.

③ 불에서 내린 후 바로 표면에 결정이 생기는 것을 방지하기 위해 분무기로 물을 살짝 뿌려준다. 그릇 밑면은 찬물에 담가서 식힌다.

④ 어느 정도 식으면(40~45℃) 브랜디를 넣고 잘 섞어준다.

⑤ 모형을 만들어둔 ①번 위에 ④번 시럽을 부어서 채워주고 그 위에 건조시킨 가루를 살짝(4~5mm) 뿌려준 뒤에 굳힌다.

⑥ 굳은 다음 가루를 붓으로 털어내고 템퍼링한 초콜릿으로 코팅한다.

초콜릿 공예: 초콜릿 꽃 만들기

〈재료〉 다크초콜릿 200g, 물엿 100g

〈제조공정〉

초콜릿 100g당 물엿의 양

① 여름일 때 : 30~15%, 겨울일 때 : 50~40%

② 초콜릿과 물엿을 따로 계량한다.

③ 우선 재료의 온도를 측정한다. 재료온도가 35℃ 미만일 때는 중탕하여 35℃로 맞춘다.

✱ 초콜릿온도 : 35℃, 물엿온도: 35℃

〈마무리〉

① 중탕한 초콜릿과 물엿을 혼합한다.

② 비닐에 부어서 비닐을 얇게 겹친 후 얇게 밀어 펴준다.

③ 철판에 올려 냉장실에서 휴지

④ 굳은 후 치대서 다시 냉장에서 휴지(5분 정도) 후 사용

11) 초콜릿의 보관

① 습기가 없는 곳에 보관한다.

② 빛과 냄새가 없는 깨끗한 곳에 보관한다.

③ 보관 시 냉장, 냉동을 피하고 냉장, 냉동 상태로 보관된 초콜릿은 구입하지 않는다.

④ 초콜릿은 카카오버터 함량이 높으므로 산패나 변질의 우려가 있으므로 유통기한을 확인하여 구입한다.

⑤ 초콜릿은 습기와 냄새를 잘 흡수하므로 쓰고 남은 초콜릿은 밀봉해서 보관한다.

⑥ 초콜릿은 장기간 보관할 경우 18~20℃가 좋지만 단기간 사용할 초콜릿이라도 높은 온도와 낮은 온도는 피해야 품질을 보장할 수 있다.

문*1*) 초콜릿 제조공정 중 템퍼링할 때 다음 4가지 응고형태 중 가장 안정된 형태는?

㉠ 알파형　　㉡ 베타형　　㉢ 감마형　　㉣ 델타형

☞ 풀이 : 카카오버터의 결정형은 분자가 채워진 형태가 엉성한 것부터 γ형, α형, β'형, β형의 4종류가 있으며 가장 안정된 결정형은 β형이다.

문**2**) 카카오버터는 초콜릿에 함유된 유지이다. 카카오버터는 그 안정성이 떨어져 초콜릿 블룸현상의 원인이 되고 있다. 이를 방지하기 위한 공정을 무엇이라 하는가?

㉠ 콘칭 ㉡ 템퍼링 ㉢ 발효 ㉣ 선별

☞ 풀이 : 템퍼링공정을 거치면서 카카오버터의 결정상태가 미세한 결정의 β형으로 변한다.

문**3**) 다음 제품 중 코코아를 사용하는 것은?

㉠ 화이트 레이어케이크 ㉡ 파운드케이크
㉢ 데블스 푸드케이크 ㉣ 옐로 레이어케이크

☞ 풀이 : 데블스 푸드케이크는 코코아를 20% 정도 사용한다.

문**4**) 작업을 하고 남은 초콜릿의 가장 알맞은 보관법은?

㉠ 15~21℃의 직사광선이 없는 곳에 보관 ㉡ 냉장고에 보관
㉢ 공기가 통하지 않는 습한 곳에 보관 ㉣ 따뜻한 오븐 위에 보관

☞ 풀이 : 습기가 없고 빛과 냄새가 없는 깨끗한 곳에 보관한다.

문**5**) 다음 중 일반적으로 초콜릿에 사용하는 원료가 아닌 것은?

㉠ 카카오버터 ㉡ 전지분유 ㉢ 이스트 ㉣ 레시틴

☞ 풀이 : 초콜릿 재료는 카카오 매스, 카카오버터, 분유, 설탕, 향, 레시틴 등이다.

문**6**) 가나슈크림에 대한 설명으로 옳은 것은?

㉠ 생크림을 절대 끓여서 사용하지 않는다.
㉡ 초콜릿과 생크림의 배합비율은 10:1이다.
㉢ 초콜릿 종류는 달라도 카카오 성분은 같다.
㉣ 끓인 생크림에 초콜릿을 더한 크림이다.

☞ 풀이 : 생크림과 초콜릿의 비율은 1 : 1, 1 : 2, 1 : 1.5 등 용도에 맞게 사용한다.

15. 주류(Liquor)

술은 풍미를 증가시키고 미생물의 증식을 억제하며 살균효과가 있다. 술은 양조주, 증류주, 그리고 혼성주로 나뉜다. 양조주는 당류를 함유하고 있는 곡류와 과실류를 발효시켜 만든 것이며, 와인, 맥주, 막걸리, 청주 등이 포함된다. 증류주는 양조주를 증류하여 알코올 도수가 높은 술로, 위스키, 브랜디, 럼, 진, 소주 등이다. 혼성주는 특수한 향을 첨가한 술이다. 제과 · 제빵에서 주로 사용되는 술은 럼, 브랜디, 체리술, 혼성주 등이다. 제과 · 제빵에서는 알코올 함량이 40~55%인 브랜디 종류와, 알코올 함량이 20~50%이며, 10% 이상의 당분이 들어있는 혼성주를 사용한다.

종류	제조	대표적인 술
양조주(발효주)	과실, 곡류 등을 알코올 발효시켜 만든 술로 도수가 낮다.	포도주(와인), 맥주, 청주, 막걸리
증류주	양조주를 증류시켜 얻은 술로 도수가 높다.	위스키, 브랜드, 럼주, 소주
혼성주(리큐르)	증류주에 과일, 견과, 스파이스, 초근목피 등을 첨가하여 맛과 향을 곁들인 술	오렌지술, 체리술, 커피리큐르

1) 종류

(1) 럼(Rum)

적도 부근의 열대 지방에서 풍부하게 생산되는 사탕수수에서 설탕의 결정을 분리해 낸 찌꺼기, 즉 당밀을 발효시킨 증류주로 럼은 원료의 품질이나 증류 및 숙성방법 등의 차이에 따라 풍미가 가벼운 라이트 럼, 가볍지도 무겁지도 않은 미디엄 럼, 중후한 풍미를 지닌 헤비럼으로 구분되며 색깔도 무색투명한 것에서 짙은 갈색에 이르기까지 다양하다.

제빵에 이용되는 럼은 미디엄 럼이며 칵테일에도 많이 이용된다. 향이 좋고 열에 강하여 각종 과자를 만드는 데 널리 사용되며 쿠바, 자메이카, 서인도제도의 것이 질이 좋다. 크림이나 젤라틴에 섞거나 과실을 럼에 담그기도 하며 아이스크림에 가미해 맛을 내는 등 용도가 매우 다양하다.

(2) 브랜디(Brandy)

프랑스의 꼬냑 지방에서 생산되는 증류주 꼬냑(Cognac)은 그 향이 독특해 빵의 풍미를 부드럽게 하며 브랜디의 고유 향이 빵에 배어 그 향만으로도 빵의 가치를 높일 수 있다. 또한 첨가되는 건과를 부드럽게 하며 건과 특유의 향을 제거해 과일 고유의 향과 브랜디의 향이 어우러져 좋은 빵을 생산해 낼 수 있다. 그리고 과일향이 은은한 오렌지 향과 알코올 도수 40도의 톡 쏘는 맛이 어우러진 쿠앵트로(Cointreau)도 과자류, 생크림 등에 이용된다.

(3) 그랑마르니에(Grand marnier)

오렌지 껍질을 꼬냑에 담가 만드는데 새콤달콤한 향이 초콜릿과 잘 어울린다.

(4) 오렌지 큐라소(Orange curacao)

주재료가 오렌지, 레몬으로 만든 술이다.

(5) 키르슈(Kirsch)

체리의 과즙을 발효하고 증류시킨 술이다.

(6) 위스키(Scotland Whiskey)

증류주로 스코틀랜드산과 아일랜드산이 있다.

2) 기능

① 술의 고유 향으로 빵, 과자의 풍미를 좋게 한다.

② 과자류의 맛을 좋게 하기 위해 과일 등의 첨가물의 짙은 냄새를 없애주고 첨가물을 부드럽게 해준다.

③ 계절과 상관없이 천연의 과일향을 맛볼 수 있으며 지방산을 중화하여 제품의 풍미를 높여준다.

④ 일부 세균의 번식을 막아 제품의 보존성을 높여준다.

제8절 재료과학

1. 탄수화물

1) 정의

탄수화물은 탄소, 수소, 산소의 3원소로 이루어지며 수소와 산소의 비율은 2 : 1로 물과 같은 비율로 존재하기 때문에 탄수화물이라 한다. 1g당 4kcal의 열량을 내며 주로 식물체의 엽록소 부분에서 합성하는데 이산화탄소와 물과 빛이 필요하다.

2) 탄수화물의 분류

(1) 단당류(Monosaccharides)

① 포도당(Glucose)

㉠ 자연계에 널리 존재하며 특히 포도에 많다.
㉡ 동물의 혈액 속에 0.1% 정도 존재한다.
㉢ 전분을 가수분해하여 얻을 수 있다.
㉣ 포도당의 상대적 감미도는 75 정도이다.

② 과당(Fructose)

㉠ 설탕의 구성성분으로 과일, 꿀에 많이 함유되어 있다.
㉡ 당류 중 감미도가 가장 높으며 결정화되지 않으며 흡습성이 있다.
㉢ 인슐린, 자당 가수분해로 얻을 수 있다.
㉣ 과당의 상대적 감미도는 175 정도이다.

③ 갈락토오스(Galactose)

㉠ 유당의 구성성분으로 포유동물의 젖에서만 얻을 수 있다.
㉡ 물에 잘 녹지 않으나 단당류 중 가장 빨리 소화, 흡수된다.
㉢ 지방과 결합하여 뇌, 신경 조직의 성분이 되므로 유아에게 특히 필요하다.
㉣ 우유 중의 유당을 분해하여 얻을 수 있다.

(2) 이당류(Di-saccharide)

① 자당(Sucrose, 설탕)

㉠ 사탕수수, 사탕무에 많이 함유되어 있으며 환원성이 없기 때문에 감미도의 표준물질로 이용된다.

㉡ 당류의 감미도는 설탕의 감미도 100을 기준으로 다른 당류의 감미도를 상대적으로 나타낸다.

㉢ 가수분해로 전화당을 만들고 160~180℃에서 캐러멜 반응을 일으킨다.

* 전화당(invert sugar) : 자당이 가수분해될 때 생기는 중간산물로 포도당과 과당이 1:1로 혼합된 당

② 맥아당(Maltose)

㉠ 식물의 잎이나 발아종자에 널리 존재하며 감주의 주성분인 엿기름(맥아)에 많이 함유되어 있어 맥아당이라 한다.

㉡ 포도당 + 포도당으로 환원당이다.

㉢ 물엿과 전분의 주요 구성성분이며 상대적 감미도는 60 정도이다.

③ 유당(Lactose)

㉠ 포유동물의 유즙에 존재하며 물에 잘 녹지 않고 단맛이 가장 약하다.

㉡ 효소 락타아제에 의해 분해되면 포도당+갈락토오스가 생성된다.

㉢ 장내에서 잡균의 번식을 막아 정장작용을 하고 칼슘의 흡수를 돕는다.

㉣ 이스트가 분해시키지 못하는 당으로 이스트의 영양원이 되지 못하므로 제품에 잔류당으로 남는다.

(3) 다당류(Poly-saccharide)

여러 개의 다당류가 결합된 것으로 물에 용해되지 않고 단맛, 환원성, 발효성이 없다. 다당류 중 가장 중요한 다당류는 전분으로 전 인류의 주요 칼로리원이며 가공식품의 주요 성분으로 이용되고 있다.

① 전분(Starch)

포도당 다(多)분자, 결합형태에 따라 아밀로오스와 아밀로펙틴으로 구성되어 있으며 60℃에서 호화된다.

㉠ 아밀로오스(Amylose)

ⓐ 포도당이 직쇄구조(α-1,4결합) 결합이다,

ⓑ 요오드용액에 청색반응을 일으킨다.

ⓒ 노화속도가 빠르다.

ⓓ 물에 쉽게 용해되고 침전된다.

ⓔ 일반 곡물에 20% 함유되어 있다.

㉡ 아밀로펙틴(Amylopectin)

ⓐ 포도당이 측쇄구조(α-1,4 α-1,6결합) 결합이다.

ⓑ 요오드용액에 적자색반응을 나타내며 분자량이 크다.

ⓒ 물에 잘 녹지 않으며 노화속도가 느리다.

ⓓ 찹쌀, 찰옥수수 전분은 아밀로펙틴 100%로 되어 있다.

ⓔ 멥쌀에는 아밀로오스 20%, 아밀로펙틴 80% 함유

② 글리코겐(Glycogen)

㉠ 간과 근육에 저장하는 동물성 전분이다.

㉡ 아밀라아제의 작용을 받아 맥아당과 덱스트린으로 분해된다.

③ 덱스트린(Dextrin)

㉠ 가수분해할 때 이당류인 맥아당으로 분해되기까지 만들어지는 중간 생성물이다.

㉡ 물에 녹기 쉽고 소화가 용이하다.

④ 셀룰로오스(Cellulose)

㉠ 식물 세포막의 주성분으로 섬유소라고 한다.

㉡ 불용성 식이섬유로 배변을 도와준다(만복감을 주며 변비를 방지).

㉢ 사람의 소화효소에 존재하지 않는다.

⑤ 펙틴(Pectin)

㉠ 과실(감귤류), 야채 등의 세포벽 속에 존재

㉡ 잼, 젤리 응고제로 사용

⑥ 한천(Agar-agar)

㉠ 우뭇가사리 등의 홍조류를 조려 녹인 뒤 동결, 해동, 건조시킨 것이다.

㉡ 응고제로 제과(양갱 제조)에 많이 쓰인다.

⑦ 알긴산(Alginic acid)

㉠ 다시마, 미역 같은 갈조류의 세포막 구성성분으로 존재한다.

㉡ 아이스크림, 유산균 등에 유화안정제로 많이 쓰인다.

⑧ 이눌린(Inulin)

㉠ 과당의 중합체로 이루어진 다당류이다.

㉡ 돼지감자, 우엉 등에 많이 들어 있다.

3) 전분의 호화와 노화

(1) 호화(α 화)

전분을 물에 넣어 가열하면 전분입자가 팽윤하고 부피가 늘어나 점성이 생겨 풀같이 되는 현상을 호화 또는 전분의 α화라고 한다.

(2) 노화(β 화)

호화된 전분을 방치하면 분자가 다시 모여 결정화되면서 β전분으로 되돌아가는 현상을 노화라 한다. 빵의 노화는 빵이 냉각되면서 아밀로오스의 결정화가 일어나 경화되고 아밀로펙틴의 재결정화가 진행되면서 전분입자가 굳어져 노화가 일어난다.

① 노화현상 : 껍질이 딱딱해지고 제품 특유의 향기가 없어지고 질겨져 속결이 거칠어진다.

② 노화속도에 영향을 주는 요인

㉠ 전분의 종류, 저장온도, 수분함량

㉡ pH의 영향(산성일수록 촉진된다)

③ 노화의 최적온도 : 0℃~10℃, 수분함량이 30~60%에서 가장 빠르게 진행된다.

④ 노화의 지연방법

㉠ 냉동(-18℃ 이하) 저장

㉡ 양질의 재료 사용 및 공정관리 철저

㉢ 유화제 사용

㉣ 포장관리

문1) 요오드용액에 의해 청색반응을 일으키는 것은?

㉠ 아밀로펙틴 ㉡ 덱스트린 ㉢ 맥아당 ㉣ 아밀로오스

☞ 풀이 : 아밀로오스(청색반응), 아밀로펙틴(적자색반응)

문2) 다음 중 이당류인 것은?

㉠ 과당 ㉡ 설탕 ㉢ 덱스트린 ㉣ 포도당

☞ 풀이 : 이당류: 설탕, 맥아당, 유당

문3) 혈액 중에 혈당으로 들어 있는 것은?

㉠ 포도당 ㉡ 과당 ㉢ 자당 ㉣ 유당

☞ 풀이 : 포도당 : 동물의 혈액 속에 0.1% 정도 존재한다.

2. 단백질(Proteins)

1) 정의

단백질은 동, 식물체의 가장 중요한 구성성분으로 탄소, 수소, 산소, 질소 등의 구성원소로 구성되어 있으며 탄수화물이나 지방과 다른 점은 질소(16~19% 정도)를 함유한 것이다.

2) 아미노산(Amino acids)

식품 단백질을 구성하는 아미노산은 약 21종으로 단백질을 분해하여 얻어지는 아미노산은 모두 α-아미노산이며 L-배형을 하고 있다.

(1) 아미노산의 종류

① 중성 아미노산 : 아미노기(-NH_2) 1 : 1 카르복실기(-COOH)
글리신(Glycine), 알라닌(Alanine), 발린(Valine), 로이신(Leucine), 트레오닌(Threonine) 등이 있다.

② 산성 아미노산 : 아미노기(--NH_2) 1 : 2 카르복실기(-COOH)
아스파르트산(Aspartic acid), 글루타민산(Glutamic acid)이 있다.

③ 염기성 아미노산 : 아미노기(-NH_2) 2 : 1 카르복실기(-COOH)
리신(Lysine), 아르기닌(Arginine), 히스티딘(Histidine), 시트룰린(Citrulline) 등이 있다.

④ 황 함유 아미노산 : 시스테인(Cysteine, S-H결합), 시스틴(Cystine, S-S결합), 메티오닌(Methionine)이 있다.

⑤ 필수 아미노산

식품 단백질을 구성하고 있는 아미노산 중에서 체내에 꼭 필요하지만 체내에서 합성할 수 없거나 그 합성속도가 느려서 반드시 음식으로 섭취하여야 하는 아미노산을 필수 아미노산이라 한다. 필수 아미노산 종류에는 류신, 리신, 이소류신, 발린, 페닐알라닌, 트레오닌, 메티오닌, 트립토판 등이 있으며 계란, 우유, 육류 등의 단백질은 고품질의 단백질로 필수 아미노산의 함량이 국제식량농업기구와 세계보건기구의 협동위원회에서 추천한 이상적인 분포도에 가까운 식품이다.

3) 단백질의 분류

(1) 단순단백질

아미노산으로만 구성된 구조가 비교적 간단한 단백질로 알부민(albumin), 글로불린(globulin), 글루텔린(glutelin), 프롤라민(prolamin), 히스톤(histone), 프로타민(protamin) 등이 있다.

* 밀 단백질의 경우 프롤라민을 글리아딘(gliadin), 글루텔린을 글루테닌(glutenin)이라고도 한다.

(2) 복합단백질

단순단백질에 다른 물질이 결합되어 있는 단백질로 어떤 성분이 함유되어 있는가에 따라 다음과 같이 나뉜다.

① 핵단백질 : 세포핵을 구성하는 단백질로 핵산을 함유하고 동, 식물의 세포에 존재
② 인단백질 : 유기인과 결합한 화합물로 카제인, 난화의 오보비텔린이 대표적
③ 당단백질 : 탄수화물과 결합한 화합물로 동물의 점액성 분비물에 존재
뮤신 연골 건의 점성물질인 뮤코이드가 대표적
④ 색소단백질 : 혈관, 녹색식물에 존재, 헤모글로빈, 엽록소가 속한다.
⑤ 금속단백질 : 철, 구리, 아연, 망간 등과 결합한 단백질로 호르몬의 구성성분

(3) 유도단백질

자연에 존재하는 단백질이 산, 알칼리, 또는 효소에 의하여 부분적인 분해로 생성된 단백질
〈종류〉 메타단백질, 프로테오스, 펩톤, 펩티드, 젤라틴 등이 있다.

4) 밀가루 단백질

밀가루 단백질 함량은 빵의 부피를 결정하는 가장 중요한 품질지표로서 밀가루 단백질의 특징 중 하나는 밀가루를 물과 혼합하면 글리아딘과 글루테닌이 결합하여 글루텐이라는 단백질을 형성한다. 글루텐을 형성하고 있는 글리아딘은 응집성과 신장성을 글루테닌은 탄력성을 보유한다. 밀가루 반죽에 있어서 글루텐은 구조를 이루고 발효 중 생성된 가스를 보유하는 기능을 갖게 된다. 글루텐 단백질 중 글리아딘은 점성을 나타내며 빵의 부피와 관계가 있고 글루테닌은 혼합시간 및 반죽형성시간과 관계가 있다.

(1) 젖은 글루텐%(wet gluten) = (젖은 글루텐 중량 ÷ 밀가루 중량) × 100
(2) 건조 글루텐%(dry gluten) = 젖은 글루텐 함량 ÷ 3

문*1*) 밀가루 25g에서 젖은 글루텐 6g을 얻었다면 이 밀가루는 어디에 속하나?
㉠ 박력분 ㉡ 중력분 ㉢ 강력분 ㉣ 제빵용 밀가루

☞ **풀이** : 젖은 글루텐(%) = (젖은 글루텐 중량 ÷ 밀가루 중량) × 100 = (6 ÷ 25) × 100 = 0.24 × 100 = 24
건조 글루텐 = 젖은 글루텐 ÷ 3 = 24 ÷ 3 = 8%
단백질량(%) : 강력분(11~13%), 중력분(9~10%), 박력분(7~9%)

문2) 어떤 밀가루에서 젖은 글루텐을 채취하여 보니 밀가루 100g에서 36g이 되었다. 이때 단백질함량은?

㉠ 9%　　㉡ 12%　　㉢ 15%　　㉣ 18%

☞ 풀이 : 36% ÷ 3 = 12%

(3) 글루테닌(glutenin 46%) : 탄력성, 알칼리에 용해

(4) 글리아딘(gliadin 39%) : 점성, 신장성, 70% 알코올에 용해

(5) 비글루텐(15%) : 알부민 → 수용성

(6) 제과제빵의 적성은 단백질 함량에 따라 구분

① 강력분(경질 초자질) : 단백질함량 11~14%이고 빵에 적합, 무기질함량에 따라 경질소맥

② 박력분(연질 중자질) : 단백질함량 10% 정도이고 다목적용으로 국수 등

③ 박력분(연질 분상질) : 단백질함량 7~9%이고 케이크, 카스텔라 등 제과에 적합-연질소맥

④ 듀럼분(세몰리나) : 단백질함량 11~12% 정도, 마카로니 스파게티용 - 경질소맥, 듀럼 초자질

✱ 듀럼분 : 일반 밀과는 다른 품종인 경질밀, 지중해 연안, 미국, 캐나다 등지에서 재배

초자율

밀알을 가로로 잘랐을 때 단면의 투명 정도에 따라 계산한다.

- 초자율이 70% 이상 : 초자질밀
- 30~70%이면 반초자질밀
- 30% 이하면 분상질 밀에 해당

일반적으로 경질밀은 초자질밀, 연질밀은 분상질 밀에 해당, 따라서 초자율은 밀의 단단함과도 관계가 있다.

밀가루 글루텐이 많을 때 나타나는 품질적 결함

-겉껍질이 두껍다.　-기공이 불규칙하다.　- 비대칭이다.

3. 효소(Enzymes)

1) 정의

효소는 단백질로 이루어져 있는데 영양소는 아니나 생체촉매로 생체의 분해와 합성에 중요한 역할을 하는데 자신은 변하지 않는 생물학적 촉매이다.

※ 촉매 : 화학반응에 필요한 활성에너지를 낮추어줌

2) 효소의 특성

효소는 작용하는 기질이 정해져 있는 기질 특이성이 있다.
효소작용은 pH가 변화하는 데 따라 특유의 적정 pH가 있다.

3) 효소의 종류

제빵에 사용하는 효소는 주로 전분과 단백질 분해효소이다. 사용 목적은 밀가루에 부족한 효소를 보충하여 줌으로써 반죽의 발효 촉진과 빵의 품질개선 및 부피를 증가시키는 데 있다.

(1) 탄수화물 분해효소

효소명	기질	분해 생성물	함유재료	비고
아밀라아제 (amylase)	전분	덱스트린, 맥아당	밀가루	α-아밀라아제 β-아밀라아제
α-amylase	전분	가용성 전분 및 덱스트린	밀가루, 맥아, 곰팡이	액화효소
β-amylase	덱스트린	말토오스	밀가루, 맥아	당화효소
말타아제 (maltase)	맥아당(말토오스)	포도당	이스트, 장액, 췌액에 존재	
치마아제 (zymase)	전화당 및 포도당	알코올(CH_3OH), 이산화탄소(CO_2)	이스트에 존재	
인베르타아제 (invertase)	설탕(자당)	전화당(포도당, 과당)	이스트, 장액, 췌액에 존재	
락타아제 (lactase)	유당(젖당)	포도당, 갈락토오스	췌액과 장액에 존재	이스트에 없다

※ 이스트에 없는 효소 : 락타아제(Lactase), 셀룰라아제(Cellulase)

(2) 단백질 분해효소

Protease (프로테아제)	단백질 → 아미노산으로 분해하는 효소 *혼합시간 단축 및 반죽 신장성 향상
Pepsin(펩신)	단백질 → 펩톤 → 펩티드 → 아미노산-위액에 존재 (pH 2일 때 활성)
Trypsin(트립신)	단백질 → 펩톤 → 펩티드 → 아미노산-췌액에 존재
Erepsin(에렙신)	단백질 → 펩톤 → 펩티드 → 아미노산-장액에 존재
Rennin(레닌)	우유 단백질인 카제인을 응고시키는 효소로서 위액에 존재 대표 식품인 치즈 제조에 이용(반추동물 위액에 존재)

(3) 지방분해효소

Lipase(리파아제)	가수분해효소로서 에스테르 결합을 분해하며 장액 등에 존재
Steapsin(스테압신)	췌액에 존재

문1) 단백질 분해효소는?

㉠ 치마아제 ㉡ 말타아제 ㉢ 프로테아제 ㉣ 인베르타아제

☞ 풀이 : 단백질 분해효소 : 프로테아제, 펩신, 트립신, 에립신, 레닌

문2) 밀이 밀가루로 변할 때 증가하는 것은?

㉠ 수분 ㉡ 지방 ㉢ 단백질 ㉣ 회분

☞ 풀이 : 조질(가수)과정에서 수분함량이 10%인 원료 밀을 14~16%로 수분을 높인다.

문3) 밀가루에 전분 다음으로 많이 들어 있는 것은?

㉠ 단백질 ㉡ 광물질 ㉢ 수분 ㉣ 섬유질

☞ 풀이 : 밀가루는 단백질, 탄수화물, 지방, 무기질 및 비타민, 효소, 색소 물질 등으로 구성되어 있다. 밀가루에는 약 14%의 수분이 함유되어 있으며, 밀가루의 종류에 따라 성분 함량이 다르다.

문4) 단백질만이 갖고 있는 원소는?

㉠ 탄소 ㉡ 수소 ㉢ 산소 ㉣ 질소

☞ 풀이 : 질소

문5) 밀가루 단백질에 부족되기 쉽고 우유에 많은 필수 아미노산은?
㉠ 리신 ㉡ 카제인 ㉢ 트립토판 ㉣ 알부민

☞ 풀이 : 필수 아미노산 종류에는 류신, 리신, 이소류신, 발린, 페닐알라닌, 트레오닌, 메티오닌, 트립토판 등

문6) 다음 중 단백질이 가장 많은 것은?
㉠ 버터 ㉡ 우유 ㉢ 치즈 ㉣ 계란

☞ 풀이 : 치즈는 우유의 단백질을 응고, 숙성시킨 것으로 자연 치즈와 가공 치즈로 나눌 수 있다.

4. 지방질

〈정의〉 지방질은 탄수화물, 단백질과 함께 3대 영양소 중 하나로 생체의 구성성분이며 에너지원으로 탄수화물과 같이 탄소(C), 수소(H), 산소(O)로 구성되어 있다. 지방질 가운데 지방산 함량이 가장 많은 것은 유지로 유지는 지방산 3분자(95%) + 글리세롤 1분자(5%)의 에스테르결합이다.

✱ 1g당 열량 : 탄수화물 4kcal, 단백질 4kcal, 지방 9kcal

1) 지방의 분류

① 단순지방 : 중성지방, 납(왁스, 밀랍) 등이다.

② 복합지방 : 인지질, 당지질, 단백지질 등이다.

③ 유도지방 : 지방산, 스테롤 등이다.

2) 지방산

① 포화지방산

㉠ 탄소와 탄소 사이가 단일결합으로 이루어진 지방산이다.

㉡ 탄소 수가 증가할수록 융점과 비등점이 상승한다.

㉢ 상온에서 고체, 동물성 유지에 많이 함유(뷰티르산, 팔미트산, 스테아르산)된다.

② 불포화지방산

㉠ 탄소와 탄소 사이가 이중결합을 형성한 지방산을 1개 이상 가지고 있는 지방산이다.

㉡ 이중결합 수가 많을수록 탄소 수가 적을수록 융점은 낮아진다.

㉢ 상온에서 액체, 식물성 유지에 많이 함유한다.

✱ 올레산, 리놀레산, 아라키돈산

③ 필수지방산

체내에서 필요한 양만큼 합성하지 못하여 음식물에서 반드시 섭취해야 하는 지방산으로 리놀레산, 리놀렌산 및 아라키돈산이 있다.

3) 유지의 가수분해

에스테르 결합이 분해되어 지방산과 글리세린으로 되돌아가는 변화를 가수분해라 한다. 유지는 가수분해되어 유리지방산 함량이 높아지면 튀김기름은 거품이 많아지고 발연점이 낮아진다.

(1) 발연점

유지 가열 시 엷은 푸른 연기가 발생할 때의 온도를 말한다.

① 유리지방산의 함량이 많을수록

② 노출된 유지의 표면적이 클 때

③ 불순물이 많이 함유될수록 발연점이 내려간다.

④ 발연점이 낮은 유지는 인화점도 낮고 연소점도 낮으므로 발연점이 높은 유지를 사용해야 한다.

(2) 글리세롤(Glycerol)

① 글리세린이라고도 부르는 무색, 무취의 액체로 물에 잘 혼합되는 수용성이다.

② 보습성을 가지며 물보다 비중이 크다.

③ 감미가 있으며 향미제, 용매로 사용

④ 물, 기름 유착액에 대한 안전성을 부여(유화제 역할)한다.

4) 지방의 산화속도가 빨라지는 요인

① 지방산의 불포화도가 높을수록
② 이중결합의 수가 많을수록
③ 금속물질(특히 철, 구리 → 유지의 저장성을 나쁘게 하는 금속)
④ 자외선(햇빛), 습도, 이물질 등
⑤ 온도가 높을수록
⑥ 생물학적 촉매(화학반응에 필요한 활성에너지를 낮추어줌. 효소의 기능과 작용)

5) 항산화제(산화방지제)

불포화지방산의 이중결합에서 일어나는 산화반응을 억제하는 물질로 산화방지제라고도 한다.

(1) 항산화제

BHA(부틸화 히드록시 아니솔), BHT(부틸화 히드록시 톨루엔), PG(프로필갈레이트), Vit-E(토코페롤), 세사몰(참기름성분)

(2) 상승제(보완제)

식용 유지나 지방질 식품 속에 있는 산화촉진제인 철, 구리와 같은 금속을 강하게 결합하여 산화촉진작용을 제거함으로써 항산화제의 효과를 증진시켜 주는 물질을 상승제라 한다.
〈종류〉 비타민 C, 구연산, 주석산, 인산 등

6) 수소(H) 첨가

불포화지방산에 수소(H)를 첨가하여 포화지방산으로 만드는 방법으로 액체 지방에 수소를 첨가하면 단단한 고체지방이 얻어지는데 이 수소 첨가공정을 경화라 하며 이렇게 만들어진 제품을 경화유라 한다.

✱ 경화유지 대표 : 쇼트닝, 마가린

7) 제과제빵용 유지의 요구특성

(1) 향미

유지의 풍미는 온화하여야 하며 튀김이나 굽기 과정을 거친 후 냄새가 환원되지 않아야 한다.

✱ 고유의 맛과 향을 지니고 있어야 한다.

(2) 가소성

유지에 힘을 가했을 때 고체모양(원래의 형태)을 유지하는 성질

✱ 퍼프 페이스트리, 데니쉬 페이스트리는 가소성이 중요한 요인이다.

(3) 쇼트닝가

제품에 부드러움과 바삭함을 주는 성질로 버터나 쇼트닝이 많이 가지고 있는 성질로 비스킷, 크래커의 바삭함, 식빵 껍질의 부드러움을 나타내는 수치이다.

(4) 유리지방산가

유지의 가수분해 정도를 나타내는 지수로 유지의 질을 판단하는 기준으로 수산화칼륨의 mg을 %로 표시한 것

① 튀김기름의 산가는 3 이하

② 쇼트닝의 산가는 1 이하

(5) 산화안정성

쿠키류의 지방 산패 억제 기능(저장기간이 길기 때문에)

(6) 크림가

① 유지의 공기 포집 능력으로 부피 좋게

② 크림법 사용 케이크와 버터크림 제조에 중요한 기능

✱ 버터크림 제조 시 당액의 온도 : 112~118℃

✱ 당액 제조 시 재결정을 막아주는 물질 : 물엿, 주석산

(7) 유화가

① 유지와 물을 보습하는 능력

② 유지와 액체재료 사용제품에 중요

③ 고율배합 케이크, 반죽형 케이크

문1) 유지의 저장성을 가장 나쁘게 하는 금속은?

㉠ 구리 ㉡ 스테인리스 ㉢ 망간 ㉣ 아연

☞ 풀이 : 지방의 산화를 가속시키는 요소 : 지방산의 불포화도, 금속(철, 구리 등), 생물학적 촉매(니켈 등), 자외선, 온도, 습도, 이물질 등이 해당된다.

문2) 모노 디글리세리드는 어느 반응의 산물인가?

㉠ 지방의 산화 ㉡ 지방의 가수분해 ㉢ 단백질 변성 ㉣ 다당류의 분해

☞ 풀이 : 지방의 가수분해

문3) 필수 지방산이 아닌 것은?

㉠ 스테아르산 ㉡ 리놀렌산 ㉢ 리놀레산 ㉣ 아라키돈산

☞ 풀이 : 체내에서 필요한 양만큼 합성하지 못하여 음식물에서 반드시 섭취해야 하는 지방산으로 리놀레산, 리놀렌산 및 아라키돈산이 있다.

문4) 지방의 구성 성분은?

㉠ 지방산, 글리세롤 ㉡ 지방산, 올레산

㉢ 지방산, 리놀레산 ㉣ 지방산, 스테아르산

☞ 풀이 : 유지는 지방산 3분자(95%) + 글리세롤 1분자(5%)의 에스테르 결합이다.

문5) 1g당 지방의 kcal는?

㉠ 4kcal ㉡ 9kcal ㉢ 6kcal ㉣ 5kcal

☞ 풀이 : 1g당 열량 : 탄수화물 4kcal, 단백질 4kcal, 지방 9kcal

문6) 지방을 소화시키는 효소는?

㉠ 펩티디아제 ㉡ 아밀롭신 ㉢ 에렙신 ㉣ 스테압신

☞ 풀이 : 지방을 분해하는 효소로는 리파아제와 스테압신이 있다.

5. 무기질(Mineral)

무기질은 물질을 태우고 남은 재의 성분으로 체내의 생리기능을 조절, 유지하며 뼈, 치아의 구성성분으로 중요한 역할을 한다.

인체는 탄수화물, 지방, 단백질 등이 약 30~35%, 물 60~65%를 차지하며 그 외 약 4%가 무기질로 구성되어 있다. 체내에서 합성되지 못하므로 반드시 음식으로부터 공급받아야 한다.

1) 칼슘(Ca)

① 인체 내 무기질 중 가장 많이 함유(2%)하고 대부분 인산칼슘 형태로 존재

② 99%는 뼈와 치아를 형성하고 1%는 혈액과 근육에 존재

③ 결핍증 : 골다공증, 구루병, 골연화증, 성장지연

④ 급원식품 : 우유 및 유제품, 브로콜리, 녹색채소

2) 인(P) : 체내 1% 차지

① 칼슘, 마그네슘과 결합하여 뼈, 치아(골격구성) 구성, 비타민 D에 의해 흡수 촉진

② 인 과잉 섭취 시 칼슘 흡수를 방해

③ 급원식품 : 우유, 난황, 어패류, 치즈, 육류, 콩류, 견과류 등

3) 철분(Fe)

① 적혈구 중 헤모글로빈의 구성성분으로 적혈구를 생성하는 조혈작용

② 간장, 근육, 골수에 존재

③ 결핍증 : 빈혈

④ 급원식품 : 동물의 간, 쇠고기, 돼지고기, 건조 콩, 시금치, 빵, 파스타

4) 구리(Cu)

① 헤모글로빈의 흡수와 숙성을 도움
② 철의 흡수와 운반을 도움
③ 결핍증 : 빈혈, 성장지연, 백혈구의 감소
④ 급원식품 : 빵, 감자, 곡류, 해산물 등

5) 마그네슘(Mg)

① 엽록소의 구성성분, 신경자극전달과 근육의 수축 및 이완작용
② 결핍증 : 근육경련, 어린이 성장지연 등
③ 급원식품 : 곡류, 콩류, 견과류, 채소 등

6) 나트륨(Na)

① 혈액, 체액의 삼투압을 조정하여 체액의 평행유지
② 섭취제한 : 고혈압, 심장병, 동맥경화 등
③ 섭취권장 : 땀을 많이 흘리는 경우, 노동대사에 필수적인 무기질

7) 요오드(I)

① 갑상선, 호르몬인 티록신의 구성성분
② 결핍 : 갑상선종, 주종, 성장부진, 지능미숙, 피로 등
③ 급원식품 : 어패류, 해조류(미역, 다시마, 김), 요오드 강화식염

8) 불소(F)

① 충치 예방 및 억제, 골다공증 방지에 기여
② 급원식품 : 해조류, 어류, 자연수

9) 아연(Zn)

① 인슐린의 구성성분으로 당질대사에 관여
② 결핍증 : 성장지연
③ 급원식품 : 패류(굴, 게 등), 육류, 우유, 요구르트

10) 칼륨(K)

① 체액의 pH와 삼투압을 조절하여 수분조절
② 근육노동 후 요를 통해 배출
③ 인산염, 단백질과 결합하여 근육, 장기 등의 세포액에 존재
④ 급원식품 : 현미. 참깨, 밀가루, 밀의 배아 등

6. 비타민(Vitamins)

비타민은 탄소를 포함하는 필수적인 유기물로 열량은 없지만 에너지대사와 관련된 효소를 도와주는 역할을 한다. 또한 신체기능을 조절하며 반드시 음식물로 섭취해야만 한다.

1) 비타민의 분류와 기능

(1) 지용성 비타민의 종류 : 비타민 A, D, E, K

① 일반적인 성질
㉠ 필요이상 섭취되어 포화상태가 되면 체내에 저장 · 축적되며 기름과 유지용매에 녹는다.
㉡ 결핍증이 서서히 나타난다.
㉢ 열에 강하다.
㉣ 전구체가 존재한다.

② 비타민 A
㉠ 결핍증 : 야맹증, 각막건조증, 결막염

㉡ 급원식품 : 난황, 김, 버터. 간유, 녹황색채소(시금치, 당근 등)

㉢ 카로틴은 비타민 A 전구체의 함유물질이다.

③ 비타민 D

㉠ 결핍증 : 구루병, 골다공증, 골연화증

㉡ 급원식품 : 표고버섯, 청어, 연어, 간유, 난황, 버터, 건어물, 우유 등

㉢ 칼슘과 인의 흡수율을 높인다.

㉣ 콜레스테롤과 에스고르테롤이 전구체이다.

④ 비타민 E

㉠ 열에 가장 안정적이다.

㉡ 생식기능을 정상적으로 유지시키고 근육작용을 향상시킨다.

㉢ 결핍증 : 피부노화촉진, 불임증, 성장장애 등

㉣ 급원식품 : 식물성기름, 곡류의 배아, 난황, 우유, 버터, 녹색채소

⑤ 비타민 K

㉠ 간에서 혈액응고에 필요한 프로트롬빈의 형성을 돕는다.

㉡ 결핍증 : 혈액응고지연, 내출혈

㉢ 급원식품 : 녹황색채소(양배추, 시금치), 난황, 간

(2) 수용성 비타민

① 일반적인 성질

㉠ 필요이상 섭취하면 체외로 방출(소변으로)되며 물에 용해된다.

㉡ 결핍증이 바로 나타나므로 수시로 섭취해야 한다.

㉢ 열에 약하고 전구체가 없다.

② 티아민(비타민 B_1)

㉠ 탄수화물 대사에 필수적인 영양소

㉡ 피로회복, 식욕증진, 정신노동자에게 좋다.

㉢ 결핍증 : 각기병, 신경조직 기능장애

㉣ 급원식품 : 돼지고기, 콩깍지, 우유, 오렌지 주스, 땅콩, 건조콩, 해바라기씨 등

③ 리보플라빈(비타민 B_2)

㉠ 빛에 가장 약하다. 자외선이나 형광등에 노출 시 파괴된다.

㉡ 결핍증 : 피부염, 설염, 구순구각염, 눈 장애, 햇빛에 민감

㉢ 급원식품 : 치즈, 계란, 우유, 유제품, 육류, 간, 참치 등

④ 나이아신(비타민 B_3)

㉠ 결핍증 : 피부병, 펠라그라병(옥수수만 섭취 시)

㉡ 급원식품 : 돼지고기, 쇠고기, 닭고기, 참치, 연어, 아스파라거스, 땅콩 등

⑤ 아스코르브산(비타민 C)

㉠ 가장 불완전한 비타민으로 공기 중에 노출되면 산화되고 열에 파괴된다.

㉡ 산화제로 작용하여 산화된 무기질을 환원하고 손상된 산화물을 제거한다.

㉢ 결핍증 : 괴혈병, 저항력 감소

㉣ 급원식품 : 채소(시금치, 무청), 과일, 해조류 등

7. 물

물은 6대 영양소의 하나로 생명을 유지하는 데 없어서는 안되는 영양소이다.

1) 기능

① 인체의 중요한 구성성분으로 체중의 약 2/3(60%)를 차지한다.

② 체내에서 영양소와 노폐물을 운반

③ 용매로 작용하고 영양소를 용해시켜 소화흡수를 돕는다.

④ 체온유지

⑤ 결핍증 : 1~2% 결핍 → 소변색이 노랗고 입이 마르고 갈증을 느낀다.
10% 결핍 → 혈액순환 안되고 고열, 경련

20% 결핍 → 의식을 잃고 사망

8. 영양소의 소화 흡수

우리가 섭취하는 음식물의 일부는 장에서 인체 내부로 직접적으로 흡수될 수 있으나 탄수화물은 단순당인 포도당, 과당, 갈락토오스로, 단백질은 폴리펩티드, 펩티드, 아미노산으로, 지질은 지방산과 글리세롤로 분해되어야 한다. 이와 같이 영양소를 가수분해하여 흡수하기 쉬운 형태로 변화시키는 과정을 소화라 하고 소화된 영양소들이 소화관에서 체내로 들어가는 것을 흡수라 한다.

1) 탄수화물의 소화

① 타액 속에 포함되어 있는 프티알린에 의해 전분의 일부가 덱스트린이나 맥아당으로 분해된다.
② 최종적으로는 포도당으로 된다.
③ 위에는 탄수화물(당질)을 분해하는 효소가 없다.
④ 탄수화물의 대부분은 소장에서 단당류로 분해된 뒤 바로 흡수된다.
⑤ 대장에는 소화액이 분비되지 않는다.

2) 단백질의 소화

① 단백질 분해효소는 위액, 장액, 췌액에 존재한다.
② 위액 → 펩신이 존재하며 소아의 위액에는 응유효소인 레닌이 존재하여 유즙의 카제인을 응고한다.
③ 장액 → 에렙신이 폴리펩티드를 아미노산으로 분해시킨다.

※ 체내에서 사용한 단백질은 주로 소변을 통해서 배설된다.

3) 지방질의 소화

① 지방은 지방산+글리세롤로 분해되어 흡수된다.
② 위액에는 리파아제가 있어 지방이 소화된다.

③ 소장에는 담즙, 췌장액, 장액 등의 소화액이 있다.

④ 췌액에 스테압산이 존재하며 지방을 지방산과 글리세린으로 분해한다.

⑤ 위에서 흡수되는 영양소는 알코올이며 그 밖의 영양소는 대부분 소장에서 흡수된다.

✱ 물은 일반적으로 대장에서 흡수된다.

4) 칼슘의 흡수

① 소장에서 흡수된다.

② 비타민 D는 칼슘의 흡수를 촉진시킨다.

③ 칼슘의 흡수를 저해시키는 물질은 수산이다.

제과이론

제 2 장
식품위생학

제2장 식품위생학

제1절 식품위생의 개요

1. 식품위생의 정의

식품위생이란 식품, 식품첨가물, 기구, 용기, 포장을 대상으로 하는 음식에 관한 위생
☞ 의약으로 쓰이는 것 외 모든 음식물
[위생법 공포] 1962년 1월 20일, 13장 80조로 되어 있다.

2. 식품위생의 목적

① 식품으로 인한 위생상의 위해를 방지한다.
② 식품영양상의 질적 향상을 도모한다.
③ 국민 보건의 향상과 증진에 기여한다.

제2절 미생물

1. 미생물의 종류

1) 세균의 종류

구균(공모양), 간균(막대모양), 나선균(나사모양)

2) 진균류

곰팡이, 효모

3) 미생물 살균의 정의

① 방부 : 미생물 증식 억제 저지
② 소독 : 병원성 미생물을 죽임
③ 살균 : 모든 미생물을 죽임
④ 멸균 : 모든 미생물과 아포까지 죽임

2. 미생물 발육에 필요한 조건

1) 영양소

탄소원(탄산가스, 유당), 질소원(질산염, 아미노산), 무기염류(인, 유황), 생육소(비타민) 등의 영양소가 충분히 공급되어야 한다.

2) 수분

40~70%

✱ 생육에 필요한 수분 요구도 순서 : 세균> 효모> 곰팡이

3) 온도

균의 종류에 따라 발육온도가 다르며 일반적으로 0℃ 이하, 80℃ 이상에서는 번식하지 못한다. 저온균, 중온균, 고온균으로 분류

| 미생물의 발육온도 |

	저온균	중온균	고온균
발육가능온도	0~25	15~55	40~70
최적온도	15~20	25~40	50~60

4) pH(수소이온농도)

① 곰팡이, 효모 : pH 4~6의 약산성
② 세균 : pH 6.5~7.5의 중성 또는 약알칼리성에서 잘 자란다.

5) 산소

① 호기성균 : 공기가 있는 곳에서만 자라고 살 수 있는 세균
② 편성혐기성균 : 산소가 없는 곳에서만 살 수 있는 세균
③ 통성혐기성균 : 산소호흡을 주로 하지만 무산소 환경에서도 증식 가능한 세균

6) 바이러스의 특징

① 여과성 세균 : 1,000만 배의 현미경으로도 관찰이 불가능할 정도로 작아서 여과기를 통과한다.
② 인공배지 배양이 안된다.
③ 숙주 특이성이 있다(살아 있는 동물에게만 숙주).
④ 항생제 감수성이 없다. (정확한 백신의 개발이 안되므로 예방이 되지 않는다.)

3. 식품변질의 종류

1) 부패

단백질을 주성분으로 하는 식품이 미생물(혐기성 세균)에 의해 변질

2) 변패

단백질 외 탄수화물이나 지방이 미생물에 의해 변질

3) 산패

미생물과 관계없이 불포화지방산이 산소와 결합하여 산화

4) 발효

탄수화물이나 미생물의 작용을 받아 인간에게 유익한 물질을 생성

✱ 발효와 변질의 차이 : 식용가능(발효), 식용 불가능(변질)

4. 부패방지법(보존법)

1) 물리적 보존법

(1) 건조법

① 햇볕이나 열풍, 냉동 또는 감압상태에서 탈수로 수분함량을 줄여 저장하는 방법

② 수분 15% 이하에서 번식하지 못하도록 보존하는 방법

(2) 냉장, 냉동법

온도를 낮춤으로써 번식을 억제하는 방법으로 사멸시키지는 못한다.

① 냉장저장 : 낮은 온도(0~10℃)에서 저장하는 방법

② 냉동저장 : -15~30℃에서 저장하는 방법

③ 급랭 : -40℃

④ 움저장법 : 10℃ 전후의 움 속에 저장하는 방법으로 감자, 고구마, 채소, 과일류의 보관에 이용된다.

(3) 우유가열 살균법

① 저온 살균법 : 60℃에서 30분 가열 후 급랭시키는 방법. ☞ 파스퇴르 우유

② 고온 살균법 : 70℃에서 15초

③ 초고온 살균법 : 130℃에서 1~2초 가열 후 급랭시키는 방법

④ 고온 장시간 살균법 : 120~130℃ 정도로 30~60분 동안 가열하여 살균하는 방법으로 병조림, 통조림 살균법에 주로 이용된다.

(4) 조사법

① 자외선

㉠ 2,600~2,800A 부근의 살균력이 가장 강하다.

㉡ 장점 : 사용이 간편하고 효력이 크고 내성이 생기지 않는다.

㉢ 단점 : 투과력이 약하고 세균만 살균이 가능하다.

② 방사선

㉠ 투과력이 강한 γ(감마)선 조사법

㉡ 장점 : 투과력이 강하다.

㉢ 단점 : 인체에 유해하다.

2) 화학적 보존법

(1) 염장법

소금을 10% 이상 첨가하여 삼투압을 이용, 탈수 건조시켜 저장하는 방법

✱ 해산물, 채소, 육류 등의 저장에 이용된다.

(2) 당장법

설탕을 60% 이상 첨가하여 부패세균의 생육을 억제하는 저장법

✱ 잼, 젤리, 가당연유 등의 보존법으로 적당하다.

(3) 산 저장법

산 3~4%의 식초산을 이용하여 미생물 번식을 억제하여 저장하는 방법

✱ 장아찌, 피클 등 채소의 저장에 이용

(4) 훈연법

활엽수를 태워 발생하는 연기와 함께 알데히드, 페놀 등의 살균물질을 햄, 소시지 같은 육질식품에 침투시켜 저장하는 방법

(5) 가스저장법

식품을 탄산가스나 질소가스 속에 넣어 보관하는 방법으로 호흡을 억제하여 호기성 부패세균의 번식을 억제하는 방법. 과일, 채소

(6) 밀봉가공저장법

① 식품을 밀폐하여 높은 온도로 가열 멸균하여 저장하는 방법
② 통조림, 병조림, 레토르트 파우치 등에 이용

(7) 발효저장법

식품을 미생물로 발효하여 저장하는 방법으로 김치류, 장류, 젓갈류, 식초 등에 이용

(8) 진공포장저장법

공기 제거로 식품 속의 효소작용을 억제하여 저장하는 방법으로 과채류, 육류 등에 이용

(9) 화학물질첨가법

보존료를 사용하여 미생물의 증식을 억제하는 방법으로 반드시 사용기준을 지켜야 한다.

① 보존료 사용용도
㉠ DHA(디하이드로초산) : 버터, 치즈, 마가린
㉡ 소브르산염 : 된장, 육류, 발효유
㉢ 안식향산 : 간장, 청량음료
㉣ 프로피온산 : 빵, 과자

② 보존료 구비조건
㉠ 무미, 무취, 자극성, 독성이 없어야 한다.
㉡ 공기, 빛, 열에 대한 안정성이 높아야 한다.
㉢ 미량으로 효과가 커야 한다.
㉣ 용해성이 높고 수용성이어야 한다.

ⓜ pH에 영향을 받지 않아야 한다.
ⓗ 효력이 장기적이어야 한다.
ⓢ 사용이 간편하고 경제적이어야 한다.

5. 대장균

① 수질오염, 분변오염, 병원성 미생물이 지표균
② 유당 발효하여 가스와 산 생성, 호기성 또는 통성혐기성, 그램음성, 무포자 간균
③ 병원성 대장균
ⓖ 전염성이 강하다.
ⓝ 분변오염의 지표

6. 식중독

유독, 유해한 물질이 음식물과 함께 입을 통해 섭취되어 생리적인 이상을 일으키는 것으로 원인에 따라 세균성 식중독, 화학적 식중독, 자연독 식중독, 곰팡이독 식중독으로 나눈다.

1) 세균성 식중독

(1) 감염형 식중독

① 살모넬라균 식중독
ⓖ 인축 공통 전염병으로 개, 고양이, 소, 돼지에 의해 오염
ⓝ 원인식품으로 육류이며 육류 및 그 가공품, 어패류 및 그 가공품, 우유 및 유제품, 알류 등의 오염된 식품을 섭취했을 때
ⓓ 감염경로는 쥐, 파리, 바퀴벌레 등에 의한 식품의 오염
ⓡ 잠복기 8~48시간, 38~40℃ 발열이 있고 급성위장염 증상(구토, 복통, 설사, 발열)
ⓜ 예방법으로는 60℃에서 20~30초간 가열하면 사멸

② 장염 비브리오 식중독

㉠ 원인균은 어패류 생식이 원인으로 호염성 비브리오균

㉡ 그램음성, 무포자, 간균, 협막이 없다.

㉢ 발열(37℃), 위장염증상

㉣ 조치 : 어패류를 60℃에서 5분 정도 가열하면 사멸

㉤ 위장염 증상으로 구토, 설사, 복통 등을 일으킨다.

③ 병원성 대장균 식중독

㉠ 원인균 : 병원성 대장균

㉡ 원인식품 : 대장균에 오염된 모든 식품으로 우유, 소시지, 햄, 치즈, 두부 등

㉢ 그램음성, 무포자, 간균

㉣ 대장균과 향원차이는 병원성이다.

㉤ 감염경로 : 환자나 보균자의 분변 등에 의해 감염

2) 독소형 식중독

(1) 웰치균 식중독

① 원인균 : A~F까지 있는데 A형 웰치균의 위험성이 가장 크다.

② 독소 : 엔테로톡신

③ 원인식품 : 육류 및 그 가공품, 어패류 및 그 가공품, 식물성 단백질식품 등

④ 증상 : 위장염 증상으로 심한 설사, 복통

⑤ 감염경로 : 식품취급자, 쥐의 분변 등에 의한 식품의 오염

⑥ 예방 : 혐기성, 내열성으로 조리 후 급랭, 저온 보관

(2) 포도상구균

① 독소 : 220℃ 이상의 열에도 쉽게 파괴되지 않는 내열성 장독소인 엔테로톡신이다.

② 원인균 : 황색포도상구균으로 열에 약하나 이 균이 체외로 분비하는 독소에 의해 발생

③ 원인식품 : 탄수화물, 도시락, 떡, 빵, 우유 및 유제품 등

④ 잠복기간 : 1~6시간으로 가장 짧다.
⑤ 감염경로 : 화농성질환자의 손, 쥐 분변에 의한 식품오염
⑥ 우리나라에서 발병률이 가장 높다.
⑦ 예방법 : 60℃에서 30분 이상 가열로 살균

(3) 보툴리누스균

① 독소 : 신경독인 뉴로톡신으로 열에 약하다.
② 원인균 : A, B, E, F형 보툴리스균으로 열에 아주 강한 내열성이다.
③ 원인식품 : 통조림, 병조림, 밀봉식품, 어패류, 소시지, 훈제품 등
④ 증상 : 신경마비, 시력장애, 동공확대 등으로 치사율이 70% 이상으로 식중독균 중 가장 높다.
⑤ 예방법 : 120℃에서 4분 이상, 100℃에서 30분 이상 가열로 완전살균

3) 화학성 식중독

유독성 화학물질을 함유한 식품을 섭취함으로써 일어나는 식중독으로 구토, 메스꺼움, 발열이 있다.

(1) 중금속이 일으키는 식중독

① 수은 : 급성중독 → 구토, 혈변
만성중독 → 설사, 신장장해로 미나마타병의 원인물질이다.
② 카드뮴 : 이타이이타이병의 원인물질
③ 납 : 농약, 납관 등에 의해 오염, 축적 → 만성중독
〈증상〉 피로, 빈혈, 소화기장애, 지각장애 등
④ 농약에 의한 식중독
㉠ 유기인제 : 독성이 강하다. 파라티온, 말라티온, 다이아지논 등
㉡ 유기염소제 : 잔류성이 강하다. DDT, BHC, DDD
㉢ 비소화합물 : 밀가루로 오인하고 섭취하여 발병
〈증상〉 구토, 위통, 경련, 급성중독과 습진성 피부질환, 탈모 등

⑤ 화학적 첨가물에 의한 식중독

㉠ 착색제 : 아우라민, 로다민 B

㉡ 감미제 : 둘신, 페닐라틴, 니트로아닐린, 시클라메이트, 에틸렌글리콜

㉢ 표백제 : 롱가리트, 산염화질소

- 형광표백제 : 감자, 연근, 우엉 등에 사용하고 아황산과 다량의 포름알데히드가 잔류하여 독성을 나타낸다.

㉣ 유해 살균제 : 할라존

㉤ 메탄올(메틸알코올) : 주류의 대용으로 사용. 두통, 구토, 실명, 사망

4) 자연독에 의한 식중독

(1) 동물성 식중독

① 테트로도톡신 : 복어의 유독성분으로 산란기 직전의 난소와 고환에 많이 함유 치사율이 50~60%로 동물성 식중독 중 가장 높다.

② 삭시톡신 : 섭조개, 검은조개의 독성분

③ 베네루핀 : 모시조개, 바지락, 굴 등의 독성분

(2) 식물성 식중독

① 무스카린 : 독버섯의 독성분으로 증상은 복통, 위장장애, 호흡곤란, 혼수상태 등

② 솔라닌 : 감자의 싹튼 부분, 발아부위, 녹색부위에 존재. 증세는 복통, 위장장애 등

③ 시큐톡신 : 독미나리

④ 테물린 : 독보리

⑤ 고시폴 : 면실유가 잘못 정제되었을 때 남아서 중독을 일으키는 독성물질

⑥ 아미그달린 : 청매, 은행, 살구씨 등

5) 곰팡이 식중독

(1) 곰팡이독의 분류

① 아플라톡신 : 옥수수, 밀, 땅콩, 아몬드 등으로 간암을 유발한다.

② 엘고톡신 : 보리, 밀 등 말초신경을 마비시키고 마취제로 사용
③ 시트리닌 : 쌀, 황변미 중독

(2) 진독균

① 원인식품은 주로 탄수화물로 떡, 빵, 쌀, 대두 등
② 항생제 효과가 없다.

(3) 곰팡이독 식중독 예방

① 농작물에 곰팡이가 발생하지 않도록 주의
② 곡류의 수분 함량이 13% 이하로 건조
③ 곰팡이에 오염되지 않은 신선한 재료 사용
④ 가정에서 곰팡이 증식방지
⑤ 곰팡이독 취급자는 고무장갑 착용

7. 기생충과 전염병

1) 기생충

기생충이 인체와 다른 동물에 기생하여 일으키는 질병으로 음식물에 의해 입을 통하여 감염된다.

(1) 채소를 통해 감염되는 기생충

인분을 비료로 사용하여 재배하는 밭작물 중에 상추, 고추, 깻잎, 오이 등 생식이 가능한 채소를 통하여 감염되며 용변 후 손을 깨끗이 씻지 않아 감염

① 회충 : 경구감염, 인분을 통해 감염, 번식력이 가장 높다.
〈예방법〉 청정재배, 충란은 65℃에서 10분이면 사멸, 일광소독이 효과적이다.
② 구충(십이지장충) : 손, 발을 통한 경구감염, 경피감염
〈예방법〉 인분의 위생적 처리, 야채의 세척 철저, 오염된 토양과 접촉금지

③ **요충** : 항문 주위가 산란장소이며 취침 시 활동으로 불쾌, 가려움
〈예방법〉 손가락, 침구 등으로 감염, 가족 예방이 필요

④ **편충** : 우리나라에서 발병률이 가장 높고 특히 맹장에 기생하며 예방법은 회충과 같다.

⑤ **동양모양선충** : 위, 십이지장, 소장에 기생한다.

(2) 육류를 통해 감염되는 기생충(중간숙주가 1개인 것)

① 민곤충(무구조충) : 쇠고기를 날것으로 섭취할 때 감염

② 갈고리촌충(유구조충) : 덜 익은 돼지고기를 섭취했을 때 감염

③ 선모충 : 돼지, 개 등 포유동물

④ 만소니 열두조충 : 닭, 뱀, 개구리 등에 의해 감염

(3) 어패류를 통해 감염되는 기생충(중간숙주가 2개인 것)

구분	제1중간숙주	제2중간숙주
간디스토마	우렁이	담수어(붕어, 잉어)→인체
폐디스토마	다슬기	민물게, 가재→인체
광절열두조충	물벼룩(짚신벌레)	연어, 농어, 숭어→인체
아나사키충	갑각류(바닷게, 가재)	해산어류(고등어, 고래)→인체

2) 전염병

전염병은 세균, 바이러스, 원충 등의 병원체에 의해 감염되며 모기나 파리의 매개곤충에 의해 전염된다.

(1) 전염병 발생의 3대 요소

전염경로(환경), 숙주(인간, 감수성)

① 전염원(병원체를 가지고 있는 병원소) : 질병 발생의 직접적인 원인이 되는 요소
* 대책 → 환자 조기발견 → 격리 → 보균자 색출 → 관리

② 전염경로(병원체의 전파되는 수단) : 질병 발생 분포과정에서 병인과 숙주 양자 간의 조건에 영향을 주는 요소
* 대책 → 매개체 구제 → 환경위생 철저

③ 숙주의 감수성(인간) : 병원체의 침범을 받을 경우

✸ 예방접종 → 면역 생성시킨다.

(2) 전염병의 종류

① 경구전염병(소화기계)의 종류

오염된 식품, 손, 물, 곤충, 식기류 등에 의해 세균이 입을 통하여 체내로 침입하는 소화기계 전염병이다.

㉠ 세균성 : 장티푸스, 파라티푸스, 이질(매개체 : 파리), 콜레라

㉡ 바이러스성 : 소아마비(급성 회백수염)

㉢ 유행성 간염 : 잠복기가 20~25일로 가장 길다.

㉣ 디프테리아 : 백일해, 홍역

✸ 1군 법정 전염병: 장티푸스, 파라티푸스, 이질, 콜레라, 페스트, 장출혈성대장균감염증

(3) 수인성 전염병의 특징

① 식중독 증상과 비슷하며 주로 여름철에 발생

② 잠복기가 짧고 환자 발생이 폭발적이다.

③ 음료수 사용지역과 유행 지역이 일치하고 음식물을 통해서 전염

✸ 급수원 제거 시 발병률이 급속히 감소한다.

④ 치명률이 낮고 2차 감염이 거의 일어나지 않는다.

⑤ 성, 연령, 직업과 무관하며 계절과 연관되지 않는 경우도 있다.

⑥ 유행기가 지나도 재발 가능하고 환경위생이 중요하다.

⑦ 종류 : 장티푸스, 파라티푸스, 이질, 콜레라, 소아마비, 간염

(4) 장티푸스, 콜레라의 특징

① 장티푸스 : 발열이 있다. 우리나라에서 발병률이 높다, 치사율 10~20%

② 콜레라 : 발열이 없다. 수양성 설사, 체온저하, 치사율 50%

(5) 소화기계 경구전염병과 식중독의 차이

	경구전염병	세균성 식중독
원인균	전염병균	세균성 식중독
균량	적은 균이라도 숙주체내에서 증식하여 발병	대량의 생균 or 증식과정에서 생성된 독소에 의해 발병
잠복기	일반적으로 길다	경구전염병에 비해 짧다
2차 감염	원인균에 의해 오염된 물질에 의한 2차 감염이 있다	없다
면역성	면역성이 있다	없다

(6) 인 · 축 공통전염병

사람과 동물이 같은 병원체에 의해 발생하는 전염병으로 병원체가 존재하는 식육, 우유의 섭취, 감염동물 분비물에 접촉, 2차 오염된 음식물을 먹을 때 전염될 수 있다. 원래는 사람이 동물에게 2차 감염되지만 반대로 동물이 사람에게 감염되는 것도 있다.

① 탄저병 : 소, 양, 말, 돼지

〈예방〉 - 도살장의 위생적인 처리

- 병에 걸린 가축을 조기 발견하여 소각처리
- 양모, 모피, 뼈 등의 철저한 소독 및 가축에 대한 정기적인 예방접종 실시

② 결핵 : 소, 양

〈예방〉 - 우유는 살균하여, 육류는 가열 후 섭취

- 정기적인 검사로 감염된 소를 조기 발견, 감염된 우유나 고기의 유통방지

③ 야토병 : 양, 산토끼

〈예방〉 - 고기는 충분히 가열하여 섭취하고 손 씻기를 생활화

④ 광견병 : 개

⑤ 살모넬라 : 돼지, 소, 말, 양, 닭

⑥ 파상풍 : 소, 돼지, 산양, 개

〈증상〉 사람→열병, 동물→유산 (*사람과 동물의 증세가 다르다.)

인 · 축 공통전염병의 예방법

① 가축의 건강관리 및 이환(병에 걸린) 동물의 조기 발견과 예방접종
② 이환된 동물 판매 및 수입금지
③ 도살장이나 우유 처리장의 검사 철저

절족동물에 의한 질병

① 쥐 : 페스트, 렙토스피라
② 진드기 : 쯔쯔가무시병, 유행성 출혈열
③ 모기 : 말라리아, 일본뇌염
④ 이 : 발진티푸스, 발진열
⑤ 바퀴벌레, 파리 : 이질, 콜레라, 장티푸스, 파라티푸스

(7) 수질오염(유해금속)에 의한 공해병

① 미나마타병 : 수은이 원인물질로서 신경독, 중추, 말초, 신경마비, 사지마비, 보행불능
- 일본 미나미타안 강 유역에서 유출된 수은으로 인해 오염된 어류를 사람이 섭취

② 이타이이타이병 : 카드뮴이 원인물질로 골연화증
- 일본지역 제련공장에서 카드뮴이 농지로 유출되어 오염된 곡류가 원인

③ 납 : 체내에 축적되어 만성중독으로 적혈구 혈색소 감소, 체중감소 및 신장장애, 칼슘 대사 이상과 호흡장애, 지각장애 등의 증상

④ 주석 : 통조림관 내면의 도금재료로 이용되며 질산은이 존재하면 용출된다.
- 중독증상은 구토, 설사, 복통 등

⑤ 안티몬 : 법랑, 도자기 등의 착색제로 중독증상은 구토, 설사, 경련 등

8. 식품첨가물

〈정의〉 식품을 제조, 가공 또는 보존함에 있어 식품에 첨가, 혼합, 침윤, 기타의 방법으로

사용되는 물질로서 식품첨가물의 규격과 사용기준은 식품의약품안전처장이 정한다.

1) 식품첨가물의 종류

(1) 보존성 높이는 첨가물

① 방부제(보존료) : 식품의 변질 및 부패의 원인이 되는 미생물 증식을 억제
㉠ 소르빈산 : 팥앙금류, 잼, 젤리, 된장
㉡ DHA(디하이드로초산) : 버터, 치즈, 마가린
㉢ 안식향산 : 간장, 청량음료
㉣ 프로피온산 : 빵, 과자
② 살균제 : 식품의 부패 원인균, 전염병의 병원균을 사멸
㉠ 염소, 표백분, 과산화수소, 차아염소나트륨 등
③ 산화방지제(항산화제) : 산화반응을 억제하는 물질로 식품의 산화, 변질 현상을 방지
㉠ BHA(부틸히드록시아니졸)
㉡ BHT(부틸히드록시토루엔)
㉢ PG(프로필갈레이트)
㉣ Vitamin-E(토코페롤)
㉤ 세사몰(참기름성분)
* 자연 산화방지제 : 비타민 E(토코페롤), 비타민 C(아스코르빈산)

(2) 관능을 만족시키는 첨가물

① 조미료 : 글루탐산나트륨
② 감미료 : 사카린, 아스파탐, 솔비톨
* 솔비톨을 세분하면 D, L로 나눌 수 있음
③ 산미료 : 구연산, 젖산
④ 착색제 : 타르색소, 캐러멜색소
⑤ 발색제 : 육류발색제-질산나트륨, 아질산나트륨, 질산칼슘
식물성 색소 발색제-황산제1철

⑥ 표백제 : 아황산나트륨, 과산화수소, 차아황산나트륨, 산성황산나트륨

⑦ 착향료

㉠ 수용성향료 : 알코올성 향료-고농도의 제품을 만들기 어렵다.

㉡ 유성향료 : 비알코올성 향료

㉢ 유화향료 : 고체성 향료 - 고체형태, 분말형태

에센스 향료 - 주로 버터크림에 사용

(3) 품질유지 또는 개량을 위한 첨가물

① 밀가루 개량제 : 제분한 밀가루의 표백과 숙성을 위해 사용하고 제빵효과를 높이는 물질. 브롬산칼륨, 과산화벤조일, 과황산암모늄, 염소 등을 사용

② 유화제 : 서로 혼합이 잘되지 않는 두 종류의 액체를 유화시키기 위해 사용 모노 디글리세라이드, 레시틴, 대두인지질, 지방산에스테르 등

③ 호료(증점제) : 식품의 물성, 촉감을 향상시키기 위해 사용하는데 점성, 분산 안정제, 결착 보수제 등의 역할을 한다. 카제인, 메틸셀룰로오스, 알긴산나트륨 등

(4) 식품의 제조 가공과정에 필요한 첨가물

① 소포제 : 식품 제조과정에서 불필요한 거품 제거, 규소수지(실리콘수지)

② 팽창제 : 빵이나 과자 등을 부풀게 해서 적당한 형태를 갖추게 할 때 사용

효모, 탄산수소나트륨, 탄산수소암모늄, 탄산암모늄 등

(5) 기타

① 이형제 : 유동파라핀, 빵 속 잔존 허용량은 0.1%이다.

✱ 이형제는 발연점이 높은 기름을 사용하며 반죽 무게의 0.1~0.2% 정도를 사용한다.

✱ 제과제빵의 틀을 실리콘으로 코팅하면 이형제의 사용을 줄일 수 있다.

2) 식품첨가물의 사용 목적

① 식품 외관을 만족시키고 기호성을 향상시키기 위하여

② 식품의 변질, 부패를 방지하기 위하여

③ 식품의 품질을 개량하고 저장성을 향상시키기 위하여

④ 식품의 향과 풍미를 개선하고 영양을 강화하기 위하여

제 3 장
포장

제3장 포장

 제1절 포장

1. 식품포장의 목적

① 품질의 보존 : 내용물이 상하거나 파손되지 않게 보호하는 기능을 한다.

② 위생직 보존 : 생불적 환경으로부터의 보호

③ 편리성 제공 : 운반을 쉽고 간편하게 하여 원활한 유통에 도움을 준다.

④ 상품성 : 상품을 아름답게 꾸며 소비자의 구매의욕을 부추긴다.

2. 포장재료가 갖추어야 할 조건

① 방수성이 있고 통기성이 없어야 한다.

② 가격이 저렴하고 경제적이어야 한다.

③ 제품의 파손을 막을 수 있어야 한다.

④ 위생적이어야 한다.

⑤ 포장 후 제품의 상품가치를 높일 수 있어야 한다.

⑥ 포장기의 적성에 적합해야 한다.

✱ 포장의 조건 : 위생성, 보호성, 작업성, 간편성, 상품성, 경제성

3. 식품포장에 사용되는 플라스틱의 종류와 성질

1) 셀로판

가소성은 없으나 식품포장의 필름으로 이용되는 천연 고분자 화합물을 처리한 것이다.

(1) 장점

① 투명성이 우수하고 광택이 강하다.
② 인쇄가 선명하고 다른 플라스틱과 증착이 용이하다.
③ 휘발성성분을 투과하기 어렵다.
④ 내유성이 있고 화학적으로 중성이며 무독성이다.

(2) 단점

① 투습성이 높다.
② 습도가 높을 경우 기체의 투과성이 대단히 높다.
③ 열접착성이 없다.

2) 폴리에틸렌(P.E)

에틸렌을 중합시켜 만든 포장재료이다.

① 플라스틱 중에서 가격이 저렴하고 가공이 용이하다.
② 다른 플라스틱과 증착하여 광범위하게 식품의 포장재료로 사용된다.

3) 폴리프로필렌(P.P)

프로필렌을 50% 이상 함유하는 중합체이다.

① 노화는 폴리에틸렌보다 빠르다.
② 연화점 138~149℃로 폴리에틸렌보다 높고 내열성이 높다.
③ 투명도, 내열성, 투습성이 낮아 식품포장용으로 수요가 증가하고 있다.

4) 폴리스티렌

스티렌을 50% 이상 함유한 중합체로 광택이 있는 투명한 포장제로 강도가 약하고 방습성이 낮기 때문에 생선, 야채, 축육의 포장에 이용되며 장기저장을 필요로 하지 않는 식품의 용기에 이용된다.

5) 폴리비닐클로라이드(PVC)

염화비닐을 50% 이상 함유한 중합체로 기체 투과성과 투습성이 높아 야채, 어묵식품, 간장, 식초, 식용유 등의 액체식품의 용기로 사용되고 있다.

6) 폴리염화비닐리텐(PVDC)

염화비닐리텐을 50% 이상 함유한 중합체이다.

① 강산, 강알칼리에 안정적이다.
② 유지, 유기용매에도 안정적이다.
③ 투명도는 높으나 투습성, 기체 투과성은 대단히 낮다.
④ 장기저장용 포장재료로 적합하다.

제2절 생산관리

〈정의〉 경영에서 사람, 재료, 자금을 유효적절하게 사용하여 좋은 물건을 저렴한 비용으로 필요한 물량을 필요한 시기에 만들어내기 위한 관리 또는 경영을 위한 수단과 방법을 말한다.

* 생산관리의 3대 요소 : 사람, 재료, 자금
* 생산관리의 기능 : 품질보증기간, 적시적량기능, 원가조절기능

1. 기업활동의 5대 기능

제조, 판매, 재무, 자재, 인사

2. 생산활동의 구성요소(5M)

사람(man), 기계(machine), 재료(meterial), 방법(method), 관리(management)

3. 생산관리조직의 편성

(1) 라인조직

하위자가 상급자 1인에게만 지휘, 명령을 받아 업무를 수행하는 조직으로 지휘, 명령의 일관성은 있으나 수평적 분업의 결여로 경영능률이 저하된다.

(2) 직능조직

하위자가 전문분야를 담당할 몇 사람의 상급자로부터 지휘, 명령을 받아 업무를 수행하는 조직으로 수평적 분업에 의해 경영능률이 향상되나 기업의 질서, 명령계통에 혼잡이 생길 수 있다.

(3) 라인 스태프 조직

지휘, 명령계통은 일원화하면서 전문가를 스태프로 활용하는 조직으로 관리기능의 전문화 및 지휘, 명령계통의 강력화가 이루어지며 조직이 방대한 기업에서는 관리가 어렵고 반대로 소규모의 조직에서는 바람직한 시스템이다.

4. 생산계획의 개요

수요예측에 따라 생산의 여러 활동을 계획하는 일을 생산계획이라 하며 상품의 종류, 수량, 품질, 생산시기, 실행예산 등에 대한 계획을 구체적 · 과학적으로 수립하는 것을 말한다.

(1) 생산계획의 기본요소

① 과거의 생산실적(월별, 품종별, 제품별 등)

② 경쟁회사의 생산동향

③ 경영자의 생산방침

④ 제품의 수요 예측자료
⑤ 과거 생산비용의 분석자료
⑥ 생산능력과 과거 생산실적 비교

(2) 생산시스템

원료의 투입에서부터 생산활동을 포함하여 완제품 제조까지 전 과정을 말한다.

① 투입 : 제품을 생산하기 위해 필요한 각종 원재료를 사용한 양을 말한다.
② 산출 : 생산활동을 통해서 제품이 완성되어 나온 생산량을 말한다.

$$생산량 = \frac{생산금액}{인원 \times 시간}$$

(3) 생산관리

① $노동생산성 = \frac{생산금액(원)}{총공수(인원 \times 시간)}$

② $노동\ 분배율 = \frac{인건비 \times 100}{부가가치}$

☞ 생산된 소득 중에서 인건비와 관련된 부분 : 노동분배율

③ $1인당\ 생산가치(부가가치) = \frac{부가가치(생산가치)}{인원}$

제3절 원가관리

〈원가의 정의〉 기업이 제품을 생산하는 데 소비한 경제가치를 말한다. 즉 제품의 제조, 판매, 서비스의 제공을 위하여 소비된 경제가치를 원가라 한다.

✱ 원가의 3요소 : 재료비, 노무비(인건비), 경비

1. 원가의 종류

① 직접원가 : 직접재료비 + 직접노무비 + 직접경비

② 제조원가 : 직접원가 + 제조간접비(간접재료비, 간접노무비, 간접경비)

③ 총원가 : 제조원가 + 판매관리비(판매비 + 관리비)

④ 판매원가 : 총원가 + 이익

2. 원가계산의 목적

① 가격결정의 목적

② 원가관리의 목적

③ 예산편성의 목적

④ 재무제표의 목적

3. 원가를 절감하는 방법

① 원료비의 원가절감

㉠ 구매 관리는 철저히 하고 가격과 결재방법을 합리화시킨다.

㉡ 생산수율(제품생산량/원료생산량)을 향상시킨다.

㉢ 원료의 선입선출관리로 불량품 감소 및 재료 손실을 최소화한다.

㉣ 공정별 품질관리를 철저히 하여 불량률을 최소화한다.

② 작업관리 개선을 통한 불량률의 감소로 원가절감

㉠ 작업자의 태도와 점검 : 표준작업이나 작업지시 등의 내용기준을 설정하여 수시로 점검

㉡ 기술수준 향상 : 적정기술 보유자를 필요공정에 배치하거나 교육을 실시한다.

㉢ 작업여건의 개선 : 표준작업표를 사용하고 정리정돈, 적정 조명을 설치한다.

③ 노무비의 절감

㉠ 표준화와 단순화를 계획한다.

㉡ 생산의 소요시간, 공정시간을 단축한다.

㉢ 생산기술 측면에서 제조방법을 개선한다.

㉣ 설비관리를 철저히 하여 가동률을 높인다.

㉤ 교육, 훈련을 통해 주인의식과 생산능력을 향상시킨다.

* 노무비절감방법 : 표준화, 단순화, 공정시간 단축

4. 손익분기점

〈정의〉 어떤 한 기간에 생산된 매출액이 총비용과 일치하는 점을 말하며 이익도 손실도 발생하지 않는 점을 말한다.

5. 고정비와 변동비

(1) 고정비

매출액의 증가나 감소에 관계없이 일정기간에 일정 금액이 소용되는 경비를 말한다. 기본급, 제 수당, 감가상각비, 임차료, 보험료 등이 포함된다.

(2) 변동비

매출액의 증감에 따라 비례적으로 증감하는 비용을 말하며 재료비, 상품 매입 금액, 외주 가공비, 운임비, 직원의 잔업수당 등이 포함된다.

제4절 공장관리

1. 공장위생

① 사용할 원료가 위생적으로 안전해야 한다.

② 식품을 취급하는 사람이 위생관념을 갖고 있어야 한다.

③ 식품을 취급하는 시설이 위생적으로 관리되어야 한다.

2. 공장건물의 입지조건

(1) 주변환경의 공기청정

식품을 제조 가공하는 공장 주변의 청정은 식품의 안정성 확보를 위해 중요한 조건이다. 공장 밀집지역, 많은 사람 주거지역, 비포장도로의 인접지역은 악취, 먼지 및 부유세균 등이 많아서 부적합하다.

(2) 양질의 용수와 수량 확보

식품을 제조, 가공하는 공장은 수질(산성, 알칼리수 등)이 가장 중요하며 수량도 수질과 마찬가지로 중요하다.

(3) 오수, 폐수물 처리의 편리성

일반적으로 하천은 어느 정도의 자정작용으로 오수를 자연적으로 정화해 주지만 고형폐기물은 물성이 안정하여 매몰 등에 의하여 환경오염 물질화가 될 수 있으므로 이들에 대한 처리가 편리하도록 사전에 검토되어야 한다.

(4) 운수, 교통 및 전력 사정

운수, 교통 및 전력은 생산과 운반비에 직접적인 영향을 주지만 운송지연이나 파손 등으로 제품 품질에 막대한 결함이 발생되기 때문에 사전에 철저한 검토가 있어야 한다.

3. 공장건물의 구조

① 원료로부터 시작되는 제조공정은 반드시 일정방향으로 진행되어야 한다.
② 청결과 오염지역의 작업이 서로 교차되어서는 안된다.
③ 작업장의 면적 : 작업장은 공장에서 종업원의 건강관리와 작업능률 및 품질, 위생상의 여러 가지 문제점 등이 밀접한 과제를 가지므로 적절한 면적 확보는 중요한 요소이다.
④ 시설설계 : 병원미생물의 오염을 전제로 하여 이에 대응하는 적절한 배려가 필요하다.
⑤ 바닥 : 불침수성이고 표면이 편편하여 청소하기가 쉽고 내구성인 자재로 한다. 배수구

는 측면으로부터 약 15cm 띄어서 벽에 평행하게 하고 배수구에 통하는 부분은 방서구조(30메시)로 한다. 바닥의 경사는 1cm 높이(1.5/100배율)가 적당하고 배수구의 경사는 3/100 이상으로 배수가 빠르고 물이 고여 썩은 냄새를 최소화할 수 있어야 한다.

⑥ 벽의 조건 : 불침수성(타일 등) 재료로 처리하고 표면이 편편하고 청소하기 쉽게 한다. 내부 벽 하부는 부식되기 쉬우므로 약 1cm 정도의 높이까지는 타일이나 시멘트 등의 불침투성 재료로 시공하는 것이 좋다.

⑦ 천정 : 편편하고 밝은 색의 재료로 처리하고 가능하면 수세도 할 수 있으면 좋다.

⑧ 채광, 조명 : 자연의 햇빛을 충분히 이용하기 위해서 창의 면적은 벽의 면적을 기준으로 할 때 70% 이상이며 바닥의 면적을 기준으로 하면 20~30% 정도로 하는 것이 좋다. 야간이나 인공 광선에 의한 조명을 이용하는데 조도는 50Lux 이상이 바람직하다.

| 제과제빵공정상의 조도기준(Lux) |

작업내용	표준조도	한계 조도
장식(수작업) 데커레이션, 마무리작업 등	500	300~700
계량, 반죽, 정형, 조리작업 등	20	150~300
굽기, 포장, 장식(기계작업) 등	100	70~150
발효	50	30~70

⑨ 환기, 통풍 : 식품의 제조, 가공시설에는 효과적으로 환기 또는 배기를 할 수 있는 설비를 하게 되는데 창이나 천장은 수증기나 연기, 가스 등이 빨리 배출될 수 있게 배기팬 등을 이용하여 인공적으로 환기를 해야 한다.

⑩ 방충, 방서 : 쥐와 곤충의 출입을 방지하기 위해서는 작업장 내외의 배수구와 출입구 또는 화장실과 출입구에는 방서시설을 하고 조리장과 창문에는 방충, 방서용 금속망으로 30메시(mesh) 정도의 것이 적당하다.

⑪ 배수 : 하수도 폐수탱크 등은 당국이 인정하는 적당한 처리방법과 시설로 되어 있어야 하고 폐수는 배수관을 통하여 역류의 가능성이 있으면 안된다.

4. HACCP : 식품위해요소중점관리기준

1) HACCP의 정의

식품의 원료관리, 제조, 가공, 조리 및 유통의 모든 과정에서 위해한 물질이 식품에 혼입되거나 식품이 오염되는 것을 방지하기 위하여 각 공정을 중심적으로 관리하는 기준으로서 식품안전에 영향을 줄 수 있는 위해요소를 사전에 확인 · 예방하고 과학적으로 평가하여 관리하는 체계를 말한다.

HACCP

☞ HACCP : – 제6절차(제1원칙) : + CCP(critical control point) = 위해요소

☞ HA(hazard analysis)
발생 가능한 생물학적, 화학적, 물리적 위해요소 분석(원재료와 공정)하는 것을 말한다.

☞ CCP(critical control point)
위해요소의 예방, 제거 및 감소를 위해 엄정한 관리가 요구되는 공정이나 단계를 말한다.

2) HACCP의 12절차와 7원칙

- 제1절차 : HACCP팀(전문가 팀) 구성
- 제2절차 : 제품(원재료 포함)에 관한 기술
- 제3절차 : 용도확인(사용자에 대한 기술)
- 제4절차 : 제조공정 흐름도
- 제5절차 : 공정 흐름도 현장 확인
- 제6절차(제1원칙) : 식품의 위해요소분석(HA : hazard analysis)
- 제7절차(제2원칙) : 중요 관리점(CCP : critical control point) 확인
- 제8절차(제3원칙) : 한계기준(CL : critical Limit) 설정
- 제9절차(제4원칙) : 모니터링(monitoring)방법의 설정
- 제10절차(제5원칙) : 개선조치(corrective action)의 설정
- 제11절차(제6원칙) : 검증(verification)방법의 설정
- 제12절차(제7원칙) : 기록(record)의 유지관리

3) HACCP 도입의 효과

식품업계에 있어 HACCP 시스템의 도입은 초기 설비비용의 증가로 부담이 있으나 소비자와 식품업계, 정부는 HACCP 시스템 도입으로 인한 다양한 효과를 유발한다.

(1) 소비자의 효과

① 안전한 식품을 소비자에게 제공
② 안전한 식품의 선택 기회 제공
③ 안전한 식품에 대한 기준을 제공

(2) 식품업계의 효과

① 자발적인 위생관리체제 구축으로 안정성 확보
② 위생적이고 안전한 식품 제조
③ 경쟁업체와의 차별성을 통해 소비자 선택으로 인한 경제적 이익도모
④ 위해식품 근절로 폐기 회수율 감소
⑤ 안정된 제품 제조
⑥ 지정품목 표시와 광고 활용
⑦ 소비자 불만 감소
⑧ 급식 입찰 시 우선적 고려대상 선정
⑨ 종업원의 안전의식 강화

(3) 정부의 효과

① 효율적인 식품감시
② 공중보건 의료비 절감
③ 국제 경쟁력 확보
④ 식품안전위생 감시원의 업무경감과 인원감소로 인한 경비절감
⑤ 국민생활의 안전한 식품 공급으로 국민의 신뢰성 확보

제4장 제과기능사 필기 기출문제

제과기능사 필기 기출문제 01

2010.1.3

01 아이스크림 제조에서 오버런(over-run)이란?

① 교반에 의해 크림의 체적이 몇 % 증가하는가를 나타내는 수치
② 생크림 안에 들어 있는 유지방이 응집에서 완전히 액체로부터 분리된 것
③ 살균 등의 가열조직에 의해 불안정하게 된 유지의 결정을 적온으로 해서 안정화시킨 숙성 조작
④ 생유 안에 들어 있는 큰 지방구를 미세하게 안정화하는 공정

02 반죽의 비중에 대한 설명으로 맞는 것은?

① 같은 무게의 반죽을 구울 때 비중이 높을수록 부피가 증가한다.
② 비중이 너무 낮으면 조직이 거칠고 큰 기포를 형성한다.
③ 비중의 측정은 비중 컵의 중량을 반죽의 중량으로 나눈 값으로 한다.
④ 비중이 높으면 기공이 열리고 가벼운 반죽이 얻어진다.

03 스펀지케이크 제조 시 더운 믹싱법을 사용할 때 계란과 설탕의 중탕 온도로 가장 적합한 것은?

① 23℃ ② 43℃ ③ 63℃ ④ 83℃

04 도넛 설탕 아이싱을 사용할 때의 온도로 적합한 것은?

① 20℃ 전후 ② 25℃ 전후
③ 40℃ 전후 ④ 60℃ 전후

05 비스킷을 제조할 때 유지보다 설탕을 많이 사용하면 어떤 결과가 나타나는가?

① 제품의 촉감이 단단해진다.
② 제품이 부드러워진다.
③ 제품의 퍼짐이 작아진다.
④ 제품의 색깔이 엷어진다.

06 퍼프 페이스트리의 휴지가 종료되었을 때 손으로 살짝 누르게 되면 다음 중 어떤 현상이 나타나는가?

① 누른 자국이 남아 있다.
② 누른 자국이 원상태로 올라온다.
③ 누른 자국이 유동성 있게 움직인다.
④ 내부의 유지가 흘러나온다.

07 일반적인 제과작업장의 시설 설명으로 잘못된 것은?

① 조명은 50Lux 이하가 좋다.
② 방충, 방서용 금속망은 30메시(mesh)가 적당하다.
③ 벽면은 매끄럽고 청소하기 편리하여야 한다.

④ 창의 면적은 바닥면적을 기준하여 30% 정도가 좋다.

08 **포장된 제과제품의 품질 변화 현상이 아닌 것은?**

① 전분의 호화 ② 향의 변화
③ 촉감의 변화 ④ 수분의 이동

09 **스펀지케이크에 사용되는 필수재료가 아닌 것은?**

① 계란 ② 박력분
③ 설탕 ④ 베이킹파우더

10 **반죽 무게를 이용하여 반죽의 비중 측정 시 필요한 것은?**

① 밀가루 무게 ② 물 무게
③ 용기 무게 ④ 설탕 무게

11 **다음 제품 중 거품형 케이크는?**

① 스펀지케이크
② 파운드케이크
③ 데블스 푸드케이크
④ 화이트 레이어케이크

12 **파운드케이크 반죽을 가로 5cm, 세로 12cm, 높이 5cm의 소형 파운드 팬에 100개 패닝하려고 한다. 총 반죽의 무게로 알맞은 것은? (단, 파운드케이크의 비용적은 2.40cm³/g 이다.)**

① 11kg ② 11.5kg ③ 12kg ④ 12.5kg

13 **슈(choux)의 제조 공정상 구울 때 주의할 사항 중 잘못된 것은?**

① 220℃ 정도의 오븐에서 바삭한 상태로 굽는다.
② 너무 빠른 껍질 형성을 막기 위해 처음에 윗불을 약하게 한다.
③ 굽는 중간에 오븐 문을 자주 여닫아 수증기를 제거한다.
④ 너무 빨리 오븐에서 꺼내면 찌그러지거나 주저앉기 쉽다.

14 **파운드케이크의 표피를 터지지 않게 하려면 오븐의 조작 중 가장 좋은 방법은?**

① 뚜껑은 처음부터 덮어 굽는다.
② 10분간 굽기를 한 후 뚜껑을 덮는다.
③ 20분간 굽기를 한 후 뚜껑을 덮는다.
④ 뚜껑을 덮지 않고 굽는다.

15 **도넛의 튀김 온도로 가장 적당한 것은?**

① 140~156℃ ② 160~176℃
③ 180~196℃ ④ 220~236℃

16 **제품이 오븐에서 갑자기 팽창하는 오븐 스프링의 요인이 아닌 것은?**

① 탄산가스 ② 알코올
③ 가스압 ④ 단백질

17 **오븐에서 나온 빵을 냉각하여 포장하는 온도로 가장 적합한 것은?**

① 0~5℃ ② 15~20℃
③ 35~40℃ ④ 55~60℃

18 **다음 발효과정 중 손실에 관계되는 사항과 가장 거리가 먼 것은?**

① 반죽온도 ② 기압

③ 발효온도 ④ 소금

19 어린 반죽으로 만든 제품의 특징과 거리가 먼 것은?

① 내상의 색상이 검다.
② 쉰 냄새가 난다.
③ 부피가 작다.
④ 껍질의 색상이 짙어진다.

20 제빵에서 탈지분유를 1% 증가시킬 때 추가되는 물의 양으로 가장 적합한 것은?

① 1% ② 5.2% ③ 10% ④ 15.5%

21 불란서 빵 제조 시 굽기를 실시할 때 스팀을 너무 많이 주입했을 때의 대표적인 현상은?

① 질긴 껍질
② 두꺼운 표피
③ 표피에 광택 부족
④ 밑면이 터짐

22 빵의 품질평가에 있어서 외부평가 기준이 아닌 것은?

① 굽기의 균일함
② 조직의 평가
③ 터짐과 광택 부족
④ 껍질의 성질

23 팬 기름의 사용에 대한 설명으로 거리가 먼 것은?

① 발연점이 높아야 한다.
② 산패에 강해야 한다.
③ 반죽 무게의 3~4%를 사용한다.
④ 기름이 과다하면 바닥 껍질이 두껍고 색이 어둡다.

24 식빵 제조 시 수돗물온도 10℃, 실내온도 28℃, 밀가루온도 30℃, 마찰계수 23일 때 반죽온도를 27℃로 하려면 몇 ℃의 물을 사용해야 하는가?

① 0℃ ② 5℃ ③ 12℃ ④ 17℃

25 식빵 제조 시 1차 발효실의 적합한 온도는?

① 24℃ ② 27℃ ③ 34℃ ④ 37℃

26 냉동반죽법에서 동결방식으로 적합한 것은?

① 완만동결법
② 지연동결법
③ 오버나이트법
④ 급속동결법

27 산화제와 환원제를 함께 사용하여 믹싱시간과 발효시간을 감소시키는 제빵법은?

① 스트레이트법
② 노타임법
③ 비상스펀지법
④ 비상스트레이트법

28 식빵 반죽 표피에 수포가 생긴 이유로 적합한 것은?

① 2차 발효실 상대습도가 높았다.
② 2차 발효실 상대습도가 낮았다.
③ 1차 발효실 상대습도가 높았다.
④ 1차 발효실 상대습도가 낮았다.

29 제빵 제조공정의 4대 중요 관리항목에 속하지 않는 것은?

① 시간관리 ② 온도관리
③ 공정관리 ④ 영양관리

30 대량생산 공장에서 많이 사용되는 오븐으로 반죽이 들어가는 입구와 제품이 나오는 출구가 서로 다른 오븐은?

① 데크 오븐 ② 터널 오븐
③ 로터리 래크 오븐 ④ 컨벡션 오븐

31 모노글리세리드(monoglyceride)와 디글리세리드(digyceride)는 제과에 있어 주로 어떤 역할을 하는가?

① 유화제 ② 항산화제
③ 감미제 ④ 필수영양제

32 글루테닌과 글리아딘이 혼합된 단백질은?

① 알부민 ② 글루텐
③ 글로불린 ④ 프로테오스

33 캐러멜화를 일으키는 것은?

① 비타민 ② 지방
③ 단백질 ④ 당류

34 다음 중 이당류가 아닌 것은?

① 포도당 ② 맥아당
③ 설탕 ④ 유당

35 제과, 제빵에서 계란의 역할로만 묶인 것은?

① 영양가치 증가, 유화열할, pH 강화
② 영양가치 증가, 유화역할, 조직 강화
③ 영양가치 증가, 조직 강화, 방부효과
④ 유화역할, 조직 강화, 발효시간 단축

36 다음 중 유지의 경화공정과 관계가 없는 물질은?

① 불포화지방산 ② 수소
③ 콜레스테롤 ④ 촉매제

37 젤라틴(gelatin)에 대한 설명 중 틀린 것은?

① 동물성 단백질이다.
② 응고제로 주로 이용된다.
③ 물과 섞으면 용해된다.
④ 콜로이드 용액의 젤 형성과정은 비가역적인 과정이다.

38 제빵용 물로 가장 적합한 것은?

① 연수(1~60ppm)
② 아연수(61~120ppm)
③ 아경수(121~180ppm)
④ 경수(180ppm)

39 퐁당 크림을 부드럽게 하고 수분 보유력을 높이기 위해 일반적으로 첨가하는 것은?

① 한천, 젤라틴 ② 물, 레몬
③ 소금, 크림 ④ 물엿, 전화당 시럽

40 바닐라 에센스가 우유에 미치는 영향은?

① 생취를 감소시킨다.
② 마일드한 감을 감소시킨다.
③ 단백질의 영양가를 증가시키는 강화제 역할을 한다.
④ 색감을 좋게 하는 착색료 역할을 한다.

41 베이킹파우더 사용량이 과다할 때의 현상이 아닌 것은?

① 기공과 조직이 조밀하다.
② 주저앉는다.
③ 같은 조건일 때 건조가 빠르다.
④ 속결이 거칠다.

42 $[H_3O^+]$의 농도가 다음과 같을 때 가장 강산인 것은?

① $10^{-2}ml/l$　② $10^{-3}ml/l$
③ $10^{-4}ml/l$　④ $10^{-5}ml/l$

43 밀가루의 점도 변화를 측정함으로써 알파-아밀라아제 효과를 판정할 수 있는 기기는?

① 아밀로그래프(Amylograph)
② 믹소그래프(Mixograph)
③ 알베오그래프(Alveograph)
④ 믹서트론(Mixertron)

44 효모의 대표적인 증식방법은?

① 분열법　② 출아법
③ 유성포자 형성　④ 무성포자 형성

45 과자와 빵에 우유가 미치는 영향이 아닌 것은?

① 영양을 강화시킨다.
② 보수력이 없어서 노화를 촉진시킨다.
③ 겉껍질색깔을 강하게 한다.
④ 이스트에 의해 생성된 향을 착향시킨다.

46 체내에서 물의 역할을 설명한 것으로 틀린 것은?

① 물은 영양소와 대사산물을 운반한다.
② 땀이나 소변으로 배설되며 체온 조절을 한다.
③ 영양소 흡수로 세포막에 농도차가 생기면 물이 바로 이동한다.
④ 변으로 배설될 때는 물의 영향을 받지 않는다.

47 카제인이 많이 들어 있는 식품은?

① 빵　② 우유　③ 밀가루　④ 콩

48 다음의 단팥빵 영양가 표를 참고하여 단팥빵 200g의 열량을 구하면 얼마인가?

	탄수화물	단백질	지방	칼슘	비타민 B
영양소 100g 중 함유량	20g	5g	10g	2mg	0.12mg

① 190kcal　② 300kcl
③ 380kcl　④ 460kcl

49 무기질의 기능이 아닌 것은?

① 우리 몸의 경조직 구성성분이다.
② 열량을 내는 급원이다.
③ 효소의 기능을 촉진시킨다.
④ 세포의 삼투압 평행유지 작용을 한다.

50 혈당의 저하와 가장 관계가 깊은 것은?

① 인슐린　② 리파아제
③ 프로테아제　④ 펩신

51 다음 법정전염병 중 제2군 전염병은?

① 파라티푸스　② 풍진
③ 발진티푸스　④ 한센병

52 다음 중 식품접객업에 해당되지 않는 것은?

① 식품냉동냉장업

② 유흥주점 영업
③ 위탁급식영업
④ 일반음식점 영업

53 다음 중 세균성 식중독 예방을 위한 일반적인 원칙이 아닌 것은?

① 먹기 전에 가열 처리할 것
② 가급적 조리 직후에 먹을 것
③ 설사환자나 화농성 질환이 있는 사람은 식품을 취급하지 않도록 할 것
④ 실온에서 잘 보관하여 둘 것

54 식중독의 예방원칙으로 올바른 것은?

① 장기간 냉장 보관
② 주방의 바닥 및 벽면의 충분한 수분 유지
③ 잔여 음식의 폐기
④ 날 음식, 특히 어패류는 생식할 것

55 다음 중 허가된 천연유화제는?

① 구연산　② 고시폴
③ 레시틴　④ 세사몰

56 다음 중 아플라톡신을 생산하는 미생물은?

① 효모　② 세균
③ 바이러스　④ 곰팡이

57 소독력이 강한 양이온계면활성제로서 종업원의 손을 소독할 때나 용기 및 기구의 소독제로 알맞은 것은?

① 석탄산　② 과산화수소
③ 역성비누　④ 크레졸

58 어패류의 생식과 가장 관계가 깊은 식중독 세균은?

① 프로테우스균
② 장염 비브리오균
③ 살모넬라균
④ 바실러스균

59 알레르기성 식중독의 원인이 될 수 있는 가능성이 가장 높은 식품은?

① 오징어　② 꽁치
③ 갈치　④ 광어

60 밀가루의 표백과 숙성에 사용되는 첨가물의 종류는?

① 개량제　② 발색제
③ 피막제　④ 소포제

정답

1	2	3	4	5	6	7	8	9	10
1	2	2	3	1	1	1	1	4	2
11	12	13	14	15	16	17	18	19	20
1	4	3	1	3	4	3	2	2	1
21	22	23	24	25	26	27	28	29	30
1	2	3	1	2	4	2	1	4	2
31	32	33	34	35	36	37	38	39	40
1	2	4	1	2	3	4	3	4	1
41	42	43	44	45	46	47	48	49	50
1	1	1	2	2	4	2	3	2	1
51	52	53	54	55	56	57	58	59	60
2	1	4	3	3	4	3	2	2	1

제과기능사 필기 기출문제 02

2010.3.28

01 초콜릿 케이크에서 우유 사용량을 구하는 공식은?

① 설탕 + 30 - (코코아 × 1.5) + 전란
② 설탕 - 30 - (코코아 × 1.5) - 전란
③ 설탕 + 30 + (코코아 × 1.5) - 전란
④ 설탕 - 30 + (코코아 × 1.5) + 전란

02 파운드케이크를 구울 때 윗면이 자연적으로 터지는 경우가 아닌 것은?

① 반죽 내의 수분이 불충분한 경우
② 반죽 내에 녹지 않은 설탕입자가 많을 경우
③ 팬에 분할한 후 오븐에 넣을 때까지 장시간 방치하여 껍질이 마른 경우
④ 오븐온도가 낮아 껍질이 서서히 마를 경우

03 커스터드 푸딩은 틀에 몇 % 정도 채우는가?

① 55% ② 75% ③ 95% ④ 115%

04 반죽의 비중이 제품에 미치는 영향 중 관계가 적은 것은?

① 제품의 부피 ② 제품의 조직
③ 제품의 점도 ④ 제품의 기공

05 빵의 포장재료가 갖추어야 할 조건이 아닌 것은?

① 방수성일 것
② 위생적일 것
③ 상품가치를 높일 수 있을 것
④ 통기성일 것

06 일반적으로 슈 반죽에 사용되지 않는 재료는?

① 밀가루 ② 계란 ③ 버터 ④ 이스트

07 반죽의 희망온도가 27℃이고 물 사용량은 10kg, 밀가루의 온도가 20℃, 실내온도가 26℃, 수돗물온도가 18℃, 결과온도가 30℃일 때 얼음의 양은 약 얼마인가?

① 0.4kg ② 0.6kg ③ 0.8kg ④ 0.92kg

08 슈 제조 시 반죽표면을 분무 또는 침지시키는 이유가 아닌 것은?

① 껍질을 얇게 한다.
② 팽창을 크게 한다.
③ 기형을 방지한다.
④ 제품의 구조를 강하게 한다.

09 퍼프 페이스트리의 팽창은 주로 무엇에 기인하는가?

① 공기팽창 ② 화학팽창
③ 증기압 팽창 ④ 이스트팽창

10 제과/제빵공장에서 생산관리 시 매일 점검할 사항이 아닌 것은?

① 제품당 평균단가
② 설비가동률
③ 원재료율
④ 출근율

11 일반적인 도넛의 가장 적당한 튀김온도 범위는?

① 170~176℃ ② 180~195℃
③ 200~210℃ ④ 220~230℃

12 도넛의 설탕이 수분을 흡수하여 녹는 현상을 방지하기 위한 방법으로 잘못된 것은?

① 도넛에 묻는 설탕의 양을 증가시킨다.
② 튀김시간을 증가시킨다.
③ 포장용 도넛의 수분은 38% 전후로 한다.
④ 냉각 중 환기를 더 많이 시키면서 충분히 냉각한다.

13 케이크 반죽에 있어 고율배합 반죽의 특성을 잘못 설명한 것은?

① 화학 팽창제의 사용은 적다.
② 구울 때 굽는 온도를 낮춘다.
③ 반죽하는 동안 공기와의 혼합은 양호하다.
④ 비중이 높다.

14 다음 제품 제조 시 2차 발효실의 습도를 가장 낮게 유지하는 것은?

① 풀먼 식빵 ② 햄버거 빵
③ 과자 빵 ④ 빵 도넛

15 데니쉬 페이스트리 반죽의 적정 온도는?

① 18~22℃ ② 26~31℃
③ 35~39℃ ④ 45~49℃

16 도넛을 글레이즈할 때 글레이즈의 적정한 품온은?

① 24~27℃ ② 28~32℃
③ 33~36℃ ④ 43~49℃

17 분할을 할 때 반죽의 손상을 줄일 수 있는 방법이 아닌 것은?

① 스트레이트법보다 스펀지법으로 반죽한다.
② 반죽온도를 높인다.
③ 단백질 양이 많은 질 좋은 밀가루로 만든다.
④ 가수량이 최적인 상태의 반죽을 만든다.

18 식빵의 옆면이 쑥 들어간 원인으로 옳은 것은?

① 믹서의 속도가 너무 높았다.
② 팬 용적에 비해 반죽양이 너무 많았다.
③ 믹싱시간이 너무 길었다.
④ 2차 발효가 부족했다.

19 빵 발효에서 다른 조건이 같을 때 발효 손실에 대한 설명으로 틀린 것은?

① 반죽온도가 낮을수록 발효 손실이 크다.
② 발효시간이 길수록 발효 손실이 크다.
③ 소금, 설탕 사용량이 많을수록 발효 손실이 적다.
④ 발효실 온도가 높을수록 발효 손실이 크다.

20 다음 중 거품형 쿠키로 전란을 사용하는 제품은?

① 스펀지쿠키 ② 머랭쿠키
③ 스냅쿠키 ④ 드롭쿠키

21 다음 중 제품의 가치에 속하지 않는 것은?

① 교환가치 ② 귀중가치
③ 사용가치 ④ 재고가치

22 다음 중 어린 반죽에 대한 설명으로 잘못된 것은?

① 속 색이 무겁고 어둡다.
② 향이 강하다.
③ 부피가 적다.
④ 모서리가 예리하다.

23 단과자빵 제조 시 일반적인 이스트의 사용량은?

① 0.1~1% ② 3~7%
③ 8~10% ④ 12~14%

24 일반적인 빵 반죽(믹싱)의 최적 반죽단계는?

① 픽업 단계 ② 클린업 단계
③ 발전 단계 ④ 최종 단계

25 냉동반죽의 특성에 대한 설명 중 틀린 것은?

① 냉동반죽에는 이스트 사용량을 늘린다.
② 냉동반죽에는 당, 유지 등을 첨가하는 것이 좋다.
③ 냉동 중 수분의 손실을 고려하여 될 수 있는 대로 진 반죽이 좋다.
④ 냉동반죽은 분할량을 적게 하는 것이 좋다.

26 제빵 시 팬 기름의 조건으로 적합하지 않은 것은?

① 발연점이 낮을 것
② 무취일 것
③ 무색일 것
④ 산패가 잘 안될 것

27 빵을 포장할 때 가장 적합한 빵의 온도와 수분 함량은?

① 30℃, 30% ② 35℃, 38%
③ 42℃, 45% ④ 48℃, 55%

28 믹서(Mixer)의 구성에 해당하지 않는 것은?

① 믹서 볼(Mixer bowl)
② 휘퍼(Whipper)
③ 비터(Beater)
④ 배터(Batter)

29 굽기 과정 중 일어나는 현상에 대한 설명 중 틀린 것은?

① 오븐 팽창과 전분호화 발생
② 단백질 변성과 효소의 불활성화
③ 빵 세포구조 형성과 향의 발달
④ 캐러멜화 갈변반응의 억제

30 최종제품의 부피가 정상보다 클 경우의 원인이 아닌 것은?

① 2차 발효의 초과
② 소금 사용량 과다
③ 분할량 과다
④ 낮은 오븐온도

31 실내온도 25℃, 밀가루온도 25℃, 설탕온도 20℃, 유지온도 22℃, 계란온도 20℃, 마찰계수가 12일 때 희망온도를 22℃로 맞추려 한다. 사용할 물의 온도는?

① 7 ② 8 ③ 9 ④ 15

32 계란의 가식부에서 전란의 고형질은 얼마인가?

① 12% 정도 ② 25% 정도
③ 50% 정도 ④ 75% 정도

33 호밀에 관한 설명으로 틀린 것은?

① 호밀 단백질은 밀가루 단백질에 비하여 글루텐을 형성하는 능력이 떨어진다.
② 밀가루에 비하여 펜토산 함량이 낮아 반죽이 끈적거린다.
③ 제분율에 따라 백색, 중간색, 흑색 호밀가루로 분류한다.
④ 호밀분에 지방함량이 높으면 저장성이 나쁘다.

34 물 중의 기름을 분산시키고 또 분산된 입자가 응집하지 않도록 안정화시키는 작용을 하는 것은?

① 팽창제 ② 유화제
③ 강화제 ④ 개량제

35 분당(powdered sugar)의 고형화를 방지하기 위하여 첨가하는 물질은?

① 검류 ② 전분
③ 비타민 C ④ 분유

36 간이시험법으로 밀가루의 색상을 알아보는 시험법은?

① 페카시험 ② 킬달법
③ 침강시험 ④ 압력계 시험

37 다음 중 일반적인 제품의 비용적이 틀린 것은?

① 파운드케이크 : 2.40cm^3/g
② 엔젤 푸드케이크 : 4.71cm^3/g
③ 레이어케이크 : 5.05cm^3/g
④ 스펀지케이크 : 5.05cm^3/g

38 지방의 산패를 촉진하는 인자와 거리가 먼 것은?

① 질소 ② 산소 ③ 동 ④ 자외선

39 단순단백질인 알부민에 대한 설명으로 옳은 것은?

① 물이나 묽은 염류용액에 녹고 열에 의해 응고된다.
② 물에는 불용성이나 묽은 염류용액에 가용성이고 열에 의해 응고된다.
③ 중성 용매에는 불용성이나 묽은 산, 염기에는 가용성이다.
④ 곡식의 낟알에만 존재하며 밀의 글루테닌이 대표적이다.

40 제빵 시 소금 사용량이 적량보다 많을 때 나타나는 현상이 아닌 것은?

① 부피가 작다.
② 과발효가 일어난다.
③ 껍질색이 검다.
④ 발효 손실이 적다.

41 이스트에 질소 등의 영양을 공급하는 제빵용 이스트 푸드의 성분은?

① 칼슘염 ② 암모늄염
③ 브롬염 ④ 요오드염

42 탈지분유 구성 중 50% 정도를 차지하는 것은?

① 수분 ② 지방 ③ 유당 ④ 회분

43 건조 글루텐(Dry gluten) 중에 가장 많은 성분은?

① 단백질 ② 전분 ③ 지방 ④ 회분

44 제빵 제조 시 물의 기능이 아닌 것은?

① 글루텐 형성을 돕는다.
② 반죽온도를 조절한다.
③ 이스트의 먹이 역할을 한다.
④ 효소 활성화에 도움을 준다.

45 이스트에 함유되어 있지 않은 효소는?

① 인버타아제 ② 말타아제
③ 치마아제 ④ 아밀라아제

46 다음 중 맥아당이 가장 많이 함유되어 있는 식품은?

① 우유 ② 꿀 ③ 설탕 ④ 식혜

47 비타민 B_1의 특징으로 옳은 것은?

① 단백질의 연소에 필요하다.
② 탄수화물 대사에서 조효소로 작용을 한다.
③ 결핍증은 펠라그라(Pellagra)이다.
④ 인체의 성장인자이며 항빈혈작용을 한다.

48 난백이 교반에 의해 머랭으로 변하는 현상을 무엇이라 하는가?

① 단백질 변성 ② 단백질 평형
③ 단백질 강화 ④ 단백질 변패

49 체장에서 생성되는 지방 분해효소는?

① 트립신 ② 아밀라아제
③ 펩신 ④ 리파아제

50 20대 남성의 하루 열량 섭취량을 2500kcal로 했을 때 가장 이상적인 1일 섭취량은?

① 약 10~40g ② 약 40~70g
③ 약 70~100g ④ 약 100~130g

51 다음 중 냉장온도에서 증식이 가능하여 육류, 가금류 외에도 열처리하지 않은 우유나 아이스크림, 채소 등을 통해서 식중독을 일으키며 태아나 임신부에 치명적인 식중독 세균은?

① 캄필로박터균(Campylobacter jejuni)
② 바실러스균(Bacillus cereus)
③ 리스테리아균(Listeria monocytogenes)
④ 비브리오 패혈증균(Vibrio vulnificus)

52 장염 비브리오균에 의한 식중독이 가장 일어나기 쉬운 식품은?

① 식육류 ② 우유제품
③ 야채류 ④ 어패류

53 식품시설에서 교차오염을 예방하기 위하여

바람직한 것은?

① 작업장은 최소한의 면적을 확보함
② 냉수 전용 수세 설비를 갖춤
③ 작업 흐름을 일정한 방향으로 배치함
④ 불결 작업과 청결 작업이 교차하도록 함

54 식품의 부패방지와 관계가 있는 처리로만 나열된 것은?

① 방사선 조사, 조미료 첨가, 농축
② 실온보관, 설탕첨가, 훈연
③ 수분첨가, 식염첨가, 외관검사
④ 냉동법, 보존료 첨가, 자외선 살균

55 탄저, 브루셀라증과 같이 사람과 가축의 양쪽에 이환되는 전염병은?

① 법정 전염병 ② 경구 전염병
③ 인수공통전염병 ④ 급성 전염병

56 세균이 분비한 독소에 의해 감염을 일으키는 것은?

① 감염형 세균성 식중독
② 독소형 세균성 식중독
③ 화학성 식중독
④ 진균독 식중독

57 다음 중 아미노산이 분해되어 암모니아가 생성되는 반응은?

① 탈아미노 반응 ② 혐기성 반응
③ 아민형성 반응 ④ 탈탄산 반응

58 경구전염병에 대한 설명 중 잘못된 것은?

① 2차 감염이 일어난다.
② 미량의 균량으로도 감염을 일으킨다.
③ 장티푸스는 세균에 의하여 발생한다.
④ 이질, 콜레라는 바이러스에 의하여 발생한다.

59 과자, 비스킷, 카스텔라 등을 부풀게 하기 위한 팽창제로 사용되는 식품첨가물이 아닌 것은?

① 탄산수소나트륨 ② 탄산암모늄
③ 중조 ④ 인식향산

60 보툴리누스 식중독에서 나타날 수 있는 주요 증상 및 증후가 아닌 것은?

① 구토 및 설사 ② 호흡곤란
③ 출혈 ④ 사망

정답

1	2	3	4	5	6	7	8	9	10
3	4	3	3	4	4	4	4	3	1
11	12	13	14	15	16	17	18	19	20
2	3	4	4	1	4	2	2	1	1
21	22	23	24	25	26	27	28	29	30
4	1,3,4	2	4	3	1	2	4	4	2
31	32	33	34	35	36	37	38	39	40
2	2	2	2	2	1	3	1	1	2
41	42	43	44	45	46	47	48	49	50
2	3	1	3	4	4	2	1	4	2
51	52	53	54	55	56	57	58	59	60
3	4	3	4	3	2	1	4	4	3

제과기능사 필기 기출문제 03

2010.7.10

01 다음 설명 중 맛과 향이 떨어지는 원인이 아닌 것은?

① 설탕을 넣지 않은 제품은 맛과 향이 제대로 나지 않는다.
② 저장 중 산패된 유지, 오래된 계란으로 인한 냄새를 흡수한 재료는 품질이 떨어진다.
③ 탈향의 원인이 되는 불결한 팬의 사용과 탄화된 물질이 제품에 붙으면 맛과 외양을 악화시킨다.
④ 굽기 상태가 부적절하면 생재료맛이나 탄맛이 남는다.

02 반죽형으로 제조되는 케이크 제품은?

① 파운드케이크
② 시폰케이크
③ 레몬 시크론케이크
④ 스파이스케이크

03 핑거쿠키 성형 시 가장 적정한 길이(cm)는?

① 3 ② 5 ③ 9 ④ 12

04 다음 유지 중 성질이 다른 것은?

① 버터 ② 마가린
③ 샐러드유 ④ 쇼트닝

05 비중이 높은 제품의 특징이 아닌 것은?

① 기공이 조밀하다.
② 부피가 작다.
③ 껍질색이 진하다.
④ 제품이 단단하다.

06 거품을 올린 흰자에 뜨거운 시럽을 첨가하면서 고속으로 믹싱하여 만드는 아이싱은?

① 마시멜로 아이싱
② 콤비네이션 아이싱
③ 초콜릿 아이싱
④ 로얄 아이싱

07 퐁당 아이싱이 끈적거리거나 포장지에 붙는 경향을 감소시키는 방법으로 옳지 않은 것은?

① 아이싱을 덥게(40℃) 하여 사용한다.
② 아이싱에 최대의 액체를 사용한다.
③ 굳은 것은 설탕시럽을 첨가하거나 데워서 사용한다.
④ 젤라틴, 한천 등과 같은 안정제를 적절하게 사용한다.

08 쿠키에 팽창제를 사용하는 주된 목적은?

① 제품의 부피를 감소시키기 위해
② 딱딱한 제품을 만들기 위해
③ 퍼짐과 크기를 조절하기 위해

④ 설탕입자의 조절을 위해

09 케이크 팬 용적 410cm³에 100g의 스펀지 케이크 반죽을 넣어 좋은 결과를 얻었다면 팬 용적 1,230cm³에 넣어야 할 스펀지케이크의 반죽 무게(g)는?

① 123 ② 200 ③ 300 ④ 400

10 도넛의 튀김온도로 가장 적당한 온도 범위는?

① 105℃ 내외 ② 145℃ 내외
③ 185℃ 내외 ④ 250℃ 내외

11 일반적인 과자반죽의 결과 온도로 가장 알맞은 것은?

① 10~13℃ ② 22~24℃
③ 26~28℃ ④ 32~34℃

12 베이킹파우더를 많이 사용한 제품의 결과와 거리가 먼 것은?

① 밀도가 크고 부피가 작다.
② 속결이 거칠어진다.
③ 오븐 스프링이 커서 찌그러지기 쉽다.
④ 속 색이 어둡다.

13 푸딩에 대한 설명 중 맞는 것은?

① 우유와 설탕은 120℃로 데운 후 계란과 소금을 넣어 혼합한다.
② 우유와 소금의 혼합비율은 100 : 10이다.
③ 계란의 열변성에 의한 농후화 작용을 이용한 제품이다.
④ 육류, 과일, 야채, 빵을 섞어 만들지는 않는다.

14 주방 설계에 있어 주의할 점이 아닌 것은?

① 가스를 사용하는 장소에는 환기시설을 갖춘다.
② 주방 내의 여유공간을 확보한다.
③ 종업원의 출입구와 손님용 출입구는 별도로 하여 재료의 반입은 종업원 출입구로 한다.
④ 주방의 환기는 소형의 것을 여러 개 설치하는 것보다 대형의 환기장치를 1개 설치하는 것이 좋다.

15 과일케이크를 구울 때 증기를 분사하는 목적과 거리가 먼 것은?

① 향의 손실을 막는다.
② 껍질을 두껍게 만든다.
③ 표피의 캐러멜화 반응을 연장한다.
④ 수분의 손실을 막는다.

16 발효 손실의 원인이 아닌 것은?

① 수분이 증발하여
② 탄수화물이 탄산가스로 전환하여
③ 탄수화물이 알코올로 전환하여
④ 재료 개량의 오차로 인해

17 오븐 스프링(oven spring)이 일어나는 원인이 아닌 것은?

① 가스압 ② 용해 탄산가스
③ 전분호화 ④ 알코올 기호

18 원가관리 개념에서 식품을 저장하고자 할 때 저장온도로 부적합한 것은?

① 상온식품은 15~20℃에서 저장한다.
② 보냉식품은 10~15℃에서 저장한다.

③ 냉장식품은 5℃ 전후에서 저장한다.
④ 냉동식품은 -40℃ 이하로 저장한다.

19 다음 중 파이롤러를 사용하기에 부적합한 제품은?

① 스위트롤 ② 데니쉬 페이스트리
③ 크로와상 ④ 브리오슈

20 냉동반죽의 사용 재료에 대한 설명 중 틀린 것은?

① 유화제는 냉동반죽의 가스 보유력을 높이는 역할을 한다.
② 물은 일반 제품보다 3~5% 줄인다.
③ 일반 제품보다 산화제 사용량을 증가시킨다.
④ 밀가루는 중력분을 10% 정도 혼합한다.

21 패닝 시 주의할 사항으로 적합하지 않은 것은?

① 팬에 적정량의 팬 오일을 바른다.
② 틀이나 철판의 온도를 25℃로 맞춘다.
③ 반죽의 이음매가 틀의 바닥에 놓이도록 패닝한다.
④ 반죽의 무게와 상태를 정하여 비용적에 맞추어 반죽양을 넣는다.

22 제빵과정에서 2차 발효가 덜 된 경우에 나타나는 현상은?

① 기공이 거칠다.
② 부피가 작아진다.
③ 브레이크와 슈레이드가 부족하다.
④ 빵 속 색깔이 회색같이 어둡다.

23 여름철에 빵의 부패 원인균인 곰팡이 및 세균을 방지하기 위한 방법으로 부적당한 것은?

① 작업자 및 기계, 기구를 청결히 하고 공장 내부의 공기를 순환시킨다.
② 이스트 첨가량을 늘리고 발효온도를 약간 낮게 유지하면서 충분히 굽는다.
③ 초산, 젖산 및 사워 등을 첨가하여 반죽은 pH를 낮게 유지한다.
④ 보존료인 소르빈산을 반죽에 첨가한다.

24 다음 중 소프트 롤에 속하지 않는 것은?

① 디너 롤 ② 프렌치 롤
③ 브리오슈 ④ 치즈 롤

25 스펀지 반죽법에서 스펀지 반죽의 재료가 아닌 것은?

① 설탕 ② 물
③ 이스트 ④ 밀가루

26 500g의 식빵을 2개 만들려고 한다. 총 배합률은 180%이고 발효 손실은 1%, 굽기 손실 12%라고 가정할 때 사용할 밀가루 무게는 약 얼마인가? (단, 계산의 답은 소수점 첫째 자리에서 반올림한다.)

① 319g ② 638g ③ 568g ④ 284g

27 빵의 노화를 지연시키는 방법 중 잘못된 것은?

① -18℃에서 밀봉 보관한다.
② 2~10℃에서 보관한다.
③ 당류를 첨가한다.
④ 방습 포장지로 포장한다.

28 빵 제품의 제조공정에 대한 설명으로 올바르지 않은 것은?

① 반죽은 무게 또는 부피에 의하여 분할한다.
② 둥글리기에서 과다한 덧가루를 사용하면 제품에 줄무늬가 생성된다.
③ 중간 발효시간은 보통 10~20분이며 27~29℃에서 실시한다.
④ 성형은 반죽을 일정한 형태로 만드는 1단계 공정으로 이루어져 있다.

29 식빵 반죽을 혼합할 때 반죽의 온도 조절에 가장 크게 영향을 미치는 원료는?

① 밀가루　② 설탕
③ 물　④ 이스트

30 빵을 구워낸 직후의 수분함량과 냉각 후 포장 직전의 수분함량으로 가장 적합한 것은?

① 35%, 27%　② 45%, 38%
③ 60%, 52%　④ 68%, 60%

31 다음 중 제빵용 효모에 함유되어 있지 않은 효소는?

① 프로테아제　② 말타아제
③ 사카라아제　④ 인버타아제

32 우유에 함유되어 있는 당으로 제빵용 효모에 의하여 발효되지 않는 것은?

① 포도당　② 유당
③ 설탕　④ 과당

33 다음 중 pH가 중성인 것은?

① 식초　② 수산화나트륨용액
③ 중조　④ 증류수

34 검류에 대한 설명으로 틀린 것은?

① 유화제, 안정제, 점착제 등으로 사용된다.
② 낮은 온도에서도 높은 점성을 나타낸다.
③ 무기질과 단백질로 구성되어 있다.
④ 친수성 물질이다.

35 계란 중에 껍질을 제외한 고형질은 약 몇 %인가?

① 15%　② 25%　③ 35%　④ 45%

36 파리노그래프에 대한 설명으로 틀린 것은?

① 혼합하는 동안 일어나는 반죽의 물리적 성질을 파동곡선 기록기로 기록하여 해석한다.
② 흡수율, 믹싱 내구성, 믹싱시간 등을 판단할 수 있다.
③ 곡선이 500B.U에 도달하는 시간 등으로 밀가루의 특성을 알 수 있다.
④ 반죽의 신장도를 cm 단위로 측정한다.

37 식용유지의 산화방지제로 항산화제를 사용하고 있는데 항산화제는 직접 산화를 방지하는 물질과 항산화작용을 보조하는 물질 또는 앞의 두 작용을 가진 물질로 구분하는데 항산화 작용을 보조하는 물질은?

① 비타민 C　② BHA
③ 비타민 A　④ BHT

38 밀알에서 내배유가 차지하는 구성비와 가장 근접한 것은?

① 14% ② 36% ③ 65% ④ 83%

39 유지의 산화방지제에 주로 사용되는 방법은?

① 수분 첨가 ② 비타민 E 첨가
③ 단백질 제거 ④ 가열 후 냉각

40 비터 초콜릿(Bitter chocolate) 32% 중에는 코코아가 약 얼마 정도 함유되어 있는가?

① 8% ② 16% ③ 20% ④ 24%

41 다음에서 이스트의 영양원이 되는 물질은?

① 인산칼슘 ② 소금
③ 황산암모늄 ④ 브롬산칼슘

42 다음 중 동물성 단백질은?

① 덱스트린 ② 아밀로오스
③ 글루텐 ④ 젤라틴

43 제빵에서의 수분 분포에 관한 설명으로 틀린 것은?

① 물이 반죽에 균일하게 분산되는 시간은 보통 10분 정도이다.
② 1차 발효와 2차 발효를 거치는 동안 반죽은 다소 건조하게 된다.
③ 발효를 거치는 동안 전분의 가수분해에 의해 반죽 내 수분량이 변화한다.
④ 소금은 글루텐을 단단하게 하여 글루텐 흡수량의 약 85%를 감소시킨다.

44 다음 중 감미도가 가장 높은 것은?

① 포도당 ② 유당
③ 과당 ④ 맥아당

45 다음 중 파리노그래프로 알 수 없는 것은?

① 반죽의 흡수율
② 반죽의 점탄성
③ 반죽의 안정도
④ 반죽의 신장 저항력

46 지방의 기능이 아닌 것은?

① 지용성 비타민의 흡수를 돕는다.
② 외부의 충격으로부터 장기를 보호한다.
③ 높은 열량을 제공한다.
④ 변의 크기를 증대시켜 장관 내 체류 시간을 단축시킨다.

47 밀가루가 75%의 탄수화물, 10%의 단백질, 1%의 지방을 함유하고 있다면 100g의 밀가루를 섭취하였을 때 얻을 수 있는 열량(kcal)은?

① 386 ② 349 ③ 317 ④ 307

48 올리고당류의 특징으로 가장 거리가 먼 것은?

① 청량감이 있다.
② 감미도가 설탕의 20~30%를 낮춘다.
③ 설탕에 비해 항충치성이 있다.
④ 장내 비피더스균의 증식을 억제한다.

49 당질의 대사과정에 필요한 비타민으로 쌀을 주식으로 하는 우리나라 사람에게 더욱 중요한 것은?

① 비타민 A ② 비타민 B_1
③ 비타민 B_{12} ④ 비타민 D

50 필수아미노산이 아닌 것은?

① 라이신 ② 메티오닌
③ 페닐알라닌 ④ 아라키돈산

51 대장균에 대한 설명으로 틀린 것은?

① 유당을 분해한다.
② 그램(gram) 양성이다.
③ 호기성 또는 통성 혐기성이다.
④ 무아포 간균이다.

52 화학적 식중독 설명으로 잘못된 것은?

① 유해색소의 경우 급성독성은 문제되나 소량을 연속적으로 섭취할 경우 만성독성의 문제는 없다.
② 인공감미료 중 싸이클라메이트는 발암성이 문제되어 사용이 금지되어 있다.
③ 유해성 보존료인 포르말린은 식품에 첨가할 수 없으며 플라스틱 용기로부터 식품 중에 용출되는 것도 규제하고 있다.
④ 유해성 표백제인 롱가릿 사용 시 포르말린이 오래도록 식품에 잔류할 가능성이 있으므로 위험하다.

53 빵이나 케이크에 허용되어 있는 보존료는?

① 프로피온산나트륨 ② 안식향산
③ 데히드로초산 ④ 소르비톨

54 식품의 부패 요인과 가장 거리가 먼 것은?

① 수분 ② 온도 ③ 가열 ④ pH

55 제품의 유통기간 연장을 위해서 포장에 이용되는 불활성 가스는?

① 산소 ② 질소 ③ 수소 ④ 염소

56 세균성 식중독과 비교하여 경구전염병의 특징이 아닌 것은?

① 적은 양의 균으로도 질병을 일으킬 수 있다.
② 2차 감염이 된다.
③ 잠복기가 비교적 짧다.
④ 감염 후 면연 형성이 잘 된다.

57 살모넬라균으로 인한 식중독의 잠복기와 증상으로 옳은 것은?

① 오염식품 섭취 10~24시간 후 발열(38~40℃)이 나타나며 1주일 이내에 회복된다.
② 오염식품 섭취 10~20시간 후 오한과 혈액이 섞인 설사가 나타나며 이질로 의심되기도 한다.
③ 오염식품 섭취 10~30시간 후 점액성 대변을 배설하고 신경증상을 보여 곧 사망한다.
④ 오염식품 섭취 8~20시간 후 복통이 있고 홀씨 A, F형의 독소에 의한 발병이 특징이다.

58 장염 비브리오(vibrio)균에 의한 식중독 유형은?

① 독소형 식중독
② 감염형 식중독
③ 곰팡이독 식중독
④ 화학물질 식중독

59 인수공통전염병 중 오염된 우유나 유제품을 통해 사람에게 감염되는 것은?

① 탄저 ② 결핵
③ 야토병 ④ 구제역

60 다음 중 HACCP 적용의 7가지 원칙에 해당하지 않는 것은?

① 위해요소분석
② HACCP팀 구성
③ 한계기준 설정
④ 기록유지 및 문서관리

정답									
1	2	3	4	5	6	7	8	9	10
1	1	2	3	3	1	2	3	3	3
11	12	13	14	15	16	17	18	19	20
2	1	3	4	2	4	3	4	4	4
21	22	23	24	25	26	27	28	29	30
2	2	4	2	1	2	2	4	3	2
31	32	33	34	35	36	37	38	39	40
3	2	4	3	2	4	1	4	2	3
41	42	43	44	45	46	47	48	49	50
3	4	2	3	4	4	2	4	2	4
51	52	53	54	55	56	57	58	59	60
2	1	1	3	2	3	1	2	2	2

제과기능사 필기 기출문제 04

2010.10.3

01 젤리 롤케이크는 어떤 배합을 기본으로 하여 만드는 제품인가?

① 스펀지케이크 ② 파운드케이크
③ 하드 롤배합 ④ 슈크림 배합

02 다음 중 호화(Gelatinization)에 대한 설명 중 맞는 것은?

① 호화는 주로 단백질과 관련된 현상이다.
② 호화되면 소화되기 쉽고 맛이 좋아진다.
③ 호화는 냉장온도에서 잘 일어난다.
④ 유화제를 사용하면 호화를 지연시킬 수 있다.

03 도넛을 튀길 때의 설명으로 틀린 것은?

① 튀김기름의 깊이는 12cm 정도가 알맞다.
② 자주 뒤집어서 타지 않도록 한다.
③ 튀김온도는 185℃ 정도로 맞춘다.
④ 튀김기름에 스테아린을 소량 첨가한다.

04 다음 중 버터크림 당액 제조 시 설탕에 대한 물 사용량으로 알맞은 것은?

① 25% ② 80% ③ 100% ④ 125%

05 다음 중 비교적 스크래핑을 가장 많이 해야 하는 제품은?

① 공립법 ② 별립법
③ 설탕/물법 ④ 크림법

06 굳어진 설탕 아이싱 크림을 여리게 하는 방법으로 부적합한 것은?

① 설탕시럽을 더 넣는다.
② 중탕으로 가열한다.
③ 전분이나 밀가루를 넣는다.
④ 소량의 물을 넣고 중탕으로 가온한다.

07 찜류 또는 찜 만주 등에 사용하는 팽창제의 특성이 아닌 것은?

① 팽창력이 강하다.
② 제품의 색을 희게 한다.
③ 암모니아 냄새가 날 수 있다.
④ 중조와 산제를 이용한 팽창제이다.

08 반죽형 쿠키 중 수분을 가장 많이 함유하는 쿠키는?

① 쇼트브레드쿠키 ② 드롭쿠키
③ 스냅쿠키 ④ 스펀지쿠키

09 퍼프 페이스트리(puff pastry)의 접기 공정에 관한 설명으로 옳은 것은?

① 접는 모서리는 직각이 되어야 한다.
② 접기 수와 밀어 펴 놓은 결의 수는 동일하다.
③ 접히는 부위가 동일하게 포개어지지

않아도 된다.
④ 구워낸 제품이 한쪽으로 터지는 경우 접기와는 무관하다.

10 언더 베이킹(Under baking)에 대한 설명으로 틀린 것은?

① 높은 온도에서 짧은 시간 굽는 것이다.
② 중앙부분이 익지 않는 경우가 있다.
③ 제품이 건조되어 바삭바삭하다
④ 수분이 빠지지 않아 껍질이 쭈글쭈글하다.

11 다음 중 포장 시 일반적인 빵, 과자 제품의 냉각온도로 가장 적합한 것은?

① 22℃ ② 32℃ ③ 38℃ ④ 47℃

12 반죽의 비중과 관계가 가장 적은 것은?

① 제품의 부피 ② 제품의 가공
③ 제품의 조직 ④ 제품의 점도

13 반죽형 케이크의 결점과 원인의 연결이 잘못된 것은?

① 고율배합 케이크의 부피가 작음 — 설탕과 액체재료의 사용량이 적었다.
② 굽는 동안 부풀어 올랐다가 가라앉음 — 설탕과 팽창제 사용량이 많았다.
③ 케이크 껍질에 반점이 생김 — 입자가 굵고 크기가 서로 다른 설탕을 사용했다.
④ 케이크가 단단하고 질김 — 고율배합 케이크에 맞지 않는 밀가루를 사용했다.

14 용적 2,050cm³인 팬에 스펀지케이크 반죽을 400g으로 분할할 때 좋은 제품이 되었다면 용적 2,870cm³인 팬에 적당한 분할 무게는?

① 440g ② 480g ③ 560g ④ 600g

15 고율배합에 대한 설명으로 틀린 것은?

① 화학팽창제를 적게 쓴다.
② 굽는 온도를 낮춘다.
③ 반죽 시 공기 혼입이 많다.
④ 비중이 높다.

16 패닝방법 중 풀먼 브레드와 같이 뚜껑을 덮어 굽는 제품에 반죽을 길게 늘려 U자, N자, M자형으로 넣는 방법은?

① 직접 패닝 ② 트위스트 패닝
③ 스파이럴 패닝 ④ 교차 패닝

17 제빵 생산 시 물 온도를 구할 때 필요한 인자와 가장 거리가 먼 것은?

① 쇼트닝 온도 ② 실내 온도
③ 마찰계수 ④ 밀가루 온도

18 냉동반죽법의 재료 준비에 대한 사항 중 틀린 것은?

① 저장 온도는 -5℃가 적합하다.
② 노화방지제를 소량 사용한다.
③ 반죽은 조금 되게 한다.
④ 크로와상 등의 제품에 이용된다.

19 연속식 제빵법 중 사용하는 장점과 가장 거리가 먼 것은?

① 인력의 감소

② 발효향의 증가
③ 공장 면적과 믹서 등 설비의 감소
④ 발효 손실의 감소

20 주로 소매점에서 자주 사용하는 믹서로서 거품형 케이크 및 빵 반죽이 모두 가능한 믹서는?

① 수직믹서(vertical mixer)
② 스파이럴 믹서(spiral mixer)
③ 수평믹서(horizontal mixer)
④ 핀 믹서(pin mixer)

21 표준 식빵의 재료 사용 범위로 부적합한 것은?

① 설탕 1~8% ② 생 이스트 1.5~5%
③ 소금 5~10% ④ 유지 0~5%

22 1인당 생산 가치는 무엇으로 나누어 계산하는가?

① 인원 수 ② 시간
③ 임금 ④ 원 재료비

23 포장에 대한 설명 중 틀린 것은?

① 포장은 제품의 노화를 지연시킨다.
② 뜨거울 때 포장하면 냉각 손실을 줄인다.
③ 미생물에 오염되지 않은 환경에서 포장한다.
④ 온도, 충격 등에 대한 품질 변화에 주의한다.

24 굽기 손실이 가장 큰 제품은?

① 식빵 ② 바게트
③ 단팥빵 ④ 버터롤

25 다음 중 빵의 노화속도가 가장 빠른 온도는?

① -18~-1℃ ② 0~10℃
③ 20~30℃ ④ 35~45℃

26 이스트 푸드에 대한 설명으로 틀린 것은?

① 발효를 조절한다.
② 밀가루 중량 대비 1~5%를 사용한다.
③ 이스트의 영양을 보급한다.
④ 반죽 조절제로 사용한다.

27 다음의 빵 제품 중 일반적으로 반죽의 되기가 가장 된 것은?

① 피자도우 ② 잉글리쉬 머핀
③ 단과자빵 ④ 팥앙금빵

28 이스트 2%를 사용하여 4시간 발효시킨 경우 양질의 빵을 만들었다면 발효시간을 3시간으로 단축하려면 얼마 정도의 이스트를 사용해야 하는가?

① 약 1.5% ② 약 2%
③ 약 2.7% ④ 약 3.0%

29 2차 발효의 상대습도를 가장 낮게 하는 제품은?

① 옥수수식빵 ② 데니쉬 페이스트리
③ 우유식빵 ④ 팥앙금빵

30 데니쉬 페이스트리에서 롤인 유지함량 및 접기 횟수에 대한 내용 중 틀린 것은?

① 롤인 유지량이 증가할수록 제품 부피

는 증가한다.

② 롤인 유지함량이 적어지면 같은 접기 횟수에서 제품의 부피가 감소한다.

③ 같은 롤인 유지함량에서는 접기 횟수가 증가할수록 부피는 증가하다 최고점을 지나면 감소한다.

④ 롤인 유지함량이 많은 것이 롤인 유지함량이 작은 것보다 접기 횟수가 증가함에 따라 부피가 증가하다가 최고점을 지나면 감소하는 현상이 현저하다.

31 **버터크림을 만들 때 흡수율이 가장 높은 유지는?**

① 라드
② 경화 라드
③ 경화 식물성 쇼트닝
④ 유화 쇼트닝

32 **제빵에서 밀가루, 이스트, 물과 함께 기본적인 필수 재료는?**

① 분유 ② 유지 ③ 소금 ④ 설탕

33 **향신료(spices)를 사용하는 목적 중 틀린 것은?**

① 향기를 부여하여 식욕을 증진시킨다.
② 육류나 생선의 냄새를 완화시킨다.
③ 매운맛과 향기로 혀, 코, 위장을 자극하여 식욕을 억제시킨다.
④ 제품에 식욕을 불러일으키는 색을 부여한다.

34 **우유 단백질 중 함량이 가장 많은 것은?**

① 락토알부민 ② 락토글로불린
③ 글루테닌 ④ 카제인

35 **알파 아밀라아제(α-amylase)에 대한 설명으로 틀린 것은?**

① 베타 아밀라아제(β-amylase)에 비하여 열 안정성이 크다.
② 당화효소라고도 한다.
③ 전분의 내부 결합을 가수분해할 수 있어 내부 아밀라아제라고도 한다.
④ 액화효소라고도 한다.

36 **다음 중 아밀로펙틴의 함량이 가장 많은 것은?**

① 옥수수전분 ② 찹쌀전분
③ 멥쌀전분 ④ 감자전분

37 **빵을 만들 때 설탕의 기능이 아닌 것은?**

① 이스트의 영양원
② 빵 껍질의 색
③ 풍미 제공
④ 기포성 부여

38 **밀가루 반죽을 끊어질 때까지 늘려서 반죽의 신장성을 알아보는 것은?**

① 아밀로그래프
② 파리노그래프
③ 익스텐소그래프
④ 믹소그래프

39 어떤 케이크를 생산하는 데 전란이 1,000g 필요하다. 껍질을 포함 60g짜리 달걀은 몇 개 있어야 하는가?

① 17개 ② 19개 ③ 21개 ④ 23개

40 기름 및 지방에 대한 설명 중 옳은 것은?

① 모노글리세라이드는 글리세롤의 $-OH_3$개 중 하나에만 지방산이 결합된 것이다.
② 기름의 가수분해는 온도와 별 상관이 없다.
③ 기름의 비누화는 가성소다에 의해 낮은 온도에서 진행속도가 빠르다.
④ 기름의 산패는 기름 자체의 이중결합과 무관하다.

41 다음 중 과당을 분해하여 CO_2 가스와 알코올을 만드는 효소는?

① 리파아제(Lipase)
② 프로테아제(Protease)
③ 치마아제(Zymase)
④ 말타아제(Maltase)

42 자유수를 올바르게 설명한 것은?

① 당류와 같은 용질에 작용하지 않는다.
② 0℃ 이하에서도 얼지 않는다.
③ 정상적인 물보다 그 밀도가 크다.
④ 염류, 당류 등을 녹이고 용매로써 작용한다.

43 초콜릿을 템퍼링한 효과에 대한 설명 중 틀린 것은?

① 입안에서의 용해성이 나쁘다.
② 광택이 좋고 내부조직이 조밀하다.
③ 팻 블룸(fat bloom)이 일어나지 않는다.
④ 안정한 결정이 많고 결정형이 일정하다.

44 글루텐의 탄력성을 부여하는 것은?

① 글루테닌 ② 글리아딘
③ 글로불린 ④ 알부민

45 다음 중 밀가루에 대한 설명으로 틀린 것은?

① 밀가루는 회분 함량에 따라 강력분, 중력분, 박력분으로 나눈다.
② 전체 밀알에 대해 껍질은 13~14%, 배아는 2~3%, 내배유는 83~85% 정도를 차지한다.
③ 제분 직후의 밀가루는 제빵 적성이 좋지 않다.
④ 숙성한 밀가루는 글루텐의 질이 개선되고 흡수성을 좋게 한다.

46 지방의 연소와 합성이 이루어지는 장기는?

① 췌장 ② 간 ③ 위장 ④ 소장

47 어떤 분유 100g의 질소함량이 4g이라면 분유 100g은 몇 g의 단백질을 함유하고 있는가? (단, 단백질 중 질소 함량은 16%)

① 5g ② 15g ③ 25g ④ 35g

48 다음 중 심혈관계질환의 위험인자로 가장 거리가 먼 것은?

① 고혈압과 중성지질
② 골다공증과 빈혈
③ 운동부족과 고지혈증
④ 당뇨병과 지단백 증가

49 인체의 수분 소요량에 영향을 주는 요인과 가장 거리가 먼 것은?

① 기온 ② 신장의 기능
③ 활동력 ④ 염분의 섭취량

50 다음 중 이당류로만 묶인 것은?

① 맥아당, 유당, 설탕
② 포도당, 과당, 맥아당
③ 설탕, 갈락토오스, 유당
④ 유당, 포도당, 설탕

51 감자의 싹이 튼 부분에 들어 있는 독소는?

① 엔테로톡신 ② 사카린나트륨
③ 솔라닌 ④ 아미그달린

52 조리빵류의 부재료로 활용되는 육가공품의 부패로 인해 암모니아와 염기성 물질이 형성될 때 pH의 변화는?

① 변화가 없다. ② 산성이 된다.
③ 중성이 된다. ④ 알칼리성이 된다.

53 음식물을 섭취하고 약 2시간 후에 심한 설사 및 구토를 하게 되었다. 다음 중 그 원인으로 가장 유력한 독소는?

① 테트로도톡신 ② 엔테로톡신
③ 아플라톡신 ④ 에르고톡신

54 인체 유래 병원체에 의한 전염병의 발생과 전파를 예방하기 위한 올바른 개인위생관리로 가장 적합한 것은?

① 식품 작업 중 화장실 사용 시 위생복을 착용한다.
② 설사증이 있을 때는 약을 복용한 후 식품을 취급한다.
③ 식품 취급 시 장신구는 순금제품을 착용한다.
④ 정기적으로 건강검진을 받는다.

55 경구전염병의 예방대책 중 전염경로에 대한 대책으로 올바르지 않은 것은?

① 우물이나 상수도의 관리에 주의한다.
② 하수도 시설을 완비하고 수세식 화장실을 설치한다.
③ 식기, 용기, 행주 등은 철저히 소독한다.
④ 환기를 자주 시켜 실내공기의 청결을 유지한다.

56 다음 중 세균과 관계없는 식중독은?

① 장염 비브리오(vibrio)
② 웰치(welchil) 식중독
③ 진균독(mycotoxin) 식중독
④ 살모넬라(salmonella) 식중독

57 유지 산패도를 측정하는 방법이 아닌 것은?

① 과산화물가(peroxide value, POV)
② 휘발성염기질소(volatile basic nitrogen value, VBN)
③ 카르보닐가(carbonyl value, CV)
④ 관능검사

58 빵의 제조과정에서 빵 반죽을 분할기에서 분할할 때나 구울 때 달라붙지 않게 하고 모양을 그대로 유지하기 위하여 사용되는 첨가물을 이형제라고 한다. 다음 중 이형제는?

① 유동파라핀 ② 명반

③ 탄산수소나트륨 ④ 염화암모늄

59 **식품첨가물 공정상 표준온도는?**

① 20℃ ② 25℃ ③ 30℃ ④ 35℃

60 **부패에 영향을 미치는 요인에 대한 설명으로 맞는 것은?**

① 중온균의 발육적온은 46~60℃
② 효모의 생육최적 pH는 10 이상
③ 결합수의 함량이 많을수록 부패가 촉진
④ 식품성분의 조직상태 및 식품의 저장환경

정답									
1	2	3	4	5	6	7	8	9	10
1	2	2	1	4	3	4	2	1	3
11	12	13	14	15	16	17	18	19	20
3	4	1	3	4	4	1	1	2	1
21	22	23	24	25	26	27	28	29	30
3	1	2	2	2	2	1	3	2	4
31	32	33	34	35	36	37	38	39	40
4	3	3	4	2	2	4	3	2	1
41	42	43	44	45	46	47	48	49	50
3	4	1	1	1	2	3	2	2	1
51	52	53	54	55	56	57	58	59	60
3	4	2	4	4	3	2	1	1	4

제과기능사 필기 기출문제 05

2011.2.13

01 파운드케이크를 구울 때 윗면이 자연적으로 터지는 경우가 아닌 것은?

① 굽기 시작 전에 증기를 분무할 때
② 설탕 입자가 용해되지 않고 남아 있을 때
③ 반죽 내 수분이 불충분할 때
④ 오븐온도가 높아 껍질 형성이 너무 빠를 때

02 도넛 글레이즈의 사용온도로 가장 적합한 것은?

① 49℃ ② 39℃ ③ 29℃ ④ 19℃

03 제빵 공정에서 5인이 8시간 동안 옥수수 식빵 500개, 바게트 빵 550개를 만들었다. 개당 제품의 노무비는 얼마인가? (단, 시간당 노무비는 4,000원이다.)

① 132원 ② 142원
③ 152원 ④ 162원

04 엔젤 푸드케이크 제조 시 팬에 사용하는 이형제로 가장 적절한 것은?

① 쇼트닝 ② 밀가루
③ 라드 ④ 물

05 케이크의 부피가 작아지는 원인에 해당하는 것은?

① 강력분을 사용한 경우
② 액체재료가 적은 경우
③ 크림성이 좋은 유지를 사용한 경우
④ 달걀양이 많은 반죽의 경우

06 쇼트브레드쿠키의 성형 시 주의할 점이 아닌 것은?

① 글루텐 형성방지를 위해 가볍게 뭉쳐서 밀어 편다.
② 반죽의 휴지를 위해 성형 전에 냉동고에 동결시킨다.
③ 반죽을 일정한 두께로 밀어 펴서 원형 또는 주름커터로 찍어낸다.
④ 달걀 노른자를 바르고 조금 지난 뒤 포크로 무늬를 그려낸다.

07 반죽형 케이크를 구웠더니 너무 가볍고 부서지는 현상이 나타났다. 그 원인이 아닌 것은?

① 반죽에 밀가루 양이 많았다.
② 액체재료가 적은 경우
③ 팽창제 사용량이 많았다.
④ 쇼트닝 사용량이 많았다.

08 생크림에 대한 설명으로 옳지 않은 것은?

① 생크림은 우유로 제조한다.
② 유사 생크림은 팜, 코코넛유 등 식물

성 기름을 사용하여 만든다.
③ 생크림은 냉장온도에서 보관하여야 한다.
④ 생크림의 유지함량은 82% 정도이다.

09 찜을 이용한 제품에 사용되는 팽창제의 특성은?

① 지속성 ② 속효성
③ 지효성 ④ 이중팽창

10 커스터드 크림의 재료에 속하지 않은 것은?

① 우유 ② 달걀
③ 설탕 ④ 생크림

11 도넛 튀김기에 붓는 기름의 평균 깊이로 가장 적당한 것은?

① 5~8cm ② 9~12cm
③ 12~15cm ④ 16~19cm

12 다음 쿠키 중에서 상대적으로 수분이 적어서 밀어 펴는 형태로 만드는 제품은?

① 드롭쿠키 ② 스냅쿠키
③ 스펀지쿠키 ④ 머랭쿠키

13 다음 중 반죽의 얼음 사용량 계산 공식으로 옳은 것은?

① 얼음 = 물 사용량 × (수돗물온도 - 사용수 온도)/(80 + 수돗물온도)
② 얼음 = 물 사용량 × (수돗물온도 + 사용수 온도)/(80 + 수돗물온도)
③ 얼음 = 물 사용량 × (수돗물온도× 사용수 온도)/(80 + 수돗물온도)
④ 얼음 = 물 사용량 × (계산된 물 온도-사용수 온도)/(80 + 수돗물온도)

14 비중 컵의 물을 담은 무게가 300g이고 반죽을 담은 무게가 260g일 때 비중은? (단, 비중 컵의 무게는 50g이다.)

① 0.64 ② 0.74 ③ 0.84 ④ 1.04

15 블렌딩법에 대한 설명으로 옳은 것은?

① 건조 재료와 계란, 물을 가볍게 믹싱하다가 유지를 넣어 반죽하는 방법이다.
② 설탕입자가 고와 크래핑이 필요 없고 대규모 생산 회사에서 이용하는 방법이다.
③ 부피를 우선으로 하는 제품에 이용하는 방법이다.
④ 유지와 밀가루를 먼저 믹싱하는 방법이며 제품의 유연성이 좋다.

16 일반적으로 작은 규모의 제과점에서 사용하는 믹서는?

① 수직형 믹서 ② 수평형 믹서
③ 초고속믹서 ④ 커터 믹서

17 갓 구워낸 빵을 식혀 상온으로 낮추는 냉각에 관한 설명으로 틀린 것은?

① 빵 속의 온도를 34~40℃로 낮추는 것이다.
② 곰팡이 및 기타 균의 피해를 막는다.
③ 절단, 포장을 용이하게 한다.
④ 수분 함량을 25%로 낮추는 것이다.

18 식빵 제조 시 과도한 부피의 제품이 되는 원인은?

① 소금양의 부족
② 오븐 온도가 높음
③ 배합수의 부족
④ 미숙성 소맥분

19 원가의 구성에서 직접원가에 해당되지 않는 것은?

① 직접재료비 ② 직접노무비
③ 직접경비 ④ 직접판매비

20 냉동 빵에서 반죽의 온도를 낮추는 가장 주된 이유는?

① 수분 사용량이 많아서
② 밀가루의 단백질 함량이 낮아서
③ 이스트 활동을 억제하기 위해서
④ 이스트 사용량이 감소해서

21 성형 후 공정으로 가스팽창을 최대로 만드는 단계로 가장 적합한 것은?

① 1차 발효 ② 중간 발효
③ 펀치 ④ 2차 발효

22 스펀지 발효에서 생기는 결함을 없애기 위하여 만들어진 제조법으로 ADM법이라 불리는 방법은?

① 액종법(liquid ferments)
② 비상반죽법(emergency dough method)
③ 노타임반죽법(no time dough method)
④ 스펀지/도법(sponge/dough method)

23 500g짜리 완제품 식빵 500개를 주문받았다. 총 배합률은 190%이고 발효 손실은 2%, 굽기 손실은 10%일 때 20k짜리 밀가루는 몇 포대 필요한가?

① 6포대 ② 7포대
③ 8포대 ④ 9포대

24 빵의 관능적 평가법에서 외부적 특성을 평가하는 항목으로 틀린 것은?

① 대칭성 ② 껍질색상
③ 껍질특성 ④ 맛

25 제빵용 팬 기름에 대한 설명으로 틀린 것은?

① 종류에 상관없이 발연점이 낮아야 한다.
② 무색, 무취, 무미여야 한다.
③ 정제라드, 식물유, 혼합유도 사용된다.
④ 과다하게 칠하면 밑 껍질이 두껍고 어둡게 된다.

26 다음 중 정상적인 스펀지 반죽을 발효시키는 동안 스펀지 내부의 온도 상승은 어느 정도가 가장 바람직한가?

① 1~2℃ ② 4~6℃
③ 8~10℃ ④ 12~14℃

27 불란서 빵 제조 시 스팀 주입이 많을 경우 생기는 현상은?

① 껍질이 바삭바삭하다.
② 껍질이 벌어진다.
③ 질긴 껍질이 된다.
④ 균열이 생긴다.

28 제빵용 밀가루의 적정 손상전분의 함량은?

① 1.5~3% ② 4.5~8%
③ 11.5~14% ④ 15.5~17%

29 스펀지법(sponge & dough method)에서 가장 적합한 스펀지 반죽의 온도는?

① 10~20℃ ② 22~26℃
③ 34~38℃ ④ 42~46℃

30 빵 반죽의 손 분할이나 기계분할은 가능한 몇 분 이내에 완료하는 것이 좋은가?

① 15~20분 ② 25~30분
③ 35~40분 ④ 45~50분

31 튀김기름에 스테아린(stearin)을 첨가하는 이유에 대한 설명으로 틀린 것은?

① 기름의 침출을 막아 도넛 설탕이 젖는 것을 방지한다.
② 유지의 융점을 높인다.
③ 도넛에 붙는 점착성을 높인다.
④ 경화제(hardner)로 튀김기름의 3~6%를 사용한다.

32 밀가루 28kg에서 젖은 글루텐을 6g을 얻었다면 이 밀가루는 다음 어디에 속하는가?

① 박력분 ② 중력분
③ 강력분 ④ 제빵용 밀가루

33 아이싱 크림에 많이 쓰이는 퐁당(fondant)을 만들 때 끓이는 온도로 가장 적합한 것은?

① 78~80℃ ② 98~100℃
③ 114~116℃ ④ 130~132℃

34 제빵에서 설탕의 역할이 아닌 것은?

① 이스트의 영양분이 됨
② 껍질색을 나게 함
③ 향을 향상시킴
④ 노화를 촉진시킴

35 메이스(mace)와 같은 나무에서 생산되는 것으로 단맛의 향기가 있는 향신료는?

① 넛메그 ② 시나몬
③ 클로버 ④ 오레가노

36 파리노그래프에 관한 설명 중 틀린 것은?

① 흡수율 측정
② 믹싱시간 측정
③ 믹싱 내구성 측정
④ 전분의 점도 측정

37 유지를 고온으로 계속 가열하였을 때 다음 중 점차 낮아지는 것은?

① 산가 ② 점도
③ 과산화물가 ④ 발연점

38 제빵에 적정한 물의 경도는 120~180ppm인데, 이는 다음 중 어느 분류에 속하는가?

① 연수 ② 아경수
③ 일시적 경수 ④ 영구적 경수

39 달걀에 대한 설명 중 옳은 것은?

① 노른자에 가장 많은 것은 단백질이다.
② 흰자는 대부분이 물이고 그 다음 많은 성분은 지방질이다.
③ 껍질은 대부분 탄산칼슘으로 이루어져 있다.
④ 흰자보다 노른자의 중량이 더 크다.

40 제빵에서 소금의 역할이 아닌 것은?

① 글루텐을 강화시킨다.
② 유해균의 번식을 억제시킨다.
③ 빵의 내상을 희게 한다.
④ 맛을 조절한다.

41 화학적 팽창에 대한 설명으로 잘못된 것은?

① 효모보다 가스 생산이 느리다.
② 가스를 생산하는 것은 탄산수소나트륨이다.
③ 중량제로 전분이나 밀가루를 사용한다.
④ 산의 종류에 따라 작용 속도가 달라진다.

42 아밀로그래프(Amylograph)에서 50℃에서의 점도(minimum viscosity)와 최종점도(final viscosity) 차이를 표시하는 것으로 노화도를 나타내는 것은?

① 브레이크 다운(break down)
② 세트 백(Setback)
③ 최소 점도(minimum viscosity)
④ 최대 점도(maximum viscosity)

43 지방의 산화를 가속시키는 요소가 아닌 것은?

① 공기와의 접촉이 많다.
② 토코페롤을 첨가한다.
③ 높은 온도로 여러 번 사용한다.
④ 자외선에 노출시킨다.

44 자당(sucrose) 10%를 이성화해서 10.52%의 전화당(invert sugar)을 얻었다. 포도당(glucose)과 과당(fructose)의 비율은?

① 포도당 7.0%, 과당 3.52%
② 포도당 5.26%, 과당 5.26%
③ 포도당 3.52%, 과당 7.0%
④ 포도당 2.63%, 과당 7.89%

45 빵에서 탈지분유의 역할이 아닌 것은?

① 흡수율 감소 ② 조직 개선
③ 완충제 역할 ④ 껍질색 개선

46 식품의 열량(kcal) 계산공식으로 맞는 것은? (단, 각 영양소 양의 기준은 g 단위로 한다.)

① (탄수화물의 양 + 단백질의 양) × 4 + (지방의 양 × 9)
② (탄수화물의 양 + 지방의 양) × 4 + (단백질의 양 × 9)
③ (지방의 양 + 단백질의 양) × 4 + (탄수화물의 양 × 9)
④ (탄수화물의 양 + 지방의 양) × 9 + (단백질의 양 × 4)

47 포화지방산과 불포화지방산에 대한 설명 중 옳은 것은?

① 포화지방산은 이중결합을 함유하고 있다.
② 포화지방산은 할로겐이나 수소첨가에 따라 불포화될 수 있다.
③ 코코넛 기름에는 불포화지방산이 더 높은 비율로 들어 있다.
④ 식물성 유지에는 불포화지방산이 더 높은 비율로 들어 있다.

48 유용한 장내 세균의 발육을 왕성하게 하여 장에 좋은 영양을 미치는 이당류는?

① 설탕(sucrose)
② 유당(lactose)
③ 맥아당(maltose)
④ 포도당(glucose)

49 괴혈병을 예방하기 위해 어떤 영양소가 많은 식품을 섭취해야 하는가?

① 비타민 A ② 비타민 C
③ 비타민 D ④ 비타민 B_1

50 필수 아미노산이 아닌 것은?

① 트레오닌 ② 이소루신
③ 발린 ④ 알라닌

51 다음 중 병원체가 바이러스(Virus)인 질병인?

① 유행성 간염 ② 결핵
③ 발진티푸스 ④ 말라리아

52 살모넬라(Salmonella)균의 특징이 아닌 것은?

① 그람(Gram)음성 간균이다.
② 발육 최적 pH는 7~8 온도는 37℃이다.
③ 60℃에서 20분 정도의 가열로 사멸한다.
④ 독소에 의한 식중독을 일으킨다.

53 다음 중 부패로 볼 수 없는 것은?

① 육류의 변질
② 달걀의 변질
③ 어패류의 변질
④ 열에 의한 식용유의 변질

54 균체의 독소 중 뉴로톡신(neuroxin)을 생산하는 식중독균은?

① 포도상구균
② 클로스트리디움 보툴리늄균
③ 장염 비브리오균
④ 병원성 대장균

55 인수공통 감염병으로만 짝지어진 것은?

① 폴리오, 장티푸스
② 탄저, 리스테리아증
③ 결핵, 유행성 간염
④ 홍역, 브루셀라증

56 식품에 식염을 첨가함으로써 미생물 증식을 억제하는 효과와 관계가 없는 것은?

① 탈수작용에 의한 식품 내 수분감소
② 산소의 용해도 감소
③ 삼투압 증가
④ 펩티드결합의 분해

57 빵의 제조과정에서 빵 반죽을 분할기에서 분할할 때 달라붙지 않게 하는 첨가물은?

① 호료(thickening agent)
② 피막제(coating agent)
③ 용제(solvents)
④ 이형제(release agent)

58 화학적 식중독을 유발하는 원인이 아닌 것은?

① 복어 독
② 불량한 포장용기
③ 유해한 식품첨가물
④ 농약에 오염된 식품

59 다음 중 음식물을 매개로 전파되지 않는 것은?

① 이질 ② 장티푸스
③ 콜레라 ④ 광견병

60 우리나라에서 지정된 식품첨가물 중 버터류에 사용할 수 없는 것은?

① 터셔리부틸히드로퀴논(tbhq)
② 식용색소 황색4호
③ 부틸히드록시아니솔(BHA)
④ 디부틸히드록시톨루엔(BHT)

정답									
1	2	3	4	5	6	7	8	9	10
1	2	3	4	1	2	1	4	2	4
11	12	13	14	15	16	17	18	19	20
3	2	1	2	4	1	4	1	4	3
21	22	23	24	25	26	27	28	29	30
4	1	3	4	1	2	3	2	2	1
31	32	33	34	35	36	37	38	39	40
3	1	3	4	1	4	4	2	3	3
41	42	43	44	45	46	47	48	49	50
1	2	2	2	1	1	4	2	2	4
51	52	53	54	55	56	57	58	59	60
1	4	4	2	2	4	4	1	4	2

제과기능사 필기 기출문제 06

2011.4.17

01 다음 제품 중 비중이 가장 낮은 것은?

① 젤리 롤케이크
② 버터 스펀지케이크
③ 파운드케이크
④ 옐로 레이어케이크

02 퍼프 페이스트리 굽기 후 결점과 원인으로 틀린 것은?

① 수축 : 밀어 펴기 과다, 너무 높은 오븐 온도
② 수포 형성 : 단백질 함량이 높은 밀가루로 반죽
③ 충전물 흘러나옴 : 충전물량 과다, 봉합 부적절
④ 작은 부피 : 수분이 없는 경화 쇼트닝을 충전용 유지로 사용

03 흰자를 이용한 머랭 제조 시 좋은 머랭을 얻기 위한 방법이 아닌 것은?

① 사용 용기 내에 유지가 없어야 한다.
② 머랭의 온도를 따뜻하게 한다.
③ 노른자를 첨가한다.
④ 주석산크림을 넣는다.

04 공장 설비 시 배수관의 최소 내경으로 알맞은 것은?

① 5cm ② 7cm ③ 10cm ④ 15cm

05 설탕공예용 당액 제조 시 고농도화된 당의 결정을 막아주는 재료는?

① 중조 ② 주석산
③ 포도당 ④ 베이킹파우더

06 실내온도 25℃, 밀가루 온도 25℃, 설탕온도 25℃, 유지온도 20℃, 달걀온도 20℃, 수돗물온도 23℃, 마찰계수 21, 반죽 희망온도가 22℃라면 사용할 물의 온도는?

① -4℃ ② -1℃ ③ 0℃ ④ 8℃

07 스펀지케이크 400g짜리 완제품을 만들 때 굽기 손실이 20%라면 분할 반죽의 무게는?

① 600g ② 500g
③ 400g ④ 300g

08 소프트 롤을 말 때 겉면이 터지는 경우 조치사항이 아닌 것은?

① 팽창이 과도한 경우 팽창제 사용량을 감소시킨다.
② 설탕의 일부를 물엿으로 대치한다.
③ 저온 처리하여 말기를 한다.
④ 덱스트린의 점착성을 이용한다.

09 다음 제품 중 냉과류에 속하는 제품은?

① 무스케이크 ② 젤리 롤케이크
③ 소프트 롤케이크 ④ 양갱

10 도넛을 튀길 때 사용하는 기름에 대한 설명으로 틀린 것은?

① 기름이 적으면 뒤집기가 쉽다.
② 발연점이 높은 기름이 좋다.
③ 기름이 너무 많으면 온도를 올리는 시간이 길어진다.
④ 튀김 기름의 평균 깊이는 12~15cm 정도가 좋다.

11 케이크 도넛의 껍질색을 진하게 내려고 할 때 설탕의 일부를 무엇으로 대치하여 사용하는가?

① 물엿　② 포도당
③ 유당　④ 맥아당

12 퍼프 페이스트리 제조 시 다른 조건이 같을 때 충전용 유지에 대한 설명으로 틀린 것은?

① 충전용 유지가 많을수록 결이 분명해진다.
② 충전용 유지가 많을수록 밀어 펴기가 쉬워진다.
③ 충전용 유지가 많을수록 부피가 커진다.
④ 충전용 유지는 가소성 범위가 넓은 파이용이 적당하다.

13 시폰케이크 제조 시 냉각 전에 팬에서 분리되는 결점이 나타났을 때의 원인과 거리가 먼 것은?

① 굽기 시간이 짧다.
② 밀가루 양이 많다.
③ 반죽에 수분이 많다.
④ 오븐 온도가 낮다.

14 아이싱에 사용하는 안정제 중 적정한 농도의 설탕과 산이 있어야 쉽게 굳는 것은?

① 한천　② 펙틴
③ 젤라틴　④ 로커스트빈 검

15 튀김에 기름을 반복 사용할 경우 일어나는 주요한 변화 중 틀린 것은?

① 중합의 증가　② 변색의 증가
③ 점도의 증가　④ 발연점의 상승

16 빵 90g짜리 520개를 만들기 위해 필요한 밀가루 양은? (제품 배합률 180%, 발효 및 굽기 손실은 무시)

① 10kg　② 18kg　③ 26kg　④ 31kg

17 노무비를 절감하는 방법으로 바람직하지 않은 것은?

① 표준화　② 단순화
③ 설비 휴무　④ 공정시간 단축

18 발효가 지나친 반죽으로 빵을 구웠을 때의 제품 특성이 아닌 것은?

① 빵 껍질색이 밝다.
② 신 냄새가 있다.
③ 체적이 적다.
④ 제품의 조직이 고르다.

19 다음 중 굽기 과정에서 일어나는 변화로 틀린 것은?

① 글루텐이 응고된다.
② 반죽의 온도가 90℃일 때 효소의 활성이 증가한다.
③ 오븐 팽창이 일어난다.

④ 향이 생성된다.

20 제빵의 일반적인 스펀지 반죽방법에서 가장 적당한 스펀지 온도는?

① 12~15도 ② 18~20도
③ 23~25도 ④ 29~32도

21 비용적의 단위로 옳은 것은?

① ㎤/g ② ㎠/g ③ ㎤/*ml* ④ ㎠/*ml*

22 연속식 제빵법에 관한 설명으로 틀린 것은?

① 액체발효법을 이용하여 연속적으로 제품을 생산한다.
② 발효 손실 감소, 인력 감소 등의 이점이 있다.
③ 3~4기압의 디벨로퍼로 반죽을 제조하기 때문에 많은 양의 산화제가 필요하다.
④ 자동화시설을 갖추기 위해 설비공간의 면적이 많이 소요된다.

23 다음 제빵공정 중 시간보다 상태로 판단하는 것이 좋은 공정은?

① 포장 ② 분할
③ 2차 발효 ④ 성형

24 중간발효에 대한 설명으로 틀린 것은?

① 중간발효는 온도 32℃ 이내, 상대습도 75% 전후에서 실시한다.
② 반죽의 온도, 크기에 따라 시간이 달라진다.
③ 반죽의 상처회복과 성형을 용이하게 하기 위함이다.
④ 상대습도가 낮으면 덧가루 사용량이 증가한다.

25 제빵공정 중 패닝 시 틀(팬)의 온도로 가장 적합한 것은?

① 20℃ ② 32℃ ③ 55℃ ④ 70℃

26 이스트 2%를 사용했을 때 150분 발효시켜 좋은 결과를 얻었다면, 100분 발효시켜 같은 결과를 얻기 위해 얼마의 이스트를 사용하면 좋을까?

① 1% ② 2% ③ 3% ④ 4%

27 다음 중 반죽 10kg을 혼합할 때 가장 적합한 믹서의 용량은?

① 8kg ② 10kg ③ 15kg ④ 30kg

28 제빵냉각법 중 적합하지 않은 것은?

① 급속냉각 ② 자연냉각
③ 터널식 냉각 ④ 에어컨디셔너식 냉각

29 냉동반죽에 사용되는 재료와 제품의 특성에 대한 설명 중 틀린 것은?

① 일반 제품보다 산화제 사용량을 증가시킨다.
② 저율배합인 프랑스빵이 가장 유리하다.
③ 유화제를 사용하는 것이 좋다.
④ 밀가루는 단백질의 함량과 질이 좋은 것을 사용한다.

30 오버 베이킹에 대한 설명으로 옳은 것은?

① 높은 온도의 오븐에서 굽는다.

② 짧은 시간 굽는다.
③ 제품의 수분함량이 많다.
④ 노화가 빠르다.

31 술에 대한 설명으로 틀린 것은?

① 달걀 비린내, 생크림의 비린 맛 등을 완화시켜 풍미를 좋게 한다.
② 양조주란 곡물이나 과실을 원료로 하여 효모로 발효시킨 것이다.
③ 증류주란 발효시킨 양조주를 증류한 것이다.
④ 혼성주란 증류주를 기본으로 하여 정제당을 넣고 과실 등의 추출물로 향미를 낸 것으로 대부분 알코올 농도가 낮다.

32 맥아에 함유되어 있는 아밀라아제를 이용하여 전분을 당화시켜 엿을 만든다. 이때 엿에 주로 함유되어 있는 당류는?

① 포도당 ② 유당
③ 과당 ④ 맥아당

33 식염이 반죽의 물성 및 발효에 미치는 영향에 대한 설명으로 틀린 것은?

① 흡수율이 감소한다.
② 반죽시간이 길어진다.
③ 껍질색상을 더 진하게 한다.
④ 프로테아제의 활성을 증가시킨다.

34 다음 중 코팅용 초콜릿이 갖추어야 하는 성질은?

① 융점이 항상 낮은 것
② 융점이 항상 높은 것
③ 융점이 겨울에는 높고, 여름에는 낮은 것
④ 융점이 겨울에는 낮고, 여름에는 높은 것

35 어떤 밀가루에서 젖은 글루텐을 채취하여 보니 밀가루 100g에서 36g이 되었다. 이때 단백질 함량은?

① 9% ② 12% ③ 15% ④ 18%

36 다음 중 효소에 대한 설명으로 틀린 것은?

① 생체 내의 화학반응을 촉진시키는 생체촉매이다.
② 효소반응은 온도, pH, 기질농도 등에 영향을 받는다.
③ β-아밀라아제를 액화효소, α-아밀라아제를 당화효소라 한다.
④ 효소는 특정기질에 선택적으로 작용하는 기질 특이성이 있다.

37 동물의 가죽이나 뼈 등에서 추출하며 안정제로 사용되는 것은?

① 젤라틴 ② 한천
③ 펙틴 ④ 카라기난

38 제빵에 가장 적합한 물은?

① 경수 ② 연수
③ 아경수 ④ 알칼리수

39 생이스트의 구성 비율이 올바른 것은?

① 수분 8%, 고형분 92% 정도
② 수분 92%, 고형분 8% 정도
③ 수분 70%, 고형분 30% 정도

④ 수분 30%, 고형분 70% 정도

40 커스터드 크림에서 계란은 주로 어떤 역할을 하는가?

① 쇼트닝 작용 ② 결합제
③ 팽창제 ④ 저장성

41 다음 중 유지의 산패와 거리가 먼 것은?

① 온도 ② 수분
③ 공기 ④ 비타민 E

42 버터를 쇼트닝으로 대치하려 할 때 고려해야 할 재료와 거리가 먼 것은?

① 유지 고형질 ② 수분
③ 소금 ④ 유당

43 믹서 내에서 일어나는 물리적 성질을 파동곡선 기록기로 기록하여 밀가루의 흡수율, 믹싱시간, 믹싱 내구성 등을 측정하는 기계는?

① 파리노그래프 ② 익스텐소그래프
③ 아밀로그래프 ④ 분광분석기

44 휘핑용 생크림에 대한 설명 중 틀린 것은?

① 유지방 40% 이상의 진한 생크림을 쓰는 것이 좋음
② 기포성을 이용하여 제조함
③ 유지방이 기포 형성의 주체임
④ 거품의 품질 유지를 위해 높은 온도에서 보관함

45 단당류 2~10개로 구성된 당으로, 장내의 비피더스균의 증식을 활발하게 하는 당은?

① 올리고당 ② 고과당
③ 물엿 ④ 이성화당

46 식빵에 당질 50%, 지방 5%, 단백질 9%, 수분 24%, 회분 2%가 들어 있다면 식빵을 100g 섭취하였을 때 열량은?

① 281kca ② 301kcal
③ 326kcal ④ 506kcal

47 단백질의 가장 주요한 기능은?

① 체온유지 ② 유화작용
③ 체조직 구성 ④ 체액의 압력조절

48 수분의 필요량을 증가시키는 요인이 아닌 것은?

① 장기간의 구토, 설사, 발열
② 지방이 많은 음식을 먹은 경우
③ 수술, 출혈, 화상
④ 알코올 또는 카페인의 섭취

49 불포화지방산에 대한 설명 중 틀린 것은?

① 불포화지방산은 산패되기 쉽다.
② 고도 불포화지방산은 성인병을 예방한다.
③ 이중결합 2개 이상의 불포화지방산은 모두 필수 지방산이다.
④ 불포화지방산이 많이 함유된 유지는 실온에서 액상이다.

50 글리코겐이 주로 합성되는 곳은?

① 간, 신장 ② 소화관, 근육
③ 간, 혈액 ④ 간, 근육

51 식품위생법에서 식품 등의 공정은 누가 작성, 보급하는가?

① 보건복지부장관
② 식품의약품안전처장
③ 질병관리본부장
④ 시, 도지사

52 변질되기 쉬운 식품을 생산지로부터 소비자에게 전달하기까지 저온으로 보존하는 시스템은?

① 냉장유통체계 ② 냉동유통체계
③ 저온유통체계 ④ 상온유통체계

53 식중독 발생 현황에서 발생 빈도가 높은 우리나라 3대 식중독 원인 세균이 아닌 것은?

① 살모넬라균
② 포도상구균
③ 장염 비브리오균
④ 바실러스 세레우스

54 어육이나 식육의 초기부패를 확인하는 화학적 검사방법으로 적합하지 않은 것은?

① 휘발성 염기질소량의 측정
② pH의 측정
③ 트리메틸아민 양의 측정
④ 탄력성의 측정

55 아래에서 설명하는 식중독 원인균은?

- 미호기성 세균이다.
- 발육온도는 약 30~46℃ 정도이다.
- 원인식품은 오염된 식육 및 식육가공품, 우유 등이다.
- 소아에서는 이질과 같은 설사 증세를 보인다.

① 캄필로박터 제주니
② 바실러스 세레우스
③ 장염 비브리오균
④ 병원성 대장균

56 산화방지제와 거리가 먼 것은?

① 부틸히드록시아니솔(BHA)
② 디부틸히드록시톨루엔(BHT)
③ 몰식자산프로필(propyl gallate)
④ 비타민 A

57 식품첨가물에 의한 식중독으로 규정되지 않는 것은?

① 허용되지 않은 첨가물의 사용
② 불순한 첨가물의 사용
③ 허용된 첨가물의 과다 사용
④ 독성물질을 식품에 고의로 첨가

58 황색포도상구균 식중독의 특징으로 틀린 것은?

① 잠복기가 다른 식중독균보다 짧으며 회복이 빠르다.
② 치사율이 다른 식중독균보다 낮다.
③ 그람 양성균으로 장내독소를(enterotoxin) 생산한다.
④ 발열이 24~48시간 정도 지속된다.

59 병원체가 음식물, 손, 식기, 완구, 곤충 등을 통하여 입으로 침입하여 감염을 일으키는 것 중 바이러스에 의한 것은?

① 이질 ② 폴리오
③ 장티푸스 ④ 콜레라

60 **오염된 우유를 먹었을 때 발생할 수 있는 인수 공통감염병이 아닌 것은?**

① 파상열 ② 결핵

③ Q-열 ④ 야토병

정답									
1	*2*	*3*	*4*	*5*	*6*	*7*	*8*	*9*	*10*
1	2	3	3	2	1	2	3	1	1
11	*12*	*13*	*14*	*15*	*16*	*17*	*18*	*19*	*20*
2	2	2	2	4	3	3	4	2	3
21	*22*	*23*	*24*	*25*	*26*	*27*	*28*	*29*	*30*
21	22	23	24	25	26	27	28	29	30
1	4	3	4	2	3	3	1	2	4
4	4	4	4	2	3	1	3	3	2
41	*42*	*43*	*44*	*45*	*46*	*47*	*48*	*49*	*50*
4	4	1	4	1	1	3	2	3	4
51	*52*	*53*	*54*	*55*	*56*	*57*	*58*	*59*	*60*
2	3	4	4	1	4	4	4	2	4

제과기능사 필기 기출문제 07

2011.7.31

01 성형한 파이 반죽에 포크 등을 이용하여 구멍을 내주는 가장 주된 이유는?

① 제품을 부드럽게 하기 위해
② 제품의 수축을 막기 위해
③ 제품의 원활한 팽창을 위해
④ 제품에 기포나 수포가 생기는 것을 막기 위해

02 다음 중 반죽형 케이크의 반죽 제조법에 해당하는 것은?

① 공립법　② 별립법
③ 머랭법　④ 블렌딩법

03 다음의 조건에서 물 온도를 계산하면?

반죽희망 온도 23℃, 밀가루 온도 25℃, 실내 온도 25℃, 설탕 온도 25℃, 쇼트닝 온도 20℃, 계란 온도 20℃, 수돗물온도 23℃, 마찰계수 20

① 0℃　② 3℃　③ 8℃　④ 12℃

04 제분에 대한 설명 중 틀린 것은?

① 넓은 의미의 개념으로 제분이란 곡류를 가루로 만드는 것이지만 일반적으로 밀을 사용하여 밀가루를 제조하는 것을 제분이라고 한다.
② 밀은 배유부가 치밀하거나 단단하지 못하여 도정할 경우 싸라기가 많이 나오기 때문에 처음부터 분말화하여 활용하는 것을 제분이라고 한다.
③ 제분 시 밀기울이 많이 들어가면 밀가루의 회분함량이 낮아진다.
④ 제분율이란 밀을 제분하여 밀가루를 만들 때 밀에 대한 밀가루의 백분율을 말한다.

05 스펀지케이크를 만들 때 설탕이 적게 들어감으로 해서 생길 수 있는 현상은?

① 오븐에서 제품이 주저앉는다.
② 제품의 껍질이 두껍다.
③ 제품의 껍질이 갈라진다.
④ 제품의 부피가 증가한다.

06 튀김 기름의 조건으로 틀린 것은?

① 발연점(smoking point)이 높아야 한다.
② 산패에 대한 안정성이 있어야 한다.
③ 여름철에 융점이 낮은 기름을 사용한다.
④ 산가(acid value)가 낮아야 한다.

07 슈(Choux)에 대한 설명이 틀린 것은?

① 패닝 후 반죽표면에 물을 분사하여 오븐에서 껍질이 형성되는 것을 지연시킨다.
② 껍질반죽은 액체재료를 많이 사용하

기 때문에 굽기 중 증기 발생으로 팽창한다.

③ 오븐의 열 분배가 고르지 않으면 껍질이 약하여 주저앉는다.

④ 기름칠이 적으면 껍질 밑부분이 접시 모양으로 올라오거나 위와 아래가 바뀐 모양이 된다.

08 케이크 반죽의 pH가 적정범위를 벗어나 알칼리일 경우 제품에서 나타나는 현상은?

① 부피가 작다.
② 향이 약하다.
③ 껍질색이 여리다.
④ 기공이 거칠다.

09 소규모 주방설비 중 작업의 효율성을 높이기 위한 작업 테이블의 위치로 가장 적당한 것은?

① 오븐 옆에 설치한다.
② 냉장고 옆에 설치한다.
③ 발효실 옆에 설치한다.
④ 주방의 중앙부에 설치한다.

10 고율배합의 제품을 굽는 방법으로 알맞은 것은?

① 저온 단시간 ② 고온 단시간
③ 저온 장시간 ④ 고온 장시간

11 다음 중 비용적이 가장 큰 케이크는?

① 스펀지케이크
② 파운드케이크
③ 화이트 레이어케이크
④ 초콜릿케이크

12 어떤 과자반죽의 비중을 측정하기 위하여 다음과 같이 무게를 달았다면 이 반죽의 비중은? (단, 비중 컵=50g, 비중 컵+물=250g, 비중 컵+반죽=170g)

① 0.40 ② 0.60 ③ 0.68 ④ 1.47

13 같은 크기의 팬에 각 제품의 용적에 맞는 반죽을 패닝하였을 경우 반죽양이 가장 무거운 반죽은?

① 파운드케이크 ② 레이어케이크
③ 스펀지케이크 ④ 소프트 롤케이크

14 흰자를 거품내면서 뜨겁게 끓인 시럽을 부어 만든 머랭은?

① 냉제 머랭 ② 온제 머랭
③ 스위스 머랭 ④ 이탈리안 머랭

15 도넛과 케이크의 글레이즈(glaze) 사용 온도로 가장 적합한 것은?

① 23℃ ② 34℃ ③ 49℃ ④ 68℃

16 다음 중 1mg과 같은 것은?

① 0.0001g ② 0.001g
③ 0.1g ④ 1,000g

17 냉동반죽의 장점이 아닌 것은?

① 노동력 절약
② 작업 효율의 극대화
③ 설비와 공간의 절약
④ 이스트 푸드의 절감

18 3% 이스트를 사용하여 4시간 발효시켜 좋은 결과를 얻는다고 가정할 때 발효시간을

3시간으로 줄이려 한다. 이때 필요한 이스트 양은? (단, 다른 조건은 같다고 본다.)

① 3.5% ② 4% ③ 4.5% ④ 5%

19 식빵의 온도를 28℃까지 냉각한 후 포장할 때 식빵에 미치는 영향은?

① 노화가 일어나서 빨리 딱딱해진다.
② 빵에 곰팡이가 쉽게 발생한다.
③ 빵의 모양이 찌그러지기 쉽다.
④ 식빵을 슬라이스하기 어렵다.

20 버터 톱 식빵 제조 시 분할손실이 3%이고, 완제품 500g짜리 4개를 만들 때 사용하는 강력분의 양으로 가장 적당한 것은? (단, 총 배합률은 195.8%이다.)

① 약 1065g ② 약 2140g
③ 약 1053g ④ 약 1123g

21 빵 속에 줄무늬가 생기는 원인으로 옳은 것은?

① 덧가루 사용이 과다한 경우
② 반죽개량제의 사용이 과다한 경우
③ 밀가루를 체로 치지 않은 경우
④ 너무 되거나 진 반죽인 경우

22 하나의 스펀지 반죽으로 2~4개의 도우(dough)를 제조하는 방법으로 노동력, 시간이 절약되는 방법은?

① 가당 스펀지법
② 오버나잇 스펀지법
③ 마스터 스펀지법
④ 비상 스펀지법

23 반죽이 팬 또는 용기에 가득 차는 성질과 관련된 것은?

① 흐름성 ② 가소성
③ 탄성 ④ 점탄성

24 다음 중 냉동 반죽을 저장할 때의 적정 온도로 옳은 것은?

① -1~-5℃ 정도
② -6~-10℃ 정도
③ -18~-24℃ 정도
④ -40℃~-45℃ 정도

25 다음 재료 중 식빵 제조 시 반죽 온도에 가장 큰 영향을 주는 것은?

① 설탕 ② 밀가루
③ 소금 ④ 반죽개량제

26 빵 표피의 갈변반응을 설명한 것 중 옳은 것은?

① 이스트가 사멸해서 생긴다.
② 마가린으로부터 생긴다.
③ 아미노산과 당으로부터 생긴다.
④ 굽기 온도 때문에 지방이 산패되어 생긴다.

27 제빵용으로 주로 사용되는 도구는?

① 모양깍지 ② 돌림판(회전판)
③ 짤주머니 ④ 스크레이퍼

28 빵 제품의 껍질색이 연한 원인 설명으로 거리가 먼 것은?

① 1차 발효 과다
② 낮은 오븐 온도

③ 덧가루 사용 과다
④ 고율배합

29 **둥글리기(Rounding) 공정에 대한 설명으로 틀린 것은?**

① 덧가루, 분할기 기름을 최대로 사용한다.
② 손 분할, 기계분할이 있다.
③ 분할기의 종류는 제품에 적합한 기종을 선택한다.
④ 둥글리기 과정 중 큰 기포는 제거되고 반죽온도가 균일화된다.

30 **오랜 시간 발효과정을 거치지 않고 혼합 후 정형하여 2차 발효를 하는 제빵법은?**

① 재반죽법 ② 스트레이트법
③ 노타임법 ④ 스펀지법

31 **밀가루 중에 가장 많이 함유된 물질은?**

① 단백질 ② 지방 ③ 전분 ④ 회분

32 **우유를 살균할 때 고온단시간살균법(HTST)으로서 가장 적합한 조건은?**

① 72℃에서 15초 처리
② 75℃ 이상에서 15분 처리
③ 130℃에서 2~3초 이내 처리
④ 62~65℃에서 30분 처리

33 **다음 중 효소와 온도에 대한 설명으로 틀린 것은?**

① 효소는 일종의 단백질이기 때문에 열에 의해 변성된다.
② 최적온도 수준이 지나도 반응 속도는 증가한다.
③ 적정온도 범위에서 온도가 낮아질수록 반응속도는 낮아진다.
④ 적정온도 범위 내에서 온도가 10℃ 상승함에 따라 효소 활성은 약 2배로 증가한다.

34 **다음의 초콜릿 성분이 설명하는 것은?**

- 글리세린 1개에 지방산 3개가 결합한 구조이다. - 실온에서는 단단한 상태이지만, 입안에 넣는 순간 녹게 만든다. - 고체로부터 액체로 변하는 온도범위(가소성)가 겨우 2~3℃로 매우 좁다.

① 카카오 매스 ② 카카오기름
③ 카카오버터 ④ 코코아파우더

35 **파리노그래프 커브의 윗부분이 200B.U.에 닿는 시간을 무엇이라고 하는가?**

① 반죽시간(peak time)
② 도달시간(arrival time)
③ 반죽형성시간(dough development time)
④ 이탈시간(departure time)

36 **다음에서 탄산수소나트륨(중조)의 반응에 의해 발생하는 물질이 아닌 것은?**

① CO_2 ② H_2O
③ C_2H_5OH ④ Na_2CO_3

37 **제빵에 사용하는 물로 가장 적합한 형태는?**

① 아경수 ② 알칼리수
③ 증류수 ④ 염수

38 유지의 경화란?

① 포화 지방산의 수증기 증류를 말한다.
② 불포화 지방산에 수소를 첨가하는 것이다.
③ 규조토를 경화제로 하는 것이다.
④ 알칼리 정제를 말한다.

39 아밀로그래프에 관한 설명 중 틀린 것은?

① 반죽의 신장성 측정
② 맥아의 액화효과 측정
③ 알파 아밀라아제의 활성 측정
④ 보통 제빵용 밀가루는 약 400~600 B.U.

40 쇼트닝에 대한 설명으로 틀린 것은?

① 라드(돼지기름) 대용품으로 개발되었다.
② 정제한 동·식물성 유지로 만든다.
③ 온도 범위가 넓어 취급이 용이하다.
④ 수분을 16% 함유하고 있다.

41 다음 중 당 알코올(sugar alcohol)이 아닌 것은?

① 자일리톨　② 솔비톨
③ 갈락티톨　④ 글리세롤

42 케이크 제품에서 계란의 기능이 아닌 것은?

① 영양가 증대　② 결합제 역할
③ 유화작용 저해　④ 수분 증발 감소

43 맥아당은 이스트의 발효과정 중 효소에 의해 어떻게 분해되는가?

① 포도당 + 포도당
② 포도당 + 과당
③ 포도당 + 유당
④ 과당 + 과당

44 육두구과의 상록활엽교목에 맺히는 종자를 말리면 넛메그가 된다. 이 넛메그의 종자를 싸고 있는 빨간 껍질을 말린 향신료는?

① 생강　② 클로브
③ 메이스　④ 시나몬

45 밀 제분공정 중 정선기에 온 밀가루를 다시 마쇄하여 작은 입자로 만드는 공정은?

① 조쇄공정(break roll)
② 분쇄공정(reduct roll)
③ 정선공정(milling separator)
④ 조질공정(tempering)

46 수크라아제(sucrase)는 무엇을 가수분해시키는가?

① 맥아당　② 설탕　③ 전분　④ 과당

47 리놀렌산(linolenic acid)의 급원식품으로 가장 적합한 것은?

① 라드　② 들기름
③ 면실유　④ 해바라기씨유

48 새우, 게 등의 겉껍질을 구성하는 chitin의 주된 단위성분은?

① 갈락토사민(galactosamine)
② 글루코사민(glucosamine)
③ 글루쿠로닉산(glucuronic acid)
④ 갈락투로닉산(galacturonic acid)

49 단백질에 대한 설명으로 틀린 것은?

① 조직의 삼투압과 수분평형을 조절한다.
② 약 20여 종의 아미노산으로 되어 있다.
③ 부족하면 2차적 빈혈을 유발하기 쉽다.
④ 동물성 식품에만 포함되어 있다.

50 건강한 성인이 식사 시 섭취한 철분이 200mg인 경우 체내 흡수된 철분의 양은?

① 1~5mg ② 10~30mg
③ 100~15mg ④ 200mg

51 착색료에 대한 설명으로 틀린 것은?

① 천연색소는 인공색소에 비해 값이 비싸다.
② 타르색소는 카스텔라에 사용이 허용되어 있다.
③ 인공색소는 색깔이 다양하고 선명하다.
④ 레토르트 식품에서 타르색소가 검출되면 안된다.

52 다음 중 작업공간의 살균에 가장 적당한 것은?

① 자외선 살균 ② 적외선 살균
③ 가시광선 살균 ④ 자비살균

53 다음 중 허가된 천연유화제는?

① 구연산 ② 고시폴
③ 레시틴 ④ 세사몰

54 다음 중 살모넬라균의 주요 감염원은?

① 채소류 ② 육류
③ 곡류 ④ 과일류

55 경구감염병의 예방대책 중 전염원에 대한 대책으로 바람직하지 않은 것은?

① 환자를 조기 발견하여 격리 치료한다.
② 환자가 발생하면 접촉자의 대변을 검사하고 보균자를 관리한다.
③ 일반 및 유흥음식점에서 일하는 사람들은 정기적인 건강진단이 필요하다.
④ 오염이 의심되는 물건은 어둡고 손이 닿지 않는 곳에 모아둔다.

56 산양, 양, 돼지, 소에게 감염되면 유산을 일으키고, 인체 감염 시 고열이 주기적으로 일어나는 인수 공통 감염병은?

① 광우병 ② 공수병
③ 파상열 ④ 신증후군 출혈열

57 "제1군감염병"이라 함은 감염속도가 빠르고 국민건강에 미치는 위해 정도가 너무 커서 발생 즉시 방역대책을 수립해야 하는데 다음 중 여기에 속하지 않는 감염병은?

① 콜레라
② 장티푸스
③ 비브리오 패혈증
④ 장출혈성 대장균감염증

58 다음 중 식중독 관련 세균의 생육에 최적인 식품의 수분 활성도는?

① 0.30~0.39 ② 0.50~0.59
③ 0.70~0.79 ④ 0.90~1.00

59 주로 냉동된 육류 등 저온에서도 생존력이 강하고 수막염이나 임신부의 자궁 내 패혈증 등을 일으키는 식중독균은?

① 대장균 ② 살모넬라균
③ 리스테리아균 ④ 포도상구균

60 다음 중 전염형 식중독을 일으키는 것은?

① 보툴리누스균 ② 살모넬라균
③ 포도상구균 ④ 고초균

정답

1	2	3	4	5	6	7	8	9	10
4	4	2	3	3	3	4	4	4	3
11	12	13	14	15	16	17	18	19	20
1	2	1	4	3	2	4	2	1	3
21	22	23	24	25	26	27	28	29	30
1	3	1	3	2	3	4	4	1	3
31	32	33	34	35	36	37	38	39	40
3	1	2	3	2	3	1	2	1	4
41	42	43	44	45	46	47	48	49	50
4	3	1	3	2	2	2	2	4	2
51	52	53	54	55	56	57	58	59	60
2	1	3	2	4	3	3	4	3	2

제과기능사 필기 기출문제 08

2011.10.9

01 머랭 제조에 대한 설명으로 옳은 것은?

① 기름기나 노른자가 없어야 튼튼한 거품이 나온다.
② 일반적으로 흰자 100에 대하여 설탕 50의 비율로 만든다.
③ 저속으로 거품을 올린다.
④ 설탕을 믹싱 초기에 첨가해야 부피가 커진다.

02 다음 중 쿠키의 과도한 퍼짐 원인이 아닌 것은?

① 반죽의 되기가 너무 묽을 때
② 유지 함량이 적을 때
③ 설탕 사용량이 많을 때
④ 굽는 온도가 너무 낮을 때

03 반죽형 케이크의 반죽 제조법에 대한 설명이 틀린 것은?

① 크림법 : 유지와 설탕을 넣어 가벼운 크림상태로 만든 후 계란을 넣는다.
② 블렌딩법 : 밀가루와 유지를 넣고 유지에 의해 밀가루가 가볍게 피복되도록 한 후 건조, 액체재료를 넣는다.
③ 설탕물법 : 건조재료를 혼합한 후 설탕 전체를 넣어 포화용액을 만드는 방법이다.
④ 1단계법 : 모든 재료를 한꺼번에 넣고 믹싱하는 방법이다.

04 일반적으로 초콜릿은 코코아와 카카오버터로 나누어져 있다. 초콜릿 56%를 사용할 때 코코아의 양은 얼마인가?

① 35% ② 37% ③ 38% ④ 41%

05 반죽온도 조절을 위한 고려사항으로 적절하지 않은 것은?

① 마찰계수를 구하기 위한 필수적인 요소는 반죽결과온도, 원재료온도, 작업장 온도, 사용되는 물 온도, 작업장 상대습도이다.
② 기준이 되는 반죽온도보다 결과온도가 높다면 사용하는 물(배합수) 일부를 얼음으로 사용하여 희망하는 반죽온도를 맞춘다.
③ 마찰계수란 일정량의 반죽을 일정한 방법으로 믹싱할 때 반죽온도에 영향을 미치는 마찰열을 실질적인 수치로 환산한 것이다.
④ 계산된 사용수 온도가 56℃ 이상일 때는 뜨거운 물을 사용할 수 없으며, 영하로 나오더라도 절대치의 차이라는 개념에서 얼음 계산법을 적용한다.

06 파운드케이크를 패닝할 때 밑면의 껍질 형성을 방지하기 위한 팬으로 가장 적합한 것은?

① 일반 팬 ② 이중 팬
③ 은박 팬 ④ 종이 팬

07 유화제를 사용하는 목적이 아닌 것은?

① 물과 기름이 잘 혼합되게 한다.
② 빵이나 케이크를 부드럽게 한다.
③ 빵이나 케이크가 노화되는 것을 지연시킬 수 있다.
④ 달콤한 맛이 나게 하는 데 사용한다.

08 케이크 제품의 굽기 후 제품 부피가 기준보다 작은 경우의 원인이 아닌 것은?

① 틀의 바닥에 물이나 공기가 들어갔다.
② 반죽의 비중이 높았다.
③ 오븐의 굽기 온도가 높았다.
④ 반죽을 패닝한 후 오래 방치했다.

09 도넛 글레이즈가 끈적거리는 원인과 대응방안으로 틀린 것은?

① 유지 성분과 수분의 유화평형 불안정 — 원재료 중 유화제 함량을 높임
② 온도, 습도가 높은 환경 — 냉장 진열대 사용 또는 통풍이 잘 되는 장소 선택
③ 안정제 농후화제 부족 — 글레이즈 제조 시 첨가된 검류의 함량을 높인다.
④ 도넛 제조 시 지친 반죽, 2차 발효가 지나친 반죽 사용 — 표준 제조 공정 준수

10 도넛 튀김용 유지로 가장 적당한 것은?

① 라드 ② 유화 쇼트닝
③ 면실유 ④ 버터

11 초콜릿제품을 생산하는 데 필요한 도구는?

① 디핑 포크(Dipping forks)
② 오븐(oven)
③ 파이 롤러(pie roller)
④ 워터 스프레이(water spray)

12 화이트 레이어케이크의 반죽 비중으로 가장 적합한 것은?

① 0.90~1.0 ② 0.45~0.55
③ 0.60~0.70 ④ 0.75~0.85

13 케이크 반죽이 30ℓ 용량의 그릇 10개에 가득 차 있다. 이것으로 분할 반죽 300g짜리 600개를 만들었다. 이 반죽의 비중은?

① 0.8 ② 0.7 ③ 0.6 ④ 0.5

14 퍼프 페이스트리의 휴지가 종료되었을 때 손으로 살짝 누르게 되면 다음 중 어떤 현상이 나타나는가?

① 누른 자국이 남아 있다.
② 누른 자국이 원상태로 올라온다.
③ 누른 자국이 유동성 있게 움직인다.
④ 내부의 유지가 흘러나온다.

15 다음 중 제과제빵 재료로 사용되는 쇼트닝(shortening)에 대한 설명으로 틀린 것은?

① 쇼트닝을 경화유라고 말한다.
② 쇼트닝은 불포화 지방산의 이중결합에 촉매 존재하에 수소를 첨가하여

제조한다.
③ 쇼트닝성과 공기포집 능력을 갖는다.
④ 쇼트닝은 융점(melting point)이 매우 낮다.

16 다음 중 발효시간을 연장시켜야 하는 경우는?

① 식빵 반죽온도가 27℃이다.
② 발효실 온도가 24℃이다.
③ 이스트 푸드가 충분하다.
④ 1차 발효실 상대 습도가 80%이다.

17 제빵 시 굽기 단계에서 일어나는 반응에 대한 설명으로 틀린 것은?

① 반죽온도가 60℃로 오르기까지 효소의 작용이 활발해지고 휘발성 물질이 증가한다.
② 글루텐은 90℃부터 굳기 시작하여 빵이 다 구워질 때까지 천천히 계속 된다.
③ 반죽온도가 60℃에 가까워지면 이스트가 죽기 시작한다. 그와 함께 전분이 호화하기 시작한다.
④ 표피부분이 160℃를 넘어서면 당과 아미노산이 마이야르 반응을 일으켜 멜라노이드를 만들고, 당의 캐러멜화 반응이 일어나고 전분이 덱스트린으로 분해된다.

18 어느 제과점의 이번 달 생산예상 총액이 1,000만 원인 경우, 목표 노동생산성은 5000원/시/인, 생산가동 일수가 20일, 1일 작업시간 10시간인 경우 소요인원은?

① 4명 ② 6명 ③ 8명 ④ 10명

19 냉각으로 인한 빵 속의 수분 함량으로 적당한 것은?

① 약 5% ② 약 15%
③ 약 25% ④ 약 38%

20 다음 제품 중 2차 발효실의 습도를 가장 높게 설정해야 되는 것은?

① 호밀빵 ② 햄버거빵
③ 불란서빵 ④ 빵도넛

21 노타임반죽법에 사용되는 산화, 환원제의 종류가 아닌 것은?

① ADA(azodicarbonamide)
② L-시스테인
③ 소르브산
④ 요오드칼슘

22 80% 스펀지에서 전체 밀가루가 2,000g, 전체 가수율이 63%인 경우, 스펀지에 55%의 물을 사용하였다면 반죽에 사용할 물량은?

① 380g ② 760g ③ 1140g ④ 1260g

23 어린 반죽(발효가 덜 된 반죽)으로 제조할 경우 중간 발효시간은 어떻게 조절되는가?

① 길어진다.
② 짧아진다.
③ 같다.
④ 판단할 수 없다.

24 다음 중 식빵에서 설탕이 과다할 경우 대응책으로 가장 적합한 것은?

① 소금 양을 늘린다.

② 이스트 양을 늘린다.
③ 반죽온도를 낮춘다.
④ 발효시간을 줄인다.

25 둥글리기의 목적과 거리가 먼 것은?

① 공 모양의 일정한 모양을 만든다.
② 큰 가스는 제거하고 작은 가스는 고르게 분산시킨다.
③ 흐트러진 글루텐을 재정렬한다.
④ 방향성 물질을 생성하여 맛과 향을 좋게 한다.

26 냉동반죽의 해동을 높은 온도에서 빨리 할 경우 반죽의 표면에서 물이 나오는 드립(drip) 현상이 발생하는데 그 원인이 아닌 것은?

① 얼음결정이 반죽의 세포를 파괴 손상
② 반죽 내 수분의 빙결분리
③ 단백질의 변성
④ 급속냉동

27 제빵 생산의 원가를 계산하는 목적으로만 연결된 것은?

① 순이익과 총매출의 계산
② 이익계산, 가격결정, 원가관리
③ 노무비, 재료비, 경비 산출
④ 생산량관리, 재고관리, 판매관리

28 다음 중 빵의 냉각방법으로 가장 적합한 것은?

① 바람이 없는 실내에서 냉각
② 강한 송풍을 이용한 급랭
③ 냉동실에서 냉각
④ 수분분사 방식

29 식빵 제조 시 수돗물온도 20℃, 사용할 물 온도 10℃, 사용물 양 4kg일 때 사용할 얼음 양은?

① 100g ② 200g ③ 300g ④ 400g

30 건포도식빵 제조 시 2차 발효에 대한 설명으로 틀린 것은?

① 최적의 품질을 위해 2차 발효를 짧게 한다.
② 식감이 가볍고 잘 끊어지는 제품을 만들 때는 2차 발효를 약간 길게 한다.
③ 밀가루의 단백질의 질이 좋은 것일수록 오븐 스프링이 크다.
④ 100% 중종법보다 70% 중종법이 오븐 스프링이 좋다.

31 밀가루 중에 손상전분이 제빵 시에 미치는 영향으로 옳은 것은?

① 반죽 시 흡수가 늦고 흡수량이 많다.
② 반죽 시 흡수가 빠르고 흡수량이 적다.
③ 발효가 빠르게 진행된다.
④ 제빵과 아무 관계가 없다.

32 다음 중 밀가루에 함유되어 있지 않은 색소는?

① 카로틴 ② 멜라닌
③ 크산토필 ④ 플라본

33 일반적으로 신선한 우유의 pH는?

① 4.0~4.5 ② 3.0~4.0
③ 5.5~6.0 ④ 6.5~6.7

34 글리세린(glycerin, glycerol)에 대한 설명으로 틀린 것은?

① 무색, 무취한 액체이다.
② 3개의 수산기(-OH)를 가지고 있다.
③ 색과 향의 보존을 도와준다.
④ 탄수화물의 가수분해로 얻는다.

35 제빵에 있어 일반적으로 껍질을 부드럽게 하는 재료는?

① 소금　② 밀가루
③ 마가린　④ 이스트 푸드

36 전분을 효소나 산에 의해 가수분해시켜 얻은 포도당액을 효소나 알칼리 처리로 포도당과 과당으로 만들어 놓은 당의 명칭은?

① 전화당　② 맥아당
③ 이성화당　④ 전분당

37 빵 반죽의 이스트 발효 시 주로 생성되는 물질은?

① 물 + 이산화탄소
② 알코올 + 이산화탄소
③ 알코올 + 물
④ 알코올 + 글루텐

38 직접 반죽법에 의한 발효 시 가장 먼저 발효되는 당은?

① 맥아당(maltose)
② 포도당(glucose)
③ 과당(fructose)
④ 갈락토오스(galactose)

39 제빵 시 경수를 사용할 때 조치사항이 아닌 것은?

① 이스트 사용량 증가
② 맥아 첨가
③ 이스트 푸드 양 감소
④ 급수량 감소

40 달걀의 특징적 성분으로 지방의 유화력이 강한 성분은?

① 레시틴(lecithin)
② 스테롤(sterol)
③ 세팔린(cephalin)
④ 아비딘(avidin)

41 다음 당류 중 감미도가 가장 낮은 것은?

① 유당　② 전화당
③ 맥아당　④ 포도당

42 다음 중 밀가루 제품의 품질에 가장 크게 영향을 주는 것은?

① 글루텐의 함유량
② 빛깔, 맛, 향기
③ 비타민 함유량
④ 원산지

43 유화제에 대한 설명으로 틀린 것은?

① 계면활성제라고도 한다.
② 친유성기와 친수성기를 각 50%씩 갖고 있어 물과 기름의 분리를 막아준다.
③ 레시틴, 모노글리세라이드, 난황 등이 유화제로 쓰인다.
④ 빵에서는 글루텐과 전분 사이로 이동하는 자유수의 분포를 조절하여 노화

를 방지한다.

44 비터 초콜릿(Bitter Chocolate) 32% 중에는 코코아가 약 얼마 정도 함유되어 있는가?

① 8% ② 16% ③ 20% ④ 24%

45 검류에 대한 설명으로 틀린 것은?

① 유화제, 안정제, 점착제 등으로 사용된다.
② 낮은 온도에서도 높은 점성을 나타낸다.
③ 무기질과 단백질로 구성되어 있다.
④ 친수성 물질이다.

46 아미노산의 성질에 대한 설명 중 옳은 것은?

① 모든 아미노산은 선광성을 갖는다.
② 아미노산은 융점이 낮아서 액상이 많다.
③ 아미노산은 종류에 따라 등전점이 다르다.
④ 천연단백질을 구성하는 아미노산은 주로 D형이다.

47 무기질에 대한 설명으로 틀린 것은?

① 나트륨은 결핍증이 없으며 소금, 육류 등에 많다.
② 마그네슘 결핍증은 근육약화, 경련 등이며 생선, 견과류 등에 많다.
③ 철은 결핍 시 빈혈증상이 있으며 시금치, 두류 등에 많다.
④ 요오드 결핍 시에는 갑상선종이 생기며 유제품, 해조류 등에 많다.

48 단백질의 소화, 흡수에 대한 설명으로 틀린 것은?

① 단백질은 위에서 소화되기 시작한다.
② 펩신은 육류 속 단백질 일부를 폴리펩티드로 만든다.
③ 십이지장에서는 췌장에서 분비된 트립신에 의해 더 작게 분해된다.
④ 소장에서 단백질이 완전히 분해되지는 않는다.

49 우유 1컵(200mL)에 지방이 6g이라면 지방으로부터 얻을 수 있는 열량은?

① 6kcal ② 24kcal
③ 54kcal ④ 120kcal

50 혈당의 저하와 가장 관계가 깊은 것은?

① 인슐린 ② 리파아제
③ 프로테아제 ④ 펩신

51 식자재의 교차오염을 예방하기 위한 보관방법으로 잘못된 것은?

① 원재료와 완성품을 구분하여 보관
② 바닥과 벽으로부터 일정거리를 띄워 보관
③ 뚜껑이 있는 청결한 용기에 덮개를 덮어서 보관
④ 식자재와 비식자재를 함께 식품 창고에 보관

52 경구감염병과 거리가 먼 것은?

① 유행성 간염 ② 콜레라
③ 세균성이질 ④ 일본뇌염

53 마시는 물 또는 식품을 매개로 발생하고 집단 발생의 우려가 커서 발생 또는 유행 즉시 방역대책을 수립하여야 하는 감염병은?

① 제1군 감염병 ② 제2군 감염병
③ 제3군 감염병 ④ 제4군 감염병

54 세균이 분비한 독소에 의해 감염을 일으키는 것은?

① 감염형 세균성 식중독
② 독소형 세균성 식중독
③ 화학성 식중독
④ 진균독 식중독

55 식품첨가물의 사용에 대한 설명 중 틀린 것은?

① 식품첨가물 공전에서 식품첨가물의 규격 및 사용기준을 제한하고 있다.
② 식품첨가물은 안전성이 입증된 것으로 최대사용량의 원칙을 적용한다.
③ GRAS란 역사적으로 인체에 해가 없는 것이 인정된 화합물을 의미한다.
④ ADI란 일일섭취허용량을 의미한다.

56 위해요소중점관리기준(HACCP)을 식품별로 정하여 고시하는 자는?

① 보건복지부장관
② 식품의약품안전처장
③ 시장, 군수, 또는 구청장
④ 환경부장관

57 경구감염병에 관한 설명 중 틀린 것은?

① 미량의 균으로 감염이 가능하다.
② 식품은 증식매체이다.
③ 감염환이 성립된다.
④ 잠복기가 길다.

58 주기적으로 열이 반복되어 나타나므로 파열이라 불리는 인수 공통감염병은?

① Q열 ② 결핵
③ 브루셀라병 ④ 돈단독

59 메틸알코올의 중독증상과 거리가 먼 것은?

① 두통 ② 구토 ③ 실명 ④ 환각

60 보툴리누스 식중독에서 나타날 수 있는 주요 증상 및 증후가 아닌 것은?

① 구토 및 설사 ② 호흡곤란
③ 출혈 ④ 사망

정답

1	2	3	4	5	6	7	8	9	10
1	2	3	1	1	2	4	1	1	3
11	12	13	14	15	16	17	18	19	20
2	4	3	1	4	2	2	4	4	2
21	22	23	24	25	26	27	28	29	30
4	1	1	2	4	4	2	1	4	4
31	32	33	34	35	36	37	38	39	40
3	2	4	4	3	3	2	2	4	1
41	42	43	44	45	46	47	48	49	50
1	1	2	3	3	3	1	4	3	1
51	52	53	54	55	56	57	58	59	60
4	4	1	2	2	2	2	3	4	3

참고문헌

제과기능사 & 홈베이킹, 김규수 외 1인, 백산출판사, 2013.10.
제과제빵기능사 이론요약+문제해설, 강란기 · 김혜정 공저, 도서출판 유강, 2012.
건강을 위한 기초영양, 장유경 외 3인, 형설출판사, 2012.
제과제빵 위생관리사, 한국제과제빵교수협의회/(사)한국제과기능장협회, 가람북스, 2011.2.
최신 제과 제빵학, 조병동 외 4인, 백산출판사, 2011.2.25.
제과 제빵 재료학, 조남지 외 4인, 비앤씨월드, 2009.
고급제과 제빵, 권상용 외 3인, 훈민사, 2005.12.30.
표준 제과이론, 재단법인 과우학원 저, 비앤씨월드.
The yearbook on the food distribution, J. of Food, Seoul, Korea, 2001.
최신제과제빵기능사 마스터, 김성현 · 이연옥 공저, 경남도립남해대학.
제과이론, 한국제과고등기술학교.
제과제빵재료학, 김영숙 · 정승태 공저, 형설출판사.
월간 베이커리.
월간 파티시에.

저자소개

김규수

현) 대경대학교 세계호텔제과제빵과 교수
한국산업인력공단 제과제빵기능사, 기능장 시험감독위원
– 제과기능장

전) 호텔리베라 근무
호텔신라 근무
– 2012 한국국제요리박람회 동상 수상

제과이론

2015년 2월 15일 초판 1쇄 인쇄
2015년 2월 20일 초판 1쇄 발행

지은이 김규수
펴낸이 진욱상 · 진성원
펴낸곳 백산출판사
교 정 편집부
본문디자인 박채린
표지디자인 오정은

저자와의 합의하에 인지첩부 생략

등 록 1974년 1월 9일 제1-72호
주 소 서울시 성북구 정릉로 157(백산빌딩 4층)
전 화 02-914-1621/02-917-6240
팩 스 02-912-4438
이메일 editbsp@naver.com
홈페이지 www.ibaeksan.kr

ISBN 979-11-5763-041-7
값 16,000원